Peter Adriaens
Mars Muusse
Philippe J. Dubois
Frédéric Jiguet

Die Möwen
Europas, Nordafrikas und Vorderasiens

Der Bestimmungsführer

2., überarbeitete Auflage

Haupt
NATUR

Inhalt

Vorwort

Dieses Buch ist für all jene sonder- und wunderbaren Menschen geschrieben, die Freude daran haben, Vögel zu bestimmen, und zwar alle Vögel. Es liegt in der Natur des Menschen, sich die Welt durch das Klassifizieren von Dingen zu erklären, und für Vogelbeobachter liegt ein Lebenszweck darin, möglichst jedem gesichteten Vogel einen Namen zu geben. Für viele ist das Beobachten von Vögeln nicht nur ein Hobby, sondern eine Leidenschaft, und einige widmen ihr ganzes Leben dieser Aufgabe. Man könnte meinen, dass für so eifrige und engagierte Menschen alle Vögel gleich sind. Tatsächlich scheinen jedoch manche Vögel weniger wichtig zu sein als andere. Insbesondere Möwen haben seit jeher einen schlechten Ruf. Sie gelten als gemein, laut und aggressiv und sind so unterschiedlich, dass selbst das Betrachten eines kleinen Schwarms Kopfzerbrechen bereiten kann. Es gibt ein unüberschaubares Spektrum individueller und altersbedingter Variationen, und einige Arten sehen sich sehr ähnlich. Darüber hinaus können Arten, die sich ohnehin schon stark ähneln, zur Hybridisierung neigen, sodass deren Nachwuchs noch schwerer zugeordnet werden kann.

Möwen zu bestimmen, stellt somit eine echte Herausforderung dar. Für viele ist das entmutigend, andere wiederum sehen darin eine Chance, etwas zu lernen. Das Auseinanderhalten mehrerer Möwenarten unterschiedlichen Alters und mit einer Vielzahl verschiedener Gefieder im Feld erfordert sicherlich geduldiges Beobachten, ein scharfes Auge für Details und ein Vorgehen, bei dem Feder für Feder betrachtet wird. Andererseits geht es aber auch nicht um Quantenphysik. Wir, die Autoren dieses Buches, glauben, dass das jeder schaffen kann, sofern er sich der Aufgabe voll und ganz widmet. Und die Mühen werden belohnt. Möwen können einen in vielerlei Hinsicht lehren, wie man Vögel richtig bestimmt: nicht nur nach dem äußeren Eindruck, sondern durch sorgfältige Beobachtung von Federdetails. Einem Vogel den richtigen Namen geben zu können, ist immer etwas sehr Schönes, und wenn es sich dabei um eine schwierig zu bestimmende Möwe handelt, kann das sehr befriedigend sein. Denn das hebt die eigene Expertise der Vogelbeobachtung auf eine neue Stufe.

Heute ist es aufgrund der Vielzahl verfügbarer Informationen wesentlich leichter, sich Wissen anzueignen. Als wir damit begannen, Vögel und insbesondere Möwen zu beobachten, gab es nur wenig Material. In Bestimmungsbüchern waren weder die immaturen Gefieder von Möwen noch die genauen Handschwingenmuster von adulten Möwen richtig dargestellt. Die erste Monografie zum Thema Möwen von P. J. Grant wurde 1982 veröffentlicht und 1984 überarbeitet. Damals war es ein sehr aufschlussreiches und fortschrittliches Buch, auch wenn es nur Federzeichnungen und Schwarz-Weiß-Fotografien enthielt. Es lieferte die Grundlage für jeden, der lernen wollte, wie man die verschiedenen Möwenarten erkennt – ein Prozess, der allerdings viele Jahre Übung und Erfahrung erforderte. Wie konnte man, ohne anderen entsprechende Fotos zu zeigen, sicher sein, dass man die in der Umgebung gesichteten Möwen richtig bestimmt hatte? Insofern war dieser Art der Vogelbestimmung nur wechselnder Erfolg beschieden. Das änderte sich jedoch mit dem Aufkommen moderner digitaler Kameras, des Internets und der Durchführung umfangreicher Farbberingungsprojekte. Plötzlich wurden von allen Möwenarten viele Bilder gemacht, und das Internet entwickelte sich zu einer riesigen Datenbank mit Fotos, welche die ganze Bandbreite an Variationen jeder Art zeigte. Farbberingte Möwen, deren Identität und Alter einfach vom Code auf dem Ring abgeleitet werden konnten, brachten zusätzlich neue und aufschlussreiche Erkenntnisse hinsichtlich Identifikation, Alterskriterien und Mauser. Darüber hinaus war es nun möglich, Fotografien schnell auszutauschen und die eigenen Bestimmungen zusammen mit anderen fachkundigen Personen zu überprüfen. All diese Entwicklungen führten zu einer Explosion neuer Informationen, zu zahlreichen Texten zur Bestimmung, die in den vergangenen 30 Jahren veröffentlicht wurden, sowie zu mehreren Überarbeitungen der Taxonomie. Auch neue Möwenmonografien erschienen. Erwähnenswert sind insbesondere die von Olsen und Larsson im Jahr 2004 («Gulls of Europe, Asia and North America»), von Howell und Dunn im Jahr 2007 («Gulls of the Americas») und von Olsen im Jahr 2018 («Gulls of the World»). 2018 kam ein weiteres Möwenbuch heraus: «Gulls simplified» von Dunne und Karlson. Wie der Titel andeutet, versucht dieses (amerikanische) Buch, die Messlatte niedriger anzulegen und die Bestimmung von Möwen weniger technisch zu gestalten.

Angesichts der bereits verfügbaren Möwenbücher stellt sich die Frage, ob es wirklich noch ein weiteres braucht. Wir denken schon. Das großartige Buch «Gulls of the Americas» ist seit vielen Jahren vergriffen und deckt die Westpaläarktis nicht ab. «Gulls» von P. J. Grant ist etwas überholt, das Buch von Olsen & Larsson bereits 16 Jahre alt, und das Olsen-Buch aus dem Jahr 2018 enthält viele Texte des zuletzt genannten Buches. Unser Anliegen war es, ein verständliches und kompaktes Bestimmungsbuch vorzulegen, in dem ähnliche Arten miteinander verglichen werden, die wichtigen Bestimmungskriterien direkt aus den Fotos ersichtlich sind und sich der Text auf die Unterschiede von ähnlichen Arten beschränkt. Dieses Buch verbindet die Erkenntnisse von vier passionierten Möwenliebhabern und berücksichtigt alle in jüngster Zeit veröffentlichten Informationen, z. B. zum Komplex der Sturmmöwen und zu den verschiedenen Unterarten der Mittelmeermöwe. Es enthält auch Informationen, die bislang noch nicht veröffentlicht wurden (z. B. zur «Wikingermöwe»). Die Fotos zeigen typische Individuen jedes Taxons und bieten eine Art «Suchbild», um Vögel außerhalb ihres normalen Verbreitungsgebietes sicher bestimmen zu können. Wir hoffen, dass dieses Buch dazu einlädt, die Herausforderung anzunehmen, sich dem Studium von Möwen zu widmen und Neues zu lernen.

Danksagung

Unser Dank gilt allen Personen, die am Aufbau der Website www.gull-research.org beteiligt waren, denjenigen, die uns mit Texten unterstützt haben, und denjenigen, die PDF-Dateien zusammengetragen haben, um die Informationen veröffentlichen zu können. Wir möchten auch allen Beringern und denjenigen danken, die Ringe abgelesen haben. Es gibt noch eine Menge über Möwen zu lernen, und es muss noch viel mehr erforscht werden. Beringte Vögel sind dabei von unschätzbarem Wert, weil ihr Alter und ihre Herkunft bekannt sind und weil sie als bedeutende Quelle dafür dienen, Entwicklungen des Gefieders, Mauserstrategien und Mauserzeitpläne bei Möwen besser zu verstehen.

Nicht zuletzt wäre ein Buch wie dieses nicht ohne die Hilfe von vielen Fotografen und Fotografinnen möglich gewesen. Deshalb gilt unser expliziter Dank: Alex Abela, Ross Ahmed, Asier Aldalur, Ruud Altenburg, Imanol Amestoy, Tormod Amundsen, Steve Arena, Akimichi Ariga, Yuri Artukhin, Aurélien Audevard, Amar Ayyash, Renato Bagarrao, Carl Baggott, Mónika Ballmann, Max Baumgarten, Tom Benson, Joachim Bertrands, Yves Blat, Richard Bonser, Jan-Kees Bossenbroek, Phil Boswell, Bernard Bougeard, Herman Bouman, Joey Braat, Dave Brown, Brynjúlfur Brynjólfsson, Andreas Buchheim, Roland-Jan Buijs, Claudia Burger, Pierre Cabard, Albert Cama Torrell, Pierre Camberlain, Kees Camphuysen, Andrew Cannizaro, John Cant, Kuzey Cem Kulacoglu, Lancy Cheng, Ekaterina Chernetsova, Rúben Coelho, Fred Cottaar, Milosz Cousens, Pierre-André Crochet, Pierre Crouzier, Alan Curry, Edouard Dansette, Douwe de Boer, Alain De Broyer, Bernd de Bruijn, Albert de Jong, Peter de Knijff, Filip De Ruwe, Armin Deutsch, Alix d'Entremont, Diederik D'Hert, Manfred Dornhäuser, Amir Ben Dov, Ken Drozd, Daan Drukker, Paul Dufour, Leon Edelaar, Marcin Faber, Wouter Faveyts, Giuseppe Fiorella, Steve Fisher, Renaud Flamant, Guy Flohart, Jack Folkers, Alain Fossé, Nobuo Fukushima, Claude Gaillemin, Salvador García, Mario Vincent Gauci, Chris Gibbins, Thijs Glastra, Julien Gonin, Delfín Gónzalez, Joakim Granholm, Karl-Johan Granholm, Lee Gregory, Detlef Gruber, Antonio

Gutierrez, Mohamed Habib, Rob Halff, John Heidecker, Morten Helberg, Alexander Hellquist, V. Hesse, Pieter Hilgeman, Alain Hofmans, Franck Hollander, Douglas Hommert, Frits Hoogeveen, Harry Hussey, Petteri Hytönen, Nidal Issa, Mikael Jaffre, Fabrice Jallu, Wietze Janse, Justin Jansen, Johannes Jansen, Alvaro Jaramillo, Dave Johnson, Marnix Jonker, Jan Jörgensen, Luka Jurinovic, Risto Juvaste, James Kennerley, Leander Khil, Gerrit Kiekebos, Pete Kinsella, Keisuke Kirihara, Jens Kirkeby, Ronald Klein, Marcel Klootwijk, Yann Kolbeinsson, Juho Könönen, Hannu Koskinen, Kirsten Krätzel, Edo Kreuzen, Jargalsaikhan Lamjav, Thomas Langenberg, Sam Langlois, Hans Larsson, Greg Lavaty, Walther Leers, Vincent Legrand, Robert H. Lewis, James Lidster, Wich Yanan Limparungpatthanakij, Merijn Loeve, Daniel López Velasco, Richard Lowe, Bernard Lucas, Bert-Jan Luijendijk, Bruce Mactavish, Frank Majoor, Frank Mantlik, Annelies Marijnis, Mason Maron, José Marques, Sönke Martens, Gabriel Martín, Christina McClarren, Leo McKillop, Ed McVicker, Ger Meesters, Avi Meir, Ronald Messemaker, Kent Miller, Richard Millington, Stefan Monecke, Cristian Montevecchi, David Montreuil, Keith Mueller, Killian Mullarney, Theo Muusse, Yann Muzika, Jeroen Nagtegaal, Grzegorz Neubauer, Samaritakis Nikos, Bjorn Nordestgaard Frikke, Silas Olofsson, Jamie Partridge, Samuel Patinha, Kjeld Pedersen, Tommy Pedersen, Strahil Peev, Trevor Persons, Julien Piette, Dan Prima, Marcin Przymencki, Thierry Quelennec, Stefán Ragnarsson, Visa Rauste (†), Andy Reago, Sébastien Reeber, Sylvain Reyt, Carlos Ribeiro, Christoffer Roedbro, Paul Roper, Elise Rousseau, Jean-Sébastien Rousseau-Piot, Omar Runolfsson, Irina Samusenko, Jean-Michel Sauvage, Jurgen Schneider, Paul Schrijvershof, Kim Seog-Min, Dubi Shapiro, Brendan Shiels, Hadoram Shirihai, Liam Singh, Leo Snellink, Alexander Stöhr, Rob Struyk, Brian Sullivan, Kensuke Tanaka, Jasper Temme, Job ten Horn, Jean-Michel Thibault, Jeffrey Thomas, Danni Thompson, Purevsuren Tsolmonjav, Leo Tukker, Toomas Tuul, Yusuke Umegaki, Hans Peter Utoft, Bart van Beijeren, Ruud van Beusekom, Jos van den Berg, Ben van den Broek, Vincent van der Spek, Bas van Gennip, Maarten van Kleinwee, Peter van Rij, Chris van Rijswijk, Johan van 't Bosch, Matthieu Vaslin, Michel Veldt, Koen Verbanck, Mariet Verbeek, Edward Vercruysse, Paul Veron, Fred Visscher, Mats Waern, Ipe Weber, Ingo Weiss, Jan Ekke Wigboldus, Edwin Winkel, Pim Wolf, Stanislas Wroza, Mark Zevenbergen, Piotr Zielinski, Pierre Zimberlin und Jan Zorgdrager.

Abschließend ein großes Dankeschön an die Lektoren von Delachaux & Niestlé, Stéphanie Zweifel und Joris Lautard, für ihre Geduld und Kompetenz sowie an Fabienne Gabaude, die das Buch gestaltet hat.

Einführung

Der geografische Geltungsbereich dieses Buches

Dieses Buch behandelt alle Möwenarten, die in der weiteren Westpaläarktis mindestens einmal erfasst wurden. Die «weitere Westpaläarktis» wird von Shirihai & Svensson in ihrem Buch «Handbook of Western Palearctic Birds» (2018) als das Gebiet definiert, das Europa (einschließlich des europäischen Teils Russlands westlich des Uralgebirges sowie des Kaspischen Meeres), Kleinasien, den Nahen Osten, Nordafrika (Marokko, Westsahara, Algerien, Tunesien, Libyen und Ägypten), Iran und die Arabische Halbinsel umfasst. Ebenfalls eingeschlossen sind die Kapverden, die Azoren, die Kanaren, Madeira, Island, Jan Mayen, Spitzbergen und Franz-Josef-Land.

Taxonomie

Im Allgemeinen folgt die Taxonomie in diesem Buch derjenigen des International Ornithological Committee (IOC; www.worldbirdnames.org) mit zwei nennenswerten Ausnahmen:

- Alaska-Sturmmöwe *Larus brachyrhynchus*. Nach Zink et al. (1995) wurde die DNA von *brachyrhynchus* nur mit der von *kamtschatschensis* verglichen, aber das ist heute nicht mehr der Fall. Es gibt mehrere neuere Referenzen, in denen die DNA aller Taxa der Sturmmöwe mit der von *brachyrhynchus* verglichen und die genetische Eigenheit der Letzteren bestätigt wird (Johnsen et al. 2010; Sternkopf 2011; Kwon et al. 2012; Sonsthagen et al. 2012). Die Alaska-Sturmmöwe unterscheidet sich auch morphologisch und stimmlich (Adriaens & Gibbins 2016), weshalb wir sie als eigenständige Art behandeln.[1]
- Thayermöwe *Larus thayeri*. Dieses Taxon hat eine kontroverse taxonomische Geschichte und wurde kürzlich vom American Classification Committee auf eine Unterart der Polarmöwe *Larus glaucoides* herabgestuft. Auf der IOC-Weltvogelliste ist diese Art jetzt als *Larus glaucoides thayeri* aufgeführt. Wir stellen diese Entscheidung allerdings infrage, da wir keine stichhaltigen Beweise dafür finden können, dass sich diese zwei Taxa (Nominatform *glaucoides* und *thayeri*) wie Unterarten verhalten; eine Kreuzung in großem Umfang konnte bisher nicht nachgewiesen werden, auch nicht mit dem Zwischentaxon *kumlieni*. Andererseits haben Feldstudien gezeigt, dass es deutliche morphologische Unterschiede zwischen allen drei Taxa (Howell & Elliott 2001; Howell & Mactavish 2003; Howell & Dunn 2007; Gibbins & Garner 2013) sowie stimmliche Unterschiede (Pieplow 2017) gibt. Im Vorschlag des NACC (North American Classification Committee) wurde keine dieser Referenzen erwähnt. Die drei Taxa haben jeweils auch eigene Brutgebiete, Überwinterungsgebiete und Zugrouten. Die Unterschiede in Morphologie, Stimme und Verbreitung stellen Abweichungen dar, wie sie von Arten, nicht aber von Unterarten zu erwarten sind. Daher haben wir die Thayermöwe als eigenständige Art beibehalten.

Vorgehensweise bei der Bestimmung von Möwen

Möwen können sich bei der Bestimmung als herausfordernde Gruppe von Vögeln erweisen. Für das ungeschulte Auge sehen sie alle gleich aus – gleichzeitig könnte man im Fall von Großmöwen sagen, dass kein Vogel dem anderen gleicht! Es stimmt, dass die meisten Möwen entweder weiß und grau oder aber braun erscheinen und dass die Schlüsselmerkmale subtil und variabel sein können. Die Anzahl der Arten ist wiederum relativ klein. Dieses Buch behandelt 34 Arten (und zehn Unterarten), von denen nur zwölf regelmäßig in Westeuropa vorkommen. So begrenzt allein die geografische Lage die Anzahl der möglichen Kandidaten für diese eine schwierig zu bestimmende Möwe, die Sie vielleicht gerade vor Augen haben. Da Möwen oft in Schwärmen auftreten, können ungewöhnlich wirkende Vögel mit Möwen direkt neben ihnen verglichen werden. Es ist allerdings nicht abzustreiten, dass das Bestimmen von Möwen mitunter schwierig ist. Das gilt insbesondere für die Großmöwen.

Es gibt mehrere Gründe, warum deren Identifikation sowohl schwierig als auch inspirierend sein kann:

- So haben sich die verschiedenen Arten erst vor relativ kurzer Zeit entwickelt. Die Möwentaxonomie steckt noch in den Kinderschuhen, und die sichtbaren Unterschiede zwischen den Arten sind oft subtil und in manchen Fällen noch nicht vollständig bekannt. Das bedeutet wiederum, dass alle Beobachtungen von Möwen zum allgemeinen Wissen über diese Gruppe beitragen können.
- Eine weitere Folge der noch jungen taxonomischen Entwicklung von Möwen ist, dass einige Arten in bestimmten Gebieten mit gewisser Regelmäßigkeit Mischformen ausbilden und Hybriden fruchtbar sein können, was die Bestimmung nicht gerade vereinfacht.

1 Im Juli 2021 hat das IOC die Aufteilung zwischen Alaska-Sturmmöwe und Sturmmöwe akzeptiert.

KLEIN	MITTELGROSS	GROSS	
Lachmöwe	Dreizehenmöwe	Kanadamöwe	Barabamöwe
Bonapartemöwe	Sturmmöwe – *canus*	Armenienmöwe	Fischmöwe
Braunkopfmöwe	Sibirische Sturmmöwe – *heinei*	Korallenmöwe	Kamtschatkamöwe
Präriemöwe	Kamtschatka-Sturmmöwe – *kamtschatschensis*	Steppenmöwe	Thayermöwe
Graukopfmöwe	Elfenbeinmöwe	Silbermöwe	Sibirische Silbermöwe
Aztekenmöwe	Reliktmöwe	Eismöwe	Mittelmeermöwe – *michahellis*
Zwergmöwe	Ringschnabelmöwe	Beringmöwe	Atlantikmöwe – *atlantis*
Schwarzkopfmöwe	Alaska-Sturmmöwe	Mantelmöwe	
Rosenmöwe	Hemprichmöwe	Polarmöwe – *glaucoides*	
Schwalbenmöwe	Weißaugenmöwe	Kumlienmöwe – *kumlieni*	
Dünnschnabelmöwe		Dominikanermöwe	
		Baltische Heringsmöwe – *fuscus*	
		Britische & Skandinavische Heringsmöwe – *graellsii/intermedius*	
		Tundramöwe	

Tabelle 1. *Einteilung der in diesem Buch behandelten Möwenarten in Größenkategorien*

- Bei Großmöwen dauert es mehrere (drei bis fünf) Jahre, bis sich das adulte Gefieder vollständig ausgebildet hat. Vereinfacht gesagt entwickelt sich ihr Gefieder über die Jahre langsam und allmählich von ganz Braun zu Weiß mit grauen und/oder schwarzen Anteilen. Ihr allgemeines Aussehen variiert also nicht nur nach Art, sondern auch nach Alter. Aufgrund der oft langsamen und langen Übergänge von einem Kleid zum nächsten eignen sich Möwen hervorragend als Lernobjekte zum Thema «Mauser bei Vögeln».
- Bei den meisten Arten gibt es auch große regionale Variationen. Eine so subtile, aber umfassende regionale Variation ist faszinierend, da sie oft auf die Herkunft eines Vogels schließen lässt.
- Adulte und subadulte Vögel haben nicht viele Identifikationsmerkmale und lassen sich deshalb (entgegen der landläufigen Meinung) oft schwerer als junge Vögel bestimmen. Das Handschwingenmuster ist eines der Hauptmerkmale, kann aber leichter auf Fotografien als im Feld studiert werden.
- Darüber hinaus gibt es innerhalb der einzelnen Arten viele individuelle Unterschiede. Das Gefieder variiert manchmal so stark, dass zwei Individuen derselben Altersklasse und Art vollkommen unterschiedlich aussehen können. Als Folge davon überschneiden sich die Gefiedermerkmale mit denen ähnlicher Arten und eine Bestimmung auf Grundlage eines einzelnen Merkmals ist in der Regel nicht möglich. Eine sorgfältige Untersuchung der Gefiederdetails (Federgruppe für Federgruppe) ist deshalb unumgänglich, und die Bestimmung sollte auf einer Kombination von so vielen Merkmalen wie möglich beruhen. Von Vorteil ist, dass Möwen meist nicht sehr scheu sind und sich für eine so ausführliche Studie gut eignen. Außerdem wird es durch die scheinbar unendlichen Variationen beim Beobachten von Möwen niemals langweilig!

Wo also fängt man an? Wie lernt man, Möwen zu bestimmen? Die Schlüsselelemente sind Geduld und Übung. Nehmen Sie sich Zeit, um mit den Möwen vor Ort vertraut zu werden, Erfahrungen zu sammeln und deren unterschiedliche Kleider zu studieren. Sobald Sie die häufig anzutreffenden Vögel gut kennen, wird es leichter, die Sonderlinge ausfindig zu machen. Scheuen Sie sich nicht, Fehler zu machen. Nur auf diese Weise können Sie Erfahrungen sammeln. Seien Sie versichert, dass niemand auf der Welt jede einzelne gesichtete Möwe richtig identifizieren kann.

Die Bestimmung von Möwen ist ein schrittweiser Prozess. Im ersten Schritt wird die Möwe der richtigen Größenkategorie zugeordnet. Es gibt kleine, mittelgroße und große Möwen.

Kleine Möwen

Zu dieser Gruppe gehört eine der bekanntesten und am häufigsten vorkommenden Möwen in Eurasien: die Lachmöwe. Sie ist etwas größer als eine Taube, hat aber eine deutlich größere Flügelspanne. Die Arten dieser Gruppe sind in der linken Spalte der Tabelle 1 aufgeführt. Hinsichtlich ihrer Größe lassen sie sich in etwa vergleichen, wobei die Zwergmöwe die kleinste ist. Fast alle weisen im Prachtkleid eine dunkle Kapuze und in den Schlichtkleidern einen dunklen Ohrdeckenfleck oder andere dunkle Kopfabzeichen auf. Die meisten Arten der kleinen Möwen sind auch dadurch gekennzeichnet, dass sie auf dem Außenflügel mehr Weiß als Schwarz zeigen. Im Flug sind sie agiler und können schneller manövrieren als größere Möwen, ihre Flügelschläge sind schneller.

Mittelgroße Möwen

Die bekannteste Art dieser Gruppe ist die Sturmmöwe, die ungefähr einen Kopf größer als die Lachmöwe ist. Mit Ausnahme der Hemprich- und der Weißaugenmöwe, die in allen Kleidern ein dunkles Gefieder mit dunklem Kopf aufweisen, finden sich bei allen anderen Arten dieser Gruppe keine deutlichen Kopfabzeichen, und sie sind durch ein relativ helles Gefieder mit kleinem, zumindest teilweise gelblichem Schnabel (Altvogel) gekennzeichnet. Außer der Elfenbeinmöwe haben alle Arten in dieser Gruppe schwarze Flügelspitzen.

Tafel 1. *Ein flüchtiger Blick genügt, um zu sehen, dass der Vogel im Vordergrund rechts anders als die beiden Lachmöwen links aussieht: Er ist insgesamt weißer und massiger. Diese kurze ganzheitliche Betrachtung kann für die Annahme reichen, dass es sich hierbei um eine Schwarzkopfmöwe handelt. Bei näherem und analytischerem Blick kann man weiße statt weitgehend schwarze Flügelspitzen, eine anders geformte Kapuze und einen kräftigeren, helleren roten Schnabel erkennen, was die bisherige Vermutung bestätigt. Dieser Vogel wurde in Polen beringt. Belgien, 25. März 2008 (Peter Adriaens).*

Tafel 2. *Auch bei flüchtigem Hinsehen ist erkennbar, dass die Möwe in der Mitte dieser kleinen Gruppe «anders» aussieht: Der weiße Kopf und die weiße Brust springen im Vergleich zu den braunen Möwen links und rechts von ihr sofort ins Auge. Eine kurze ganzheitliche Betrachtung reicht demnach für die Vermutung, dass es sich hierbei um eine andere Art handelt. Um sicherzustellen, dass der wahrgenommene Unterschied auf keine Ausbleichung oder eine andere Altersklasse zurückzuführen ist, sind aber eine genaue Prüfung und ein analytischer Ansatz notwendig. Die Schnabelform und das Muster der Flügeldecken, Schirmfedern und Schulterfedern bestätigen, dass der Vogel in der Mitte eine Steppenmöwe (im 1. Zyklus) ist. Bei den Vögeln links und rechts daneben handelt es sich um Silbermöwen (im 1. Zyklus). Niederlande, 1. März 2020 (Mars Muusse).*

Große Möwen

Alle anderen in diesem Buch beschriebenen Arten können als große Möwen betrachtet werden, wobei die Silbermöwe Hauptvertreterin dieser Gruppe ist. Sie ist deutlich größer und massiger als die Sturmmöwe und hat einen sichtlich kräftigeren Schnabel. Außer der Korallenmöwe, die einen roten Schnabel hat, sind alle Arten in dieser Gruppe durch einen gelben Schnabel gekennzeichnet, der beim Altvogel einen roten Gonysfleck aufweist. Im Prachtkleid ist der Kopf weiß, mit Ausnahme der Fischmöwe, die eine schwarze Kapuze trägt. Die Flügelspitze kann komplett weiß sein (Eis- und Polarmöwe), bei den meisten Arten ist sie aber überwiegend schwarz.

Ganzheitlicher oder analytischer Ansatz?

In einigen neueren Vogelbestimmungsbüchern liegt der Schwerpunkt auf einem ganzheitlichen Ansatz. Dabei wird der gesamte Vogel betrachtet, statt sein Gefieder Stück für Stück zu analysieren. Diese Art der Vogelbestimmung wird etwa in dem Buch «Gulls Simplified» (Dunne & Karlson 2018) vertreten. Ein Beispiel für ein ganzheitliches Vorgehen ist wie oben beschrieben die Zuordnung des Vogels zur richtigen Größenkategorie. Welcher Ansatz ist nun der richtige: Bestimmung des Vogels nach dem äußeren Eindruck oder durch sorgfältiges Studium seiner Federn? Für Möwen lautet die Antwort: Man braucht beide Ansätze, und zwar in der richtigen Reihenfolge.

Der erste Schritt besteht darin, den Vogel der richtigen Größenkategorie zuzuordnen. Die Bewertung des gesamten Vogels stellt den zweiten Schritt im Bestimmungsprozess dar. Vergleichen Sie seine Größe und Form mit der Möwe direkt daneben. Können Sie irgendwelche kleinen Unterschiede erkennen? Hat die Möwe einen etwas kräftigeren Schnabel? Einen massigeren Körper mit kürzerem Hinterteil? Eine andere Kopfform? Schauen Sie sich auch die Gesamtfärbung des Gefieders an, z. B. den Grauton der Oberseite. Versuchen Sie bei immaturen großen Möwen, die häufig vorwiegend braun sind, die Stärke des Kontrastes im Gefieder, z. B. zwischen Ober- und Unterseite oder zwischen Oberseite und Kopf, einzuschätzen. Das ganzheitliche Vorgehen fällt vielen Menschen oft leichter, da man sich hierfür keine Einzelheiten des Gefieders merken muss. Es ist aber auch sehr fehleranfällig. So kann zum Beispiel eine juvenile Heringsmöwe leicht mit einer Mittelmeermöwe verwechselt werden und umgekehrt.

Der dritte und letzte Schritt besteht aus einer Analyse des Gefieders. Sie umfasst dessen Studium im Detail, Federgruppe für Federgruppe. Besonders wenn man immature Großmöwen bestimmen möchte, ist dies sehr wichtig. Die Feldmerkmale von immaturen Großmöwen sind wie Puzzleteile, die allesamt benötigt werden, um das Puzzle zu lösen. Dafür sind Kenntnisse zu Topografie, Alter und Mauser gefragt. Bei adulten Großmöwen bezieht sich die Analyse des Gefieders meist auf die Untersuchung des Handschwingenmusters, was sich am einfachsten durch Fotografieren des Vogels im Flug umsetzen lässt. Nützliche Informationen liefert aber häufig auch das Betrachten der Unterseite der Flügelspitze eines sitzenden Vogels (Tafel 3).

Wir haben versucht, diesen letzten Schritt des Bestimmungsprozesses durch Kennzeichnung der wichtigen Feldmerkmale auf den Fotos und durch entsprechende Beschriftungen zu vereinfachen.

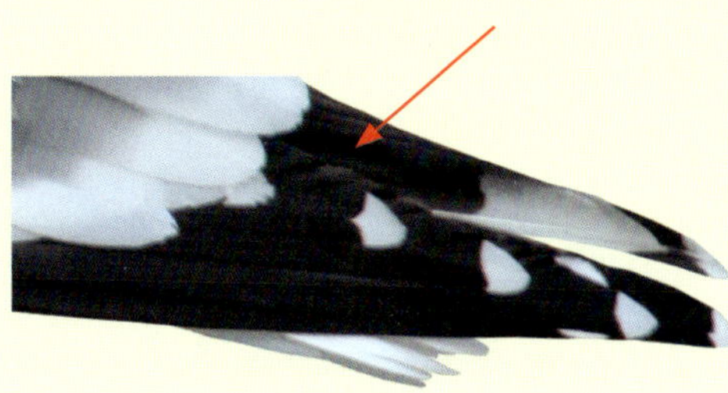

Tafel 3. *Eine analytische Betrachtung der Flügelspitzen von adulten Großmöwen. Bei der Steppenmöwe (links oben) endet die helle Zunge auf der Unterseite der Flügelspitze in einer charakteristischen sauberen 90°-Kurve aufwärts. Bei der adulten Silbermöwe* argentatus *(oben rechts) weist die Zunge am Ende eine viel unregelmäßigere Form auf. Bei der adulten Silbermöwe* argenteus *und der Mittelmeermöwe (unten rechts) ist die Unterseite der Flügelspitze in der Regel schwärzlich, ohne helle Zunge. Das Wissen um kleine Details wie diese kann im Bestimmungsprozess sehr hilfreich sein.*

Tafel 4. *Adulte Mittelmeermöwe, Portugal, 16. November 2018. Bei vielen Möwen sind die Armschwingen in Ruhestellung nicht sichtbar, weil sie vollständig von den großen Armdecken verdeckt werden. Hier ragen ihre weißen Spitzen aber knapp über diese Decken hinaus. Zu beachten ist, dass es sich bei der ersten Handschwinge hinter den Schirmfedern auf einem vollständig ausgewachsenen Flügel normalerweise um H6 handelt. Bei diesem Individuum ist H10 von oben gesehen durch H9 verdeckt (von unten gesehen ist es umgekehrt).*

Tafel 5. *Kopf einer adulten Steppenmöwe, Georgien, 30. Januar 2014.*

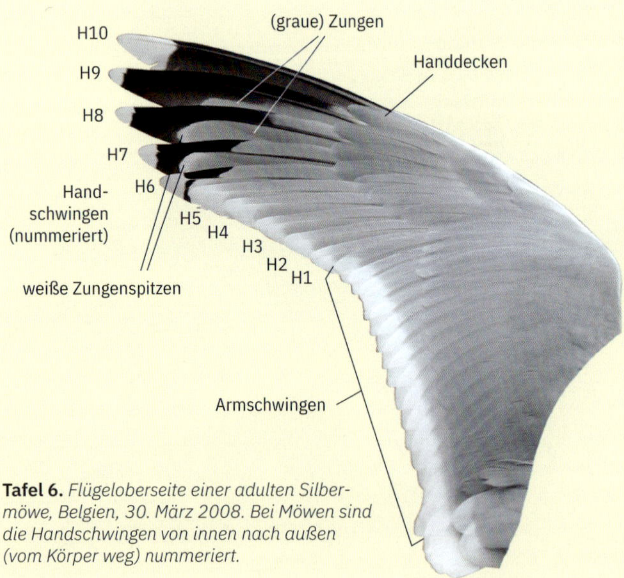

Tafel 6. *Flügeloberseite einer adulten Silbermöwe, Belgien, 30. März 2008. Bei Möwen sind die Handschwingen von innen nach außen (vom Körper weg) nummeriert.*

Tafel 7. *Flügelunterseite einer adulten Thayermöwe, Kalifornien, USA, 28. Januar 2011. Ein dunkles Mittelband ist bei einigen Möwen, wie der Thayermöwe und der Steppenmöwe, ein wichtiges Feldmerkmal.*

(nicht maßstabsgerecht)

Tafel 8. *Sturmmöwe im 1. Zyklus, Niederlande, 24. November 2019.*

Tafel 9. *Mantelmöwe im 1. Zyklus, Portugal, 7. Dezember 2016.*

Tafel 10. *Silbermöwe im 1. Zyklus, Boulogne, Frankreich, 5. März 2016. Ein Individuum mit ungewöhnlich dunklem Schwanz.*

Tafel 11. *Silbermöwe im 1. Zyklus, Belgien, 11. Oktober 2009.*

Glossar der topografischen Begriffe

Achselfedern Federn in der Achsel an der Basis der Flügelunterseite (Tafel 11)
Armschwingen Innere Schwungfedern des Flügels am «Arm» des Vogels. Diese Federn formen den Hinterrand des Flügels zwischen den Handschwingen und dem Körper.
Armschwingenband Teil der Armschwingen, der bei zusammengelegtem Flügel über die großen Armdecken hinausragt.
Augenlider Bewegliche Hautfalten und Muskel, die über dem Augapfel geschlossen werden können.
Bürzel Der Teil des Körpers unmittelbar oberhalb des Schwanzes
Fahne Der Teil der Feder auf jeder Seite des Schafts. Die Innenfahne ist dem Körper zugewandt, die Außenfahne vom Körper abgewandt. Bei einem ausgebreiteten Flügel werden die meisten Innenfahnen durch die Außenfahnen der Schwungfedern bedeckt. Deshalb sind auf der Flügeloberseite hauptsächlich die Außenfahnen sichtbar, während auf der Flügelunterseite im Wesentlichen die Innenfahnen zu sehen sind.
Fenster Bezeichnung, die sich auf die inneren Handschwingen bezieht, wenn diese einen hellen Fleck zwischen den dunklen äußeren Handschwingen und den dunklen Armschwingen bilden.
First Dorsale Kante des Oberschnabels (Tafel 5)
Flügeldecken Konturfedern, die die jeweilige Basis der Schwungfedern des Flügels bedecken.
Flügelprojektion Der Überstand der Handschwingen über den Schwanz bei einem sitzenden Vogel. Nicht zu verwechseln mit der Handschwingenprojektion.
Gonys Die hervorstehende Kante entlang der Nahtstelle der beiden Hälften des Unterschnabels
Gonyseck Rechteckige Ausdehnung an der unteren Kante des Unterschnabels (Tafel 5)
große Armdecken Die größten Flügeldecken. Bei einem sitzenden Vogel befinden sich diese zwischen den Schirmfedern und der Flanke (Tafel 8; Tafel 9); bei einem fliegenden Vogel sind sie auf dem Innenflügel über den Armschwingen (sowohl auf der Flügeloberseite als auch auf der Flügelunterseite) sichtbar (Tafel 10; Tafel 11).
Halbmond Abzeichen in Form eines Sichelmondes
Hand (Bei ausgebreiteten Flügeln) der äußerste, nach hinten gewinkelte Teil des Flügels eines Vogels, bestehend aus Handgelenksbereich, Handdecken und Handschwingen
Handdecken Die Federn, welche die jeweilige Basis der Handschwingen bedecken (Tafel 6).
Handschwingen Die äußeren Schwungfedern des Flügels, die an den verwachsenen Knochen der «Hand» des Vogels angebracht sind (Tafel 6). Möwen verfügen über elf Handschwingen, im Feld sind aber nur zehn sichtbar. Sie werden von innen nach außen nummeriert, d. h., H1 ist die körpernächste und H10 ist die äußerste sichtbare Handschwinge.
Handschwingenprojektion Der Überstand der Handschwingen über die Schirmfedern bei einem sitzenden Vogel. Nicht zu verwechseln mit der Flügelprojektion (siehe dort). Es ist zu beachten, dass bei mausernden Vögeln die äußersten Handschwingen möglicherweise fehlen und dadurch eine viel kürzere Handschwingenprojektion als üblich sichtbar ist.
Handschwingenspitze Die äußerste Spitze der Handschwinge. Bei adulten Möwen ist diese Spitze oft weiß (Tafel 7).
Hinterhals Der untere hintere Teil des Halses nahe am Mantel
immatur Alle nicht adulten Kleider, von juvenil bis subadult
juvenil Erstes Federkleid, das sich ausgebildet hat, nachdem alle Daunen durch «echte» Federn ersetzt wurden.
Kapuze Eine dunkle Färbung, die den Kopf und manchmal den Nacken bedeckt und sich deutlich vom Rest des Körpers unterscheidet.
Kehle Teil des Kopfes zwischen Kinn und Hals
Kinn Der Teil des Kopfes unmittelbar unterhalb der Basis des Unterschnabels (Tafel 5)
kleine Armdecken Die kleinsten Flügeldecken, die bei einem sitzenden Vogel zwischen den Schulterfedern und den mittleren Armdecken (Tafel 8; Tafel 9), im Flug an der Vorderseite des Arms entlang angeordnet sind. Anders als bei den großen und mittleren Armdecken gibt es mehrere Reihen von kleinen Armdecken.
Lauf Teil des Beins unterhalb des Knies
Mantel Der obere Teil des Körpers zwischen Hinterhals und Schulterfedern
Mittelband Ein dunkles Band, das die hellen Bereiche einer Feder durchkreuzt (Tafel 7).
mittlere Armdecken Die Reihe der Armdecken zwischen den großen und den kleinen Armdecken (Tafel 8; Tafel 9)
Nacken Die Rückseite des Kopfes (Tafel 5)
Ober-/Unterschnabel Der obere bzw. untere Teil des Schnabels eines Vogels (Tafel 5)
Oberschwanzdecken Die Federn, die die Oberseite der Schwanzbasis bedecken.
Oberseite Die oberen Teile des Körpers, einschließlich Mantel, Schulterfedern, Rücken, Bürzel und Oberschwanzdecken
Ohrdecken Kleine Federn hinter dem Auge des Vogels, welche die Ohrenöffnung bedecken.
Ohrdeckenfleck Dunkler Fleck hinter dem Auge, wie z. B. im Schlichtkleid der Lachmöwe zu sehen.
Orbitalring Ring aus bloßer Haut, der das Auge eines Vogels unmittelbar umgibt (Tafel 5). Nicht zu verwechseln mit dem Augenring, der aus kleinen Federn besteht, die den Orbitalring umranden.
Perlenkette Kette aus runden, weißen subterminalen Tupfen über die äußeren Handschwingen hinweg, die durch die weißen Zungenspitzen gebildet wird (z. B. bei adulter Kamtschatkamöwe).
postjuvenile Mauser Erste Teilmauser nach dem Flüggewerden, bei der die juvenilen Schulterfedern ersetzt werden.
pränuptiale Mauser Mauser, die irgendwann zwischen dem Herbst- und dem Frühjahrszug, in der Regel in den Winterquartieren durchlaufen wird.
Rückkreuzung Nachwuchs eines Hybriden und eines reinen Individuums einer Elternart des Hybriden
rückständiges Gefieder Gefieder, das immaturer als üblich aussieht. Es ist zu beachten, dass das immature Aussehen wahrscheinlich das Ergebnis einer rückständigen hormonellen Entwicklung des Vogels ist, keine verspätete Mauser. Gesunde Möwen erneuern ihr gesamtes Gefieder jährlich; sie überspringen keine Mauser. Bis auf ein paar wenige Ausnahmen sind nach der jährlichen Vollmauser bei Möwen in der Regel keine Federn aus einem vorhergehenden Kleid oder Zyklus mehr vorhanden. Auch wenn

das Gefieder einiger Vögel rückständiger aussieht als das von anderen Vögeln der gleichen Altersklasse, ist es in Wirklichkeit genauso alt.

Schaft Stamm oder Mittelachse einer Feder

Scheitel Oberster Teil des Kopfes

Schirmfedern Beim ausgebreiteten Flügel die innersten, am Körper anliegenden Armschwingen; beim zusammengelegten Flügel hervorstehend, mit darüber hinausragenden Handschwingen (Tafel 8; Tafel 9)

Schnabelwinkel Seite des Mundes

Schulterfedern Körperfedern, welche die Oberseite des Flügels bedecken, wenn sich der Vogel in Ruhestellung befindet.

Schwungfedern Die Flugfedern des Flügels, d. h. die Handschwingen, Armschwingen und Schirmfedern

Spiegel Weißer subterminaler Fleck auf den äußersten Handschwingen (Tafel 6). Er ist meist schwarz umrandet, bei einigen Vögeln aber geht der weiße Spiegel in die weiße Spitze der Handschwinge über.

Staffelmauser Auftreten von mehr als einer Mauserwelle innerhalb der Handschwingen desselben Flügels

Steiß Teil des Körpers zwischen den Unterschwanzdecken und dem Bauch. Bei einem stehenden Vogel ist oft der Bereich unmittelbar hinter den Beinen gemeint.

Steuerfedern Schwanzfedern

stillgelegte Mauser Vollmauser, die vor Vollendung beendet und später nicht fortgesetzt wird. Normalerweise wird die Mauser dann beendet, wenn neue Federn vollständig nachgewachsen sind; es gibt also keine offensichtlichen Mauserlücken.

subadult Wenn ein Vogel noch nicht vollständig adult ist, aber ein sehr ähnliches Gefieder wie ein Altvogel zeigt.

Teilmauser Mauser, die nur einige Teile des Gefieders umfasst, meistens nur die Körperkonturfedern

unterbrochene Mauser Vollmauser, die vor Vollendung unterbrochen, aber später fortgesetzt wird.

Unterschenkel Teil des Beines oberhalb des Knies

Unterschwanzdecken Die Federn, welche die Unterseite der Schwanzbasis bedecken.

Unterseite Die unteren Teile des Körpers, einschließlich Brust, Bauch, Flanken, Steiß und Unterschwanzdecken

Vollmauser Mauser, welche das gesamte Gefieder, einschließlich Handschwingen und Handdecken, umfasst.

Wange Der Teil des Kopfes unmittelbar unterhalb des Schnabelwinkels

Zügel Bereich zwischen Auge und Schnabel (Tafel 5)

Zunge Heller (meist grauer) Keil auf einer Feder, der in das schwarze Muster der äußeren Handschwingen hinein verläuft. Zungen sind in der Regel auf die Innenfahnen der Handschwingen begrenzt und deshalb am besten auf der Flügelunterseite zu sehen.

Zungenspitze Punkt, an dem die Zunge das subterminale schwarze Muster auf den Handschwingen erreicht. Bei vielen (sub-)adulten Möwen sind die meisten Zungenspitzen weiß (Tafel 6).

Zyklus Zeitraum von ungefähr einem Jahr, der sich von einer Vollmauser bis zur nächsten Vollmauser erstreckt; üblicherweise von einem Frühjahr bis zum nächsten Frühjahr.

Topografie

Das Gefieder einer Möwe zu studieren, ist nur dann möglich, wenn dessen wichtige Teile benannt werden können. Auf der Oberseite, vor allem auf den Flügeln, sind die Federn in Reihen angeordnet, wobei jede Reihe ihren eigenen Namen hat. Die äußersten, längsten Federn (Handschwingen) des Flügels können auch mit einer Nummerierung versehen sein. Diese erfolgt üblicherweise von innen nach außen, d. h., «1» steht für die innerste Handschwinge und «10» für die äußerste sichtbare Handschwinge.

Altersbestimmung

Die Bestimmung des Alters ist ein nützlicher Schritt im Prozess der Identifikation von Möwen. Bei kleinen Möwen ist dies relativ unkompliziert, weil diese Arten nur ein einziges Jahr benötigen, um ein alterskleidartiges Gefieder zu erlangen. Die immaturen Kleider unterscheiden sich außerdem deutlich von den Adultkleidern. Bei Großmöwen dauert diese Entwicklung jedoch vier oder fünf Jahre und es werden fast kontinuierlich Federn ersetzt. Das macht die Merkmale für die Altersbestimmung extrem variabel. Darüber hinaus können Identifikationsmerkmale wie die Farbe der unbefiederten Körperteile sowie Muster von Schulterfedern und Flügeldecken nicht nur vom Alter, sondern auch vom hormonellen Zustand des Vogels abhängen. Dieses Buch enthält in den Kapiteln zu den einzelnen Arten keine langen Ausführungen zu Alterskriterien. Wir konzentrieren uns primär auf die Bestimmungsmerkmale. Uns ist bewusst, dass die Altersbestimmung wichtig ist. Dennoch finden wir, dass sie in vielen Fällen eine untergeordnete Rolle spielt. Um ihr trotzdem Rechnung zu tragen, stellen wir stattdessen allgemeine Richtlinien dar.

Altersterminologie

Um Altersklassen zu beschreiben, verwenden wir den Begriff «Zyklus». Damit können problematische Bezeichnungen wie «Kalenderjahr» oder «1. Winter», «2. Winter» usw. vermieden werden. Großmöwen wechseln ihr Federkleid nicht plötzlich. Die Mausern erfolgen eher kontinuierlich und können sechs Monate oder länger dauern. Da sich große Möwen einen Großteil ihres Lebens im Übergang von einem zum nächsten Kleid befinden, ist es nicht immer realistisch, ihr Gefieder in Winter- und Sommerkleider einzuteilen. Aus diesem Grund haben wir die Zyklusterminologie übernommen, die den zusätzlichen Vorteil hat, dass sie auf beiden Erdhalbkugeln zur

Beschreibung des Alters verwendet werden kann. Ein Vogel im ersten Zyklus ist ein Vogel im ersten Zyklus, unabhängig davon, ob er nördlich oder südlich des Äquators lebt. Einfach gesagt ist «erster Zyklus» mehr oder weniger ein Synonym für die ersten zwölf Monate von Möwen, «zweiter Zyklus» entspricht in etwa dem «zweiten Jahr» und so weiter – die Zyklusterminologie ist aber genauer definiert. Ein Gefiederzyklus dauert von einem bestimmten Kleid oder einer Vollmauser bis zur nächsten Vollmauser. Der erste Zyklus beginnt mit dem Jugendkleid, der zweite mit dem Beginn der Vollmauser im zweiten Kalenderjahr des Vogels usw. Der Beginn einer Vollmauser wird durch die Erneuerung der innersten Handschwinge angezeigt. Im Verlauf der nächsten zwölf Monate verändert sich das Gefieder langsam, aber grundlegend, besonders bei immaturen Vögeln. Wenn Sie Vögel im Mai eines Jahres mit Vögeln im März des nächsten Jahres vergleichen, kann das Gefieder tatsächlich komplett anders aussehen, obwohl es formal noch zum selben Zyklus gehört.

Bei den meisten Möwen besteht ein Zyklus aus einer Vollmauser (ins Schlichtkleid) und einer oder zwei Teilmausern. Ein Hinweis ist an dieser Stelle wichtig: Mehrere in diesem Buch vorgestellte Arten können eine Reihe von Schwungfedern, einschließlich der inneren Handschwingen, während ihres jährlichen Zyklus zweimal ersetzen: einmal während der postnuptialen Vollmauser und einmal im Rahmen einer umfangreichen pränuptialen Mauser. Letztere wird nicht als Start eines neuen Mauserzyklus betrachtet, da es sich hierbei um eine zweite Mauser innerhalb des jährlichen Zyklus handelt, die nicht bei allen Vögeln vollständig durchlaufen wird.

Altersbestimmung bei kleinen Möwen

Im ersten Zyklus kann das Alter von kleinen Möwen anhand der braunen kleinen und mittleren Armdecken auf der Flügeloberseite, der dunklen Zentren auf den Schirmfedern, der schwarzen Schwanzbinde, der dunklen Armschwingen (außer bei Rosenmöwe und Schwalbenmöwe) und anhand des dunklen Musters auf den Handdecken bestimmt werden. Adulte Möwen weisen einfarbige graue Armdecken und Schirmfedern (Letztere mit weißen Spitzen) auf der Flügeloberseite, einen weißen Schwanz, helle Armschwingen und, außer der Schwalbenmöwe, keine dunklen Abzeichen auf den Handdecken auf. Schwarzkopfmöwe und Zwergmöwe haben eindeutige Kleider im zweiten Zyklus, die zwar den Alterskleidern ähneln, aber auf den äußeren Handschwingen einen variablen Schwarzanteil aufweisen. Bei allen anderen kleinen Möwen sind die Kleider im zweiten Zyklus (nahezu) identisch mit den Adultkleidern, sodass deren Bestimmung hier nicht separat behandelt wird. Azteken- und Schwarzkopfmöwen ersetzen ihre Armdecken im ersten Zyklus sehr früh durch frische graue Federn, wodurch das Gefieder dem adulten Gefieder ähnelt. Einige Dünnschnabelmöwen und selten die Lachmöwe können ihre Armdecken auch während der postjuvenilen Mauser austauschen. Das Alter dieser Vögel lässt sich jedoch im Flug leicht bestimmen, da hier die schwarze Schwanzbinde, die dunklen Armschwingen und das dunkle Muster auf den Handdecken sichtbar werden.

Einige Braunkopf- und Graukopfmöwen durchlaufen im ersten Zyklus eine umfangreiche Teilmauser, die ihnen im Frühjahr ein fortgeschrittenes Kleid mit einfarbigen grauen Armdecken, Schirmfedern und Armschwingen sowie einen komplett weißen Schwanz beschert. In Ruhestellung können sie wie adulte Vögel aussehen, haben aber eine dunkle Iris (bei Adultvögeln hell) und im Flug wird ein dunkles Muster auf den Handdecken sichtbar.

Die Schwalben- und die Präriemöwe stellen zwei Ausnahmen dieser Gruppe dar. Bei ihnen erfolgt bereits *während* des ersten Zyklus (fast) eine Vollmauser. Folglich erwerben sie viel früher ein alterskleidartiges Gefieder. Schwalbenmöwen haben im ersten Schlichtkleid einfarbige graue Decken auf der Oberseite und einen weißen Schwanz und können nur dann von adulten Vögeln im Schlichtkleid unterschieden werden, wenn die Schnabelspitze dunkel statt gelb gefärbt ist. Bei der Präriemöwe ist es das erste Prachtkleid, das dem Adultkleid ähnelt, wobei das schwarze Muster auf den äußeren Handschwingen ausgedehnter ist und die weißen Spiegel fehlen, außerdem das weiße Band auf den äußeren Handschwingen. Eine ungeklärte Frage ist, ob adulte Präriemöwen immer einen weißen Spiegel auf der äußersten Handschwinge aufweisen. In Anbetracht des hohen Weißanteils auf den Flügeln nehmen wir an, dass dies so ist. Deshalb wird in diesem Buch jeder Vogel, dem der Spiegel auf H10 fehlt, als Vogel «im zweiten Zyklus» bezeichnet. Zukünftige Studien, wie die Farbberingung von Pulli in Brutkolonien, werden hoffentlich mehr Licht in diese Angelegenheit bringen.

Altersbestimmung bei mittelgroßen Möwen

Mit Ausnahme der Elfenbeinmöwe können Vögel dieser Gruppe in drei Altersklassen eingeteilt werden: erster Zyklus, zweiter Zyklus und adult. Die Unterschiede zwischen den Altersklassen sind aufgrund eindeutiger Muster auf den Armdecken, dem Schwanz und dem Außenflügel relativ klar.

Das Alter der Dreizehenmöwe im ersten Zyklus kann anhand der schwarzen Binde auf den Decken der Flügeloberseite, der schwarzen Zentren auf den Schirmfedern, des schwarzen Halsrings auf dem Hinterhals, der schwarzen Schwanzbinde und des breiten weißlichen Flügelfeldes bestimmt werden. Adulte Dreizehenmöwen haben graue Flügel, kleine schwarze Flügelspitzen und einen reinweißen Schwanz. Vögel im zweiten Zyklus unterscheiden sich nur dezent von adulten Vögeln, z. B. durch dunkle Abzeichen auf den Handdecken.

Bei der Sturmmöwe, der Alaska-Sturmmöwe und der Ringschnabelmöwe weisen Vögel im ersten Zyklus braune kleine

Tafel 12. *Flügelspitzen der Sturmmöwe im 2. Zyklus (links) und der adulten Sturmmöwe (rechts). Die zusammengelegte Flügelspitze ist ein nützliches Merkmal für die Altersbestimmung: Vögeln im 2. Zyklus fehlen die ausgeprägten weißen Spitzen an den längeren (d. h. äußersten) Handschwingen.*

und mittlere Armdecken auf der Flügeloberseite, dunkle Zentren auf den Schirmfedern, dunkle Armschwingen und eine schwarze Schwanzbinde auf. Bei adulten Vögeln sind die Flügel einfarbig grau mit breitem weißem Hinterrand, die Flügelspitzen schwarz mit weißen Spiegeln und Handschwingenspitzen und der Schwanz ist ganz weiß. Vögel im zweiten Zyklus unterscheiden sich von Altvögeln durch einen schmaleren weißen Halbmond auf den Schirmfedern, schwärzliche Abzeichen auf den Handdecken, kleinere weiße Spiegel und die fehlende weiße Spitze an H8–H9. Manche Vögel zeigen Reste der schwarzen Schwanzbinde. Andere, die fast wie adulte Vögel aussehen, aber etwas Schwarz an der Alula oder an den Handdecken aufweisen, könnten als Vögel «im dritten Zyklus» bezeichnet werden. Es gibt aber einige vollständig adulte Vögel (sogar über 20 Jahre alt), die derartige immature Merkmale behalten, und manche fortgeschrittene Vögel im zweiten Zyklus, die ebenfalls sehr ähnlich aussehen können. Für die Bestimmung ist es wichtig zu wissen, dass das Handschwingenmuster von Vögeln im zweiten Zyklus (und einigen rückständigen Vögeln im dritten Zyklus) nicht so weit entwickelt ist wie das von adulten Vögeln und deshalb weniger nützlich ist.

Einige Sturmmöwen und Alaska-Sturmmöwen können im zweiten Zyklus ein sehr rückständiges Gefieder mit durchgehend braunen Flügeldecken und komplett schwarzer Schwanzbinde aufweisen. Sie können Vögeln im ersten Zyklus ähneln, obwohl sie in der Regel eine Reihe fortgeschrittener, alterskleidartiger Armschwingen (bläulich grau mit breiten weißen Spitzen) und oft einen Hauch Blau auf den innersten Handschwingen zeigen. Befinden sich zwei weiße Spiegel auf dem Flügel (auf H9–H10), sollte dies Vögel im ersten Zyklus ausschließen. Zu beachten ist jedoch, dass ein einziger weißer Spiegel (auf H10) durchaus bei einigen der Letzteren gefunden werden kann, genauso wie bei vielen Vögeln im zweiten Zyklus. Umgekehrt ist es möglich, dass die Spiegel bei einigen Kamtschatka-Sturmmöwen und Alaska-Sturmmöwen im zweiten Zyklus (fast) vollständig fehlen. Sind juvenile Schulterfedern vorhanden, sollte ein Vogel im zweiten Zyklus sicher auszuschließen sein. Einige Vögel im ersten Zyklus zeigen auf einigen Armschwingen und inneren Handschwingen bereits ein fortgeschrittenes, alterskleidartiges Muster. Haben sie bereits alle ihre juvenilen Schulterfedern ersetzt, ist es nahezu unmöglich, ihr Alter korrekt zu bestimmen. Wenn sie einen braunen Bürzel behalten, können sie leichter von rückständigen Vögeln im zweiten Zyklus abgegrenzt werden. Andernfalls kommt es darauf an, die mittleren und kleinen Armdecken richtig zu bewerten: Juvenile Federn haben ein warmbraunes Zentrum mit einem sauber definierten hellen Rand, während die Armdecken bei rückständigen Vögeln im zweiten Zyklus heller und ausgewaschener sind und kein gänzlich braunes Zentrum aufweisen. Darüber hinaus sind bei vielen Vögeln im zweiten Zyklus bereits einige einfarbige graue, adult aussehende kleine Armdecken zu beobachten.

Das Gefieder der Hemprich- und Weißaugenmöwen bleibt ihr ganzes Leben eher dunkel, sodass sich ihr Alter weniger leicht bestimmen lässt. Im ersten Zyklus weisen sie helle Ränder an den braunen Flügeldecken auf, eine dunkle Schwanzbinde und nur schmale weiße Spitzen an den Armschwingen. Altvögel haben einfarbige graue Flügeldecken und Schirmfedern ohne jegliche Umsäumung, einen komplett weißen Schwanz und einen breiten weißen Hinterrand an den Armschwingen. Im Prachtkleid zeigen adulte Vögel einen markanten weißen Fleck auf beiden Seiten des Halses. Vögel im zweiten Zyklus ähneln adulten Vögeln, sodass es wahrscheinlich das Beste ist, nur das Alter derjenigen zu bestimmen, auf deren Schwanz sich noch einige schwarze Abzeichen finden.

Die Elfenbeinmöwe zeigt nur zwei Arten von Gefieder: das Jugendkleid (das überall schwarz gepunktet ist) und das Adultkleid (das ganz weiß ist). Während der Mauser vom Jugend- ins Adultkleid kann das Gefieder aus einer Mischung aus weißen und gepunkteten Federn bestehen.

Altersbestimmung bei großen Möwen

Zwei der beständigsten Altersbestimmungsmerkmale bei Großmöwen sind die Form und die Farbe der Handschwingen. Ein weiterer wichtiger Aspekt ist die Abnutzung, die manchmal dazu dienen kann, das Alter von Federn einzuschätzen. Vor allem juvenile Federn sind weniger widerstandsfähig und langlebig als ältere Federn. Das kann bei einer weitgehend braunen Möwe dazu führen, dass einige Partien zum Ende des ersten Zyklus hin weißlich werden. Abgenutzte Federn weisen ausgefranste Kanten und Spitzen auf, als ob sie von Motten angefressen worden wären.

Tafel 13. *Flügelspitzen von Mittelmeermöwen, bei denen die Unterschiede zwischen Schwungfedern im 1. Zyklus (= juvenil) und Schwungfedern im 2. Zyklus sichtbar sind. Bei dem Vogel im 1. Zyklus (links) sind die Handschwingen dunkelbraun, eher spitz und an den Kanten ausgefranst. Die Handschwingen im 2. Zyklus (rechts) sind breiter und schwärzlicher, mit abgerundeten Spitzen und sauberen Kanten. Im Herbst sind sie neu und frisch und in einem viel besseren Zustand als die juvenilen Handschwingen (die mehrere Monate alt sind). Der Unterschied zeigt sich vor allem an der Unterseite der Flügelspitze. Zu beachten ist auch, wie viel brauner die juvenilen Schirmfedern (links) gegenüber den Schirmfedern der 2. Generation (oben links und rechts) sind, mit deutlich weniger Weiß an der Spitze. Die Spitzen sehen auch bereits etwas beschädigt aus. Beide Vögel im späten November 2016 in Portugal fotografiert.*

ALLGEMEINES

Erster Zyklus

Die juvenilen Handschwingen großer Möwen kennzeichnet eine eher schmale und spitz zulaufende Form. Häufig sind sie auch weniger schwärzlich und eher bräunlicher als ältere Handschwingen (außer natürlich bei den Arten, die weiße Flügelspitzen haben). Der Rest des Gefieders zeigt ein regelmäßiges Muster. So befinden sich beispielsweise auf den großen Armdecken oft klar definierte dunkle Striche, die parallel zueinander verlaufen. Die dunklen Schirmfedern haben mäßig schmale helle Spitzen, wohingegen die weißen Schirmfederspitzen im zweiten Zyklus häufig deutlich breiter sind. Die juvenilen mittleren und kleinen Armdecken weisen in der Regel breite dunkle (braune) Zentren auf, die auch bei den juvenilen Schulterfedern zu finden sind. Neue Schulterfedern (während der postjuvenilen Mauser erworben) zeigen stattdessen normalerweise ein dunkles Ankermuster. Wenn die meisten Schulterfedern ersetzt sind, entsteht oft der Eindruck eines «Sattels», der mit den juvenilen Flügeldecken kontrastiert, die weniger stark gemustert sind und abgetragener wirken. Die Iris bleibt dunkel (bei einigen Vögeln kann sie gegen Ende des ersten Zyklus heller werden) und dem Schnabel fehlt normalerweise eine helle Spitze.

Manche Arten, wie die Mittelmeermöwe, vollziehen häufig eine eher umfangreiche postjuvenile Mauser (siehe «Mauser», S. 19), bei der sie neue Flügeldecken und Schirmfedern bekommen, die denen von Vögeln im zweiten Zyklus ähneln und mit sämtlichen noch vorhandenen braunen juvenilen Flügeldecken kontrastieren. Bei der Dominikanermöwe und bei den Unterarten der Heringsmöwe *graellsii/intermedius* kann die postjuvenile Mauser sogar alle Schwanzfedern und Armschwingen einschließen. Das kann die Altersbestimmung erschweren, aber diese neuen Federn kontrastieren mit den noch vorhandenen braunen juvenilen Federn. Form und Farbe der Handschwingen stellen das verlässlichste Kriterium für die Altersbestimmung dar. (Siehe auch den Abschnitt zu Baltischer Heringsmöwe und Tundramöwe auf S. 19).

Zweiter Zyklus

Die Handschwingen der 2. Generation großer Möwen sind breiter und runder als die juvenilen. Die äußeren Handschwingen sind schwärzlich (außer bei Arten mit weißen Flügelspitzen), während die inneren Handschwingen, zumindest auf ihren Innenfahnen, eine eher schmutzig gräuliche oder bräunliche Färbung aufweisen. Bei manchen Arten, insbesondere bei der Steppen-, der Mantel-, der Skandinavischen Silbermöwe und der Kumlienmöwe, zeigen viele Vögel auf der äußersten Handschwinge (H10) bereits einen weißen Spiegel. Das Gefieder wirkt unregelmäßiger als im ersten Zyklus; die großen Armdecken können viele schmale dunkle, wellenförmige Linien aufweisen, die zusammen- und auseinanderlaufen (wie Vermicelli oder Spaghetti). Die Schirmfedern haben ebenso wie die Armschwingen breite weißliche Spitzen. Viele (aber längst nicht alle!) Vögel in dieser Altersklasse bekommen adult aussehende Mantel- und Schulterfedern, die einen bläulich grauen oder schwärzlichen Sattel (je nach Art) bilden, durch den sie von Vögeln im ersten Zyklus deutlich unterscheidbar sind. Der Schnabel hat eine breite helle Spitze oder kann, besonders zum Ende des zweiten Zyklus hin, eine gelbliche Tönung erhalten.

Dritter Zyklus

In diesem Zyklus unterscheiden sich die Handschwingen von Federn der 2. Generation im Allgemeinen durch ihre kräftigen

Tafel 14. *Flügel der Eismöwe im 1. Zyklus (links) und im 2. Zyklus. Zu beachten sind die dünnen dunklen «Pfeilspitzen» nahe der Spitzen der Schwungfedern auf dem Flügel im 1. Zyklus. Die Handschwingen sind auch spitzer geformt und die großen Armdecken zeigen eine deutliche parallele Bänderung. Links: Belgien, 7. November 2010; rechts: Neufundland (Kanada), 1. Februar 2013*

weißen Spitzen, die in Ruhestellung sichtbar sind (außer bei den Arten mit weißen Flügelspitzen). Einige Vögel sehen jedoch rückständiger aus. In diesem Fall müssen die inneren Handschwingen studiert werden: Federn der 3. Generation haben in der Regel die gleiche Färbung wie bei adulten Vögeln, mit breiten weißen Spitzen, während Federn im zweiten Zyklus schmutzig gräulich oder schmutzig bräunlich gefärbt sind, ohne die markanten weißen Spitzen. Manche Vögel im dritten Zyklus sehen insgesamt so rückständig aus, dass die Färbung der inneren Handschwingen unter Umständen der einzige Anhaltspunkt für ihr wahres Alter ist. Im Allgemeinen aber ähneln Flügeldecken und Schirmfedern von Vögeln im dritten Zyklus eher denen von adulten als von jüngeren Vögeln, ebenso ihre unbefiederten Körperteile. Einige wenige Vögel können bereits zwei weiße Spiegel auf den äußeren Handschwingen (H9–H10) zeigen, was bei Vögeln im zweiten Zyklus nie der Fall ist. Wieder andere Vögel dieser Altersklasse können so fortgeschritten aussehen, dass sie nicht verlässlich von Vögeln im vierten Zyklus abgegrenzt werden können.

◗ Vierter Zyklus

Hier weisen die äußeren Handschwingen wie bei adulten Vögeln markante abgerundete weiße Spitzen und mindestens einen Spiegel (auf H10) auf. Auch der Rest des Gefieders und die unbefiederten Körperteile entsprechen meistens denen adulter Vögel. Allerdings tragen Vögel im vierten Zyklus häufiger noch immature Abzeichen auf den Handdecken, dem Schwanz und in der Nähe der Schnabelspitze. Oft sind die Handschwingen auch stärker pigmentiert als bei Altvögeln. Fortgeschrittene Vögel können adulten Vögeln, die gelegentlich auch immature Abzeichen behalten, sehr ähnlich sehen, sodass eine Unterscheidung zwischen den beiden Altersklassen unmöglich ist. Rückständige Vögel im vierten Zyklus, die beispielsweise braune Abzeichen auf den Schirmfedern oder großen Armdecken aufweisen, können hingegen nicht von Vögeln im dritten Zyklus abgegrenzt werden. Deshalb verwenden wir die Bezeichnung «subadult» oft sowohl für Vögel im dritten als auch für Vögel im vierten Zyklus.

Es sollte beachtet werden, dass das Handschwingenmuster bei Vögeln im dritten Zyklus und sogar bei einigen im vierten Zyklus nicht so weit wie bei adulten Vögeln entwickelt ist und sich deshalb weniger für die Bestimmung eignet.

◗ Adult

Die Oberseite des adulten Vogels zeigt eine einheitliche Färbung ohne braune immature Abzeichen. Der Schwanz ist ganz weiß. Auf den Handdecken befinden sich normalerweise keine ausgedehnten dunklen Abzeichen (siehe aber vorheriger Abschnitt). Die Decken auf der Flügelunterseite (einschließlich der Handdecken) sind völlig weiß.

Die oben genannten Kriterien lassen sich bei einigen Arten dieser Gruppe weniger gut anwenden. Diese werden nachfolgend behandelt.

SONDERFÄLLE

◗ Weißflügelige Möwen (Polar- und Eismöwe)

Bei diesen beiden Arten ist die Form der Handschwingen ein gutes Kriterium für die Altersbestimmung, während die Farbe dieser Federn in allen Altersklassen hell bleibt. Vögel im ersten Zyklus weisen aber auf den inneren Handschwingen oft einen dünnen braunen Subterminalfleck auf, der wie ein Pfeil geformt ist, in allen anderen Altersklassen jedoch fehlt. Vögel im ersten Zyklus haben auch braune Achselfedern (in anderen Altersklassen weiß) und ihre Iris ist dunkel. Die großen Armdecken zeigen eine regelmäßigere parallele Bänderung als im zweiten Zyklus. Befinden sich auf der Oberseite reingraue Federn, schließt das Vögel im ersten Zyklus aus. Vögel im dritten Zyklus unterscheiden sich von Vögeln im zweiten Zyklus durch ihre adult aussehenden, bläulich grauen inneren Handschwingen, während die äußeren Handschwingen eine weniger ausgedehnte bläulich graue Färbung als bei adulten Vögeln (häufig keine) zeigen.

	1. Zyklus	2. Zyklus	3. Zyklus	Adult
Handschwingen	dunkelbraun spitz	schwärzlich höchstens 4 graue innere Handschwingen	schwarz mit kleinen weißen Spitzen; 5–6 graue innere Handschwingen normalerweise kein Spiegel auf H10	schwarz mit weißen Spitzen weißer Spiegel auf H10 (fehlt selten)
Armschwingen	dunkelbraun	schwarz mit deutlichen weißen Spitzen	(teilweise) grau	grau
Decken der Flügeloberseite	viele braune Federn	weitgehend grau; nur ein paar wenige braune kleine und äußere große Armdecken	grau	grau
Handdecken	dunkel	dunkel	innere Federn grau äußere Federn dunkel	grau oder mit nur einigen schwarzen Abzeichen
Schwanz	dunkel	weiß mit schwarzer Schwanzbinde	weiß, manchmal mit kurzer schwarzer Schwanzbinde	weiß
Decken der Flügelunterseite	von dunklem Muster umgebenes, helles Feld	weiß mit dunklem Hinterrand	hell	hell (grau)
Schnabel	dunkel bis gelblich	gelblich bis orange	gelblich bis rot	rot
Kopf und Körper	mattbraunes Muster auf Brust	weitgehend weiß mit braunen Stricheln auf Kopf/Hals	häufig undeutliche Strichelung auf Kopf im Winter	weißer Kopf hellgrauer Körper

Tabelle 2. *Zusammenfassung der Alterskriterien für die Korallenmöwe (basierend auf Reyt & Prunier 2021)*

Korallenmöwe

Diese Art bildet schneller als die meisten anderen Großmöwen alterskleidartige Merkmale aus. Ab der Mitte des Winters im ersten Zyklus bekommen einige Vögel bereits viele einfarbige graue Schulterfedern und Flügeldecken, durch die der Vogel reifer aussieht, als er in Wirklichkeit ist. Im zweiten Zyklus können die inneren Handschwingen bereits eine altvogelähnliche graue Färbung annehmen und die mittleren Handschwingen kleine weiße Spitzen zeigen. Die Altersbestimmung ist immer noch gut möglich, sofern die richtigen Kriterien angewendet werden. Bei Vögeln im ersten Zyklus gehören dazu Form und Farbe der Handschwingen, der komplett dunkle Schwanz, die weitgehend braunen kleinen und mittleren Armdecken und die matte Schnabelfärbung. Vögel im zweiten Zyklus sind durch abgerundetere Handschwingenspitzen, komplett weiße Decken auf der Flügelunterseite, einen weißen Schwanz mit einer dünnen schwarzen Binde, breite weiße Spitzen an den Armschwingen und eine gelbliche bis orangerote Schnabelfärbung gekennzeichnet. Maximal vier innere Handschwingen können bläulich grau gefärbt sein. Im Sitzen ähneln fortgeschrittene Vögel im ersten Zyklus Vögeln im zweiten Zyklus, weisen aber normalerweise noch einige verbliebene braune Flügeldecken sowie eine matte Schnabelfärbung auf. Vögel im zweiten Zyklus haben eine eher reingraue, mehr dem Alterskleid ähnelnde Oberseite und Flügeloberseite, wobei – anders als im dritten Zyklus – häufig ein paar dunkle Abzeichen auf den kleinen Armdecken und schwärzliche Striche auf den äußeren großen Armdecken zu sehen sind. Im Gegensatz zu älteren Vögeln weisen sie auch ganz dunkle Handdecken auf. Im Sitzen ähnelt die Korallenmöwe im dritten Zyklus stark der adulten Korallenmöwe, während sie im Schlichtkleid durch feine dunkle Striche oder Punkte auf Scheitel und Nacken sowie eine etwas mattere Schnabelfärbung gekennzeichnet ist. Das Fehlen eines weißen Spiegels auf H10 ist ein Zeichen dafür, dass der Vogel wahrscheinlich noch nicht vollständig adult ist, wobei der Spiegel auch bei einigen Altvögeln fehlt. Die Größe der weißen Handschwingenspitzen eignet sich nicht als Merkmal zur Altersbestimmung. Im Flug unterscheiden sich Vögel im dritten Zyklus von adulten Vögeln durch die schwärzlichen äußeren Handdecken und manchmal teilweise schwärzliche Armschwingen. Von Vögeln im zweiten Zyklus unterscheiden sie sich dadurch, dass die inneren Handschwingen (5–6) wie im Alterskleid bläulich grau und die inneren Handdecken reingrau sind. Der Schwanz ist oft ganz weiß.

Fischmöwe

Diese Art legt ebenfalls bereits früh im ersten Zyklus viele reingraue Schulterfedern und Flügeldecken an. Im Sitzen unterscheiden sich fortgeschrittene Vögel im ersten Zyklus vom zweiten Zyklus durch die spitzen und braunen Handschwingen sowie durch die wenigen verbliebenen braunen Flügeldecken

und die dunkle Schnabelspitze. Im Flug sind dunkle Arm- und Handschwingen sowie dunkle Handdecken sichtbar. Vögel im zweiten Zyklus haben reingraue Decken auf der Flügeloberseite, schwarze äußere Handschwingen mit einem oder zwei weißen Spiegeln, weitgehend weiße Handdecken, die dem Außenflügel einen weißen Vorderrand verleihen, altvogelähnliche bläulich graue Armdecken und innere Handschwingen. Das Gefieder sieht deshalb ein Jahr älter aus als bei den meisten Großmöwen im zweiten Zyklus. Es unterscheidet sich vom Gefieder im dritten Zyklus durch die schwarzen Flecke auf den Handdecken, die schwarze Schwanzbinde und die kürzere Zunge auf der Unterseite von H10. Vögel im dritten Zyklus haben große Ähnlichkeit mit adulten Vögeln, weisen aber ein ausgedehnteres schwarzes Muster auf den äußersten Handschwingen auf, das mehr als die Hälfte der Länge der Außenfahne von H9–H10 bedeckt.
Es ist zu beachten, dass die Alterskriterien für diese Art bisher nicht an beringten Vögeln untersucht worden sind, sodass das Ausmaß der Überschneidung von Merkmalen bei Vögeln im zweiten und dritten Zyklus unbekannt ist.

Baltische Heringsmöwe und Tundramöwe

Baltische Heringsmöwen und einige Tundramöwen entwickeln in ihrem ersten Zyklus ein viel weiter fortgeschrittenes Kleid als die meisten anderen Heringsmöwen. Einige Vögel vermausern ihr gesamtes Gefieder einschließlich aller Handschwingen bereits am Ende ihres ersten Winters und ähneln somit Britischen und Skandinavischen Heringsmöwen *(graellsii/intermedius)* im zweiten Zyklus. Zu dieser Jahreszeit (Spätwinter bis Frühling) zeigen sie allerdings frische, glänzende tiefschwarze Handschwingen, während diese Federn bei *graellsii/intermedius* im zweiten Zyklus alt und matt schwärzlich aussehen. Die Färbung von Schnabel und Beinen ist häufig matter, Mantel, Schulterfedern oder Flanken können vereinzelte braune Flecke aufweisen. Das Alter von Baltischen Heringsmöwen im zweiten Zyklus (sowie einigen fortgeschrittenen Tundramöwen) kann nicht sicher bestimmt werden, da sie adulten Vögeln bereits sehr ähneln und sich ihr Gefieder vollständig mit dem einiger rückständiger Vögel im dritten Zyklus überschneidet. Die meisten Vögel im dritten Zyklus sind adulten Vögeln allerdings so ähnlich, dass ihr Alter ebenfalls nicht sicher bestimmt werden kann.

Mauser

Kenntnisse über die Mauser können für die Alters- und Artbestimmung von Vögeln (nicht nur Möwen!) sehr hilfreich sein. Beispiel: Bei einer Raubmöwe mit zwei gleichzeitigen Mauserwellen in den Handschwingen sollte es sich um eine Spatelraubmöwe handeln, da gleichzeitige Mauserwellen bei

Tafel 15. *Mauserzyklus bei kleinen Möwen über 2 Jahre hinweg am Beispiel der Lachmöwe.*

Tafel 16. *Mauserzyklus bei mittelgroßen Möwen über 3 Jahre hinweg am Beispiel der Sturmmöwe.*

Tafel 17. *Präriemöwe im 1. Zyklus nach der ersten pränuptialen Mauser. Bis auf die äußerste Handschwinge (1) und eine innere Armschwinge (2), die immer noch juvenil sind, wurden nahezu alle Federn ersetzt. Vor dem Zug in den Norden wurde die Mauser gestoppt. Texas, USA, 14. Mai 2005 (Greg Lavaty).*

keiner anderen Raubmöwenart beobachtet werden konnten. Bei einigen Möwenarten, wie der Baltischen Heringsmöwe und der Tundramöwe, stellt die Mauser sogar einen wesentlichen Teil des Bestimmungsprozesses dar.

Mauser bei kleinen Möwen

Adulte Vögel (und Vögel im zweiten Zyklus) vollziehen eine Vollmauser ins Schlichtkleid, die in der Brutzeit beginnt und drei bis vier Monate später endet. Die Mauser ins Prachtkleid ist eine Teilmauser, die meistens im Spätwinter und Frühjahr stattfindet.

Vögel im ersten Zyklus durchlaufen zwei Teilmausern: eine Herbstmauser («postjuvenile Mauser»), bei der das Jugendkleid ersetzt wird, und eine Frühjahrsmauser ins «erste Prachtkleid». Letztere kann bei manchen fortgeschrittenen Vögeln eine altvogelähnliche Kapuze hervorbringen, viele andere Vögel zeigen aber wieder ein Kopfmuster wie im Schlichtkleid, obwohl sie dieselbe Mauser vollzogen haben. Mauser und Gefiederfärbungen sind nicht zwingend miteinander verknüpft, Letzteres hängt mehr vom hormonellen Zustand des Vogels ab. Die erste Frühjahrsmauser kann sich auf eine Reihe von Flügeldecken und Schwanzfedern erstrecken. Bei der Braunkopfmöwe und der Graukopfmöwe kann diese Mauser sogar all diese Federn sowie alle Armschwingen einschließen, wodurch eine einzigartige Kombination aus adult aussehendem Gefieder mit zehn juvenilen Handschwingen entsteht.

Die Schwalbenmöwe und die Präriemöwe stellen zwei Ausnahmen in dieser Gruppe dar. Erstere mausert hauptsächlich

in ihren Winterquartieren südlich des Äquators. Bei adulten Vögeln beginnt die Vermauserung der Kopf- und Körperfedern meist während des Zuges in den Süden, die Flügelmauser setzt aber erst bei Erreichen der Winterquartiere ein. Während der Erneuerung ihrer Handschwingen (Dezember–März) durchlaufen sie auch die pränuptiale Teilmauser (bei der sie ihr charakteristisches Kopfmuster bekommen). Bei Vögeln im 1. Zyklus dauert die postjuvenile Mauser sehr lange und umfasst alle Federn. Während des Zuges in den Süden wird das Jugendkleid behalten; die Körpermauser setzt nicht vor Oktober/November ein. Von Dezember bis März oder April erfolgt die Flügelmauser, unmittelbar darauf (im April/Mai) setzt die erste pränuptiale Mauser ein. Die Präriemöwe ist insofern einzigartig, als dass sie – außer in ihrem 1. Zyklus – jährlich zwei Vollmausern durchmacht. Die postjuvenile Mauser ist die einzige Teilmauser, die erste pränuptiale Mauser – anders als bei den anderen Kleinmöwen – (fast) eine Vollmauser. Im Ergebnis ähnelt das Gefieder dem adulter Vögel.

Mauser bei mittelgroßen und großen Möwen

Bei größeren Möwen ist die Mauser oft ein langsamer und langwieriger Prozess (die Vollmauser kann bis zu sechs Monate dauern) und Teil- und Vollmauser können sich bis zu einem gewissen Grad überschneiden. Dadurch lässt sich schwer überblicken, wie viele Mausern innerhalb eines Jahres erfolgen, besonders bei Möwen im ersten Zyklus. Forschungen haben gezeigt, dass grundsätzlich nur eine Mauser während des ersten Zyklus stattfindet, d. h., es gibt kein eindeutiges «erstes Sommerkleid». Stattdessen trägt sich das gesamte Gefieder im ersten Frühjahr nur allmählich ab und bleicht aus. Einige Vögel (z. B. einige Mittelmeermöwen) scheinen im ersten Zyklus eine zweite Mauser zu durchlaufen, die aber z. B. auf Kopf und Nacken begrenzt ist.

Erster Zyklus

Während des ersten Zyklus vollziehen die meisten Arten zwischen dem späten Juli und Mai eine langwierige Teilmauser, die über die Wintermonate eventuell verlangsamt oder ausgesetzt wird. Bei der Silbermöwe und den meisten Mantelmöwen werden in der Regel nur die Körperfedern (einschließlich Schulterfedern) ersetzt und alle Flügeldecken bleiben in der Regel bis mindestens April erhalten. Einige (nördliche) *argentatus* und einige Mantelmöwen tragen das vollständige Jugendkleid allerdings bis März. Das Gleiche trifft auf viele Vögel anderer nördlicher Arten wie die Eis-, Polar-, Kumlien-, Thayer- und Beringmöwe zu. Die Dreizehenmöwe behält ihr Jugendkleid ebenfalls ziemlich lange, nämlich bis in den Winter hinein; danach verändert sich das Gefieder etwas.
Bei den «südlichen» Arten, wie der Hemprich-, Weißaugen-, Korallen-, Dominikaner-, Fisch-, Mittelmeer, Baraba-, Armenien- und Steppenmöwe, begrenzt sich die Teilmauser nicht auf den Körper, sondern schließt auch einige oder sogar alle Flügeldecken und Schirmfedern ein. Einige Vögel tauschen überdies eine bestimmte Anzahl von Schwanzfedern aus. Die postjuvenile Mauser ist auch bei der Ringschnabelmöwe sehr umfangreich. Bei der Heringsmöwe ist diese Mauser sehr variabel: Bei

Tafel 18. *Eine Ringschnabelmöwe im 1. Zyklus, die eine umfassende postjuvenile Teilmauser vollzogen hat, einschließlich der oberen Schirmfedern und einer Reihe von inneren Flügeldecken. Die ersetzten Federn sind grau und kontrastieren mit den verbleibenden hellbraunen juvenilen Armdecken. Die Handschwingen sind immer noch juvenil (braun, schmal und spitz). Kalifornien, USA, 30. Dezember 2016 (Alex Abela).*

Tafel 19. *Mittelmeermöwe im 1. Zyklus. Bei diesem Vogel war die postjuvenile Teilmauser sehr umfangreich und schloss nicht nur die Schulterfedern, sondern auch die inneren großen, die inneren mittleren und vereinzelte kleine Armdecken sowie die obersten Schirmfedern ein. Die vermauserten Flügeldecken zeigen das gleiche kontrastreiche Schwarz-Weiß-Muster wie die Schulterfedern und unterscheiden sich deutlich von den abgetrageneren, ausgefransten hellbraunen juvenilen Federn. Portugal, 20. November 2016.*

graellsii kann sie eine Reihe von Flügeldecken, Schirmfedern und Schwanzfedern umfassen, während bei *intermedius* auch die Armschwingen und - sehr selten - auch einige innere Handschwingen beteiligt sein können. Bei vielen Baltischen Heringsmöwen *(fuscus)* wird die Mauser während des Herbstzuges verschoben oder unterbrochen und in den Winterquartieren wieder aufgenommen. Sie kann dann sehr umfangreich sein und alle Flügeldecken, einige oder alle Schwanzfedern, einige oder alle Armschwingen sowie eine variable Anzahl von Handschwingen einschließen. *Fuscus* im ersten Zyklus kann alle Handschwingen während der ersten pränuptialen Mauser ersetzen. Dann wird die Flügelmauser stillgelegt, wodurch ein Mauserkontrast mit den gleich langen Handschwingen aus zwei Generationen (2. Generation und juvenil) entstehen kann. Die Tundramöwe kann während der ersten pränuptialen Mauser alle Flügeldecken, Schwanzfedern und Armschwingen austauschen, in der Regel aber keine Handschwingen. Manche Vögel erneuern allerdings eine variable Anzahl von Handschwingen. Ein einzigartiges Merkmal dieser Vögel ist, dass die Handschwingen in einer beliebigen Reihenfolge ersetzt werden können: So werden z. B. die Handschwingen 5 und 7 erneuert, dann wird die Mauser stillgelegt, sodass alle anderen Handschwingen juvenil bleiben. Bei allen anderen großen Möwenarten werden die Handschwingen normalerweise systematisch ersetzt, d. h. von H1 nach außen.

Zweiter Zyklus

Der zweite Zyklus beginnt mit einer Vollmauser während der Brutzeit, wenn H1 abgeworfen wird. Die Mauser der Schwanzfedern setzt ungefähr ein, wenn H7 und H8 nachwachsen; etwa zu diesem Zeitpunkt beginnt auch die Armschwingenmauser. Sich mit dem Ende der Vollmauser ein wenig überschneidend werden die Körperfedern und eine Reihe von Flügeldecken in einer pränuptialen Teilmauser, die in den Wintermonaten ausgesetzt werden kann, erneut ausgetauscht. Viele Baltische Heringsmöwen und einige Skandinavische Heringsmöwen, Tundra- und Dominikanermöwen folgen jedoch nicht diesem Ablauf. Da Vögel dieser Arten (insbesondere *fuscus*) möglicherweise einige Handschwingen bereits in ihrem ersten Zyklus vermausert haben, kann die Vollmauser bis zum Sommer aufgeschoben und dann unterbrochen werden, d. h., dass diese Vögel unter Umständen mit ein paar übriggebliebenen juvenilen (äußeren) Handschwingen in ihr Überwinterungsgebiet ziehen. Bevor die Mauser unterbrochen wird, kann bei einigen *fuscus* im Herbst eine dritte Mauserwelle beginnen, die drei Generationen von Handschwingen zur Folge hat.

Dritter Zyklus

Mittelgroße Möwen legen in diesem Zyklus das Alterskleid an. Bei großen Möwen entspricht die Mauser im dritten Zyklus der Mauser im zweiten Zyklus, erfolgt aber etwas später (ungefähr einen Monat). Das nach der Vollmauser angelegte Kleid ist äußerst variabel; bei den neu gewachsenen Schwanzfedern beispielsweise reicht die Bandbreite von ganz weiß bis ganz

Tafel 20. *Heringsmöwe im 2. Zyklus. Die pränuptiale Teilmauser war bei diesem Vogel umfangreich: Sie schloss nicht nur eine große Anzahl von Flügeldecken, sondern auch alle Schwanzfedern und Armschwingen ein. Letztere sind grau mit breiten weißen Spitzen und kontrastieren deutlich mit den alten braunen Handschwingen der 2. Generation. Dieser Vogel wurde als Pullus im Juli 2008 in Belgien beringt; sein Alter ist deshalb bestätigt. Belgien, 11. Mai 2010 (Peter Adriaens).*

dunkel. Einige *graellsii* setzen die Handschwingenmauser im Frühjahr vorübergehend aus (Stewart 2006; Muusse et al. 2011).

Auch hier folgen viele *fuscus*, einige *intermedius* und einige Tundramöwen einem anderen Mauserzeitplan und einer anderen Mauserstrategie. Wie bei Vögeln im zweiten Zyklus (und älter) neigen diese Arten dazu, die Handschwingenmauser auf einen späteren Zeitpunkt im Jahr (z. B. Sommer statt Frühling) zu verschieben und dann für den Zug zu unterbrechen. Der größte Teil der Handschwingenmauser wird in den Winterquartieren fortgesetzt. Um die Mauser rechtzeitig vor dem Zug in den Norden abzuschließen, mausern diese Vögel häufig schrittweise, sodass die Handschwingen in zwei gleichzeitigen Wellen nach außen hin ersetzt werden (z. B. mit einer Welle, die bei der innersten Handschwinge beginnt, und einer Welle, die an der Stelle einsetzt, wo die Mauser unterbrochen wurde).

Vierter Zyklus

Die Mauser im vierten Zyklus ähnelt (bei Großmöwen) dem dritten Zyklus, findet aber etwas später statt, auch wenn dieser Zeitplan für viele *fuscus* und einige *intermedius* nicht zutrifft. Einige *graellsii* setzen die Handschwingenmauser im Frühjahr aus.

Adultzyklus

Bei den meisten Großmöwen führt der fünfte Zyklus zum Alterskleid, er beginnt während der Brutzeit mit den inneren Handschwingen. Der Zeitpunkt ist variabel und hängt auch von der jeweiligen Art ab: Bei einigen adulten Mittelmeermöwen beginnt der Zyklus bereits Mitte April, während er bei einigen Britischen Heringsmöwen nicht vor Anfang August startet. Die Schwanz- und Armschwingenmauser setzt ungefähr ein, wenn H6 nachwächst. Die dunklen Winterkopfabzeichen erscheinen meist, wenn H7 und H8 abgeworfen werden. Die Vollmauser ist beendet, wenn die äußerste Handschwinge vollständig nachgewachsen ist. Zu diesem Zeitpunkt beginnt die pränuptiale Teilmauser, der eine allmähliche Aufhellung des Kopfes folgt. So erlangt der Vogel weit vor Beginn der Brutzeit das vollständige Prachtkleid. Die unbefiederten Körperteile erhalten auch kräftigere Farben.

Adulte *fuscus* und *intermedius* können die Vollmauser bis nach der Brutzeit verschieben, dann ein paar innere Handschwingen vermausern und die Mauser für den Zug in den Süden unterbrechen, um die Handschwingenmauser in den Winterquartieren fortzusetzen. Manche adulte *graellsii* scheinen eine oder zwei innere Handschwingen früher als gewöhnlich zu vermausern (manchmal sogar schon im Februar/März, vor dem Zug in den Norden) und die Mauser dann vorübergehend zu unterbrechen.

Ausnahmen

Eine große Ausnahme zum oben beschriebenen Muster bildet die Elfenbeinmöwe, die keine Teilmausern, sondern nur Vollmausern durchläuft. Diese Art aus der hohen Arktis beendet den Großteil der Handschwingenmauser im Frühjahr, *vor* der Brutzeit. Adulte Elfenbeinmöwen unterbrechen ihre

Tafel 21.
Mauserzyklus bei großen Möwen über 4 Jahre hinweg am Beispiel der Silbermöwe.

Flügelmauser während des Brütens und schließen die Mauser der äußeren Handschwingen dann im August/September ab, bevor der arktische Winter einsetzt. Einige Vögel schaffen es nicht, alle Handschwingen rechtzeitig zu ersetzen und behalten somit eine oder zwei der äußeren Handschwingen bis zum nächsten Frühjahr. Die Elfenbeinmöwe unterscheidet sich dahingehend von allen anderen Möwen, dass sie keine pränuptiale Teilmauser durchläuft - ihr fehlt daher ein gesondertes Prachtkleid. Es gibt auch keine Teilmauser während des ersten Zyklus, die Vögel behalten den Winter über ihr Jugendkleid und mausern dann direkt ins Alterskleid.

Abschließende Worte zur Mauser

Wir möchten diesen Abschnitt mit ein paar allgemeinen Bemerkungen schließen. Es ist wichtig zu wissen, dass das Erscheinungsbild von Federn, die im gleichen Mauserzyklus erworben wurden, abhängig vom hormonellen Zustand des Vogels variieren kann. Deshalb können sich Federn derselben Generation in einigen Fällen sehr unterschiedlich präsentieren. Neue Schulterfedern beispielsweise, die früh im zweiten Zyklus einer Großmöwe gewachsen sind, haben ein eher «immatures» Erscheinungsbild (z. B. hell mit dunkelbraunem Ankermuster), während die später im Zyklus erhaltenen Schulterfedern einfarbiger und grauer (etwas mehr adult) aussehen.

Man muss sich auch bewusst machen, dass die Mauser ein Prozess ist, der von äußeren Faktoren abhängen kann, von denen die Tageslichtdauer wohl am wichtigsten ist. Wenn die Tage länger werden, stimuliert das die Mauser. So kann der Ort der Überwinterungsgebiete die Mauseraktivität und deren Ausmaß beeinflussen. Eine Möwe, die auf der Südhalbkugel überwintert (wie einige Baltische Heringsmöwen), neigt möglicherweise eher dazu, ihr gesamtes Gefieder im Winter auszutauschen, als eine Möwe, die den Winter in Westeuropa verbringt. Schließlich führen auch Faktoren wie Krankheit, Nahrungsmangel usw. dazu, dass ein Vogel in seinem Mauserplan zurückliegt. Eine Mauser benötigt viel Energie, ist aber jährlich notwendig, weil ansonsten die Funktion der Federn für Wärmedämmung und Flug nicht ausreichend gewährleistet ist. Bei großen Möwen, die zahlreiche und oft lange Federn zu ersetzen haben, ist das Vermausern eine vorgegebene, ständige Aktivität, die nur während energieintensiver Phasen, wie dem Brüten und dem Zug, unterbrochen wird.

Mehr erfahren

Der beste Weg, in der Bestimmung von Möwen voranzukommen, besteht darin, die lokalen Möwen im Feld zu studieren und sich mit ihren Variationen vertraut zu machen. Wenn Sie fotografieren und die Bilder mit fachkundigen Personen besprechen, kann dies den Lernprozess beschleunigen. Heutzutage gibt es Online-Datenbanken, in die man Fotos hochladen kann, die dann von einer Gruppe von Prüfern angeschaut werden. Zu den größten Datenbanken gehören:
www.observation.org
www.ebird.org
www.ornitho.de / www.ornitho.ch
Bitten Sie ruhig um Feedback, wenn Sie die falsche Art oder das falsche Alter gewählt haben und nicht verstehen, an welcher Stelle Sie falsch vorgegangen sind.
Ein weiterer wichtiger Schritt auf dem Lernpfad ist das Selbststudium. Es gibt mittlerweile viele Fachartikel im Internet, die frei zugänglich sind, beispielsweise unter http://gull-research.org/papers/paper.html. Die Hauptwebsite (www.gull-research.org) hält Hunderte von Fotos der meisten Möwenarten bereit, die nach Monat geordnet sind, sodass Sie die Veränderungen des Gefieders über das Jahr hinweg anschauen und die von Ihnen beobachtete Möwe mit Fotos aus der gleichen Jahreszeit vergleichen können. Die oben genannten Online-Datenbanken enthalten auch viele Fotos, die nach Monat oder Jahreszeit gefiltert werden können.
Eine weitere Möglichkeit voranzukommen, besteht darin, sich auf farbberingte Vögel zu konzentrieren. Viele Möwen in Europa wurden mit einem Plastikring um eines ihrer Beine ausgestattet, auf dem ein individueller Code eingraviert ist. Dieser dient der wissenschaftlichen Forschung; aber jeder, der den Code liest und meldet, erhält die Lebensgeschichte des Vogels, die normalerweise den Namen der Art und das Alter enthält. Kontaktdaten verschiedener Beringungsprojekte können unter www.cr-birding.org abgerufen werden.

Karten

Nur Arten, die in der Westpaläarktis brüten, sind kartiert. Die Brutgebiete sind rot, die Überwinterungsgebiete blau dargestellt.

Dreizehenmöwe
Rissa tridactyla

◗ GESTALT

Die Dreizehenmöwe ist eine mittelgroße Möwe mit großem Kopf und ohne sichtbaren Hals. Ihre sehr kurzen Beine erwecken den Eindruck, als ob sie auf ihren Läufen steht. In Anbetracht des kompakten Körpers mit dem großen Kopf wirken die gefalteten Flügel kurz, im Flug werden sie aber lang und laufen spitz zu. Bei starken Winden werden sie oft in W-Form gehalten und federnde Flügelschläge wechseln sich mit Gleitflug ab. Bei ruhigem Wetter wirkt das Fliegen am Meer direkter und dynamischer. Der Schwanz ist leicht gegabelt, der Schnabel kurz und spitz mit kleinem Gonyseck. Beine und Schnabel sind deutlich kürzer als bei der Sturmmöwe. Im Vergleich zur Zwergmöwe ist der Schnabel kräftiger und die Flügel sehen spitzer aus.

Adult

Unterscheidet sich von der Sturmmöwe durch die kurzen, schwarzen Beine, die fehlenden weißen Spitzen an den äußeren Handschwingen und einen einheitlich grauen Hinterhals im Winter. Die Flügelspitze ist in Ruhestellung teilweise grau und zeigt, anders als bei der Sturmmöwe, einen isolierten schwarzen Fleck unmittelbar hinter den Schirmfedern (auf H6). Adulte Vögel haben einen gelben Schnabel und schwarze Beine, die im Winter etwas heller werden und einen dunklen rötlichen Farbstich annehmen können. Die Iris ist schwärzlich und weist im Prachtkleid einen schmalen roten Orbitalring auf; der Schnabelwinkel ist ebenfalls rot. Schwarze Abzeichen sind nahe den Spitzen auf 5, manchmal 6 Handschwingen vorhanden, und die meisten dieser Federn (bis auf die äußersten zwei) haben weiße Spitzen, die sich aber schnell abnutzen. Im Winter zeigen sich auf dem Hinterhals ein einheitlicher, sehr ausgedehnter grauer «Schal» und zwei große, schmutzig dunkelgraue Ohrdeckenflecke auf dem Kopf, die durch ein gräuliches Band auf dem Scheitel miteinander verbunden sind. Das Grau auf den Handschwingen und Handdecken ist heller als das auf den Flügeldecken, sodass auf dem Flügel der Eindruck eines hellen Dreiecks entstehen kann. Im Gegensatz zur Sturmmöwe haben die Schirmfedern nur schmale und undeutliche weiße Spitzen.

ÄHNLICHE ARTEN

DREIZEHENMÖWE, ADULT
Schlichtkleid

STURMMÖWE, ADULT
Schlichtkleid

◂▸Prachtkleid
unscharfer weißer Hinterrand
Handschwingen heller
gerader Rand bei ausgebreitetem Schwanz
deutliches schwarzes Dreieck
▾ Schlichtkleid
Schwungfedern heller als Flügeldecken
kurzer, gekerbter Schwanz
helle Hand wie «in Tinte getaucht»
Schnabel auch im Winter völlig gelb
grauer Nacken
◂ September–Februar
isolierter schwarzer Fleck
dicker, aber spitzer gelber Schnabel
◂ März–August
schwarze Beine

Erster Zyklus

Im Flug ähnelt die Dreizehenmöwe der Zwerg- und der Schwalbenmöwe im ersten Zyklus (siehe jeweils dort). Das Gefieder der Vögel im ersten Zyklus ist dreifarbig: weiß, grau und schwarz.
Im Vergleich zur Zwergmöwe sind die Armschwingen weiß und die inneren Handschwingen hellgrau, wodurch ein starker Kontrast zum Rest der Flügeloberseite entsteht. Durch den weißen Scheitel wirkt der Kopf heller als bei der Zwergmöwe und kontrastiert mit dem klar definierten breiten schwarzen Streifen auf dem Hinterhals. Die Zwergmöwe zeigt im ersten Zyklus auf den Armschwingen eine dunkle Binde, schwärzliche innere Handdecken und rosafarbene Beine (bei Dreizehenmöwe im ersten Zyklus schwärzlich oder bräunlich rosa).
Verglichen mit der juvenilen Schwalbenmöwe ist die Oberseite einfarbig grau, die Flügel sind teilweise grau mit einem schwarzen «V», das durch die schwarzen äußeren Handschwingen und eine schwarze Diagonalbinde auf den Flügeldecken entsteht. Auch das Kopfmuster unterscheidet sich: Es ist weiß mit einem schmutzig dunklen Ohrdeckenfleck und einem scharf abgegrenzten, breiten schwarzen Streifen auf dem Hinterhals. Die Flügelunterseiten sind einheitlicher weiß als bei der Schwalbenmöwe.
Es kommt vor, dass manche Vögel eine vollständig schwarze Flügeloberseite aufweisen (selten).

► «1. Sommer»

ÄHNLICHE ARTEN

ZWERGMÖWE 1. ZYKLUS

DREIZEHENMÖWE

Zweiter Zyklus

Nach der postnuptialen Vollmauser ähnelt das Gefieder dem von adulten Vögeln, aber das flächigere Schwarz erstreckt sich über die äußeren Handschwingen nach oben bis zu den Handdecken. Die Außenfahnen von H9 und H10 sind oft völlig schwarz. Die (im Vergleich zum Alterskleid) breitere schwarze Flügelspitze kann zu einer Verwechslung mit adulten Sturmmöwen oder Sturmmöwen im zweiten Zyklus führen, besonders im Winter, wenn beide Arten einen variablen «Schal» auf dem Hinterhals tragen. Im Flug zeigt die Sturmmöwe aber weiße Spiegel auf einer oder zwei äußeren Handschwingen, einen klar definierten, breiten weißen Hinterrand an den Armschwingen und lange, graue oder gelbe Beine. Die schwarzen Flügelspitzen sind immer größer als bei der Dreizehenmöwe im zweiten Zyklus.

◗ VERBREITUNGSGEBIET

Die Dreizehenmöwe brütet an Küstenklippen und Hafengebäuden entlang der nördlichen Küsten des Atlantiks (Unterart *tridactyla*) und des Pazifiks (Unterart *pollicaris*) sowie in der arktischen Region auf allen größeren sibirischen Inseln, auf Grönland und entlang der benachbarten kanadischen Küste. Im Süden erstreckt sich das Brutgebiet bis nach Portugal. Die Art nistet in Kolonien, die aus mehreren Tausend Paaren bestehen können. Im Winter kommt sie in allen Meeren der kalten und gemäßigten Klimazone auf der Nordhalbkugel vor, nicht aber in tropischen Gewässern.

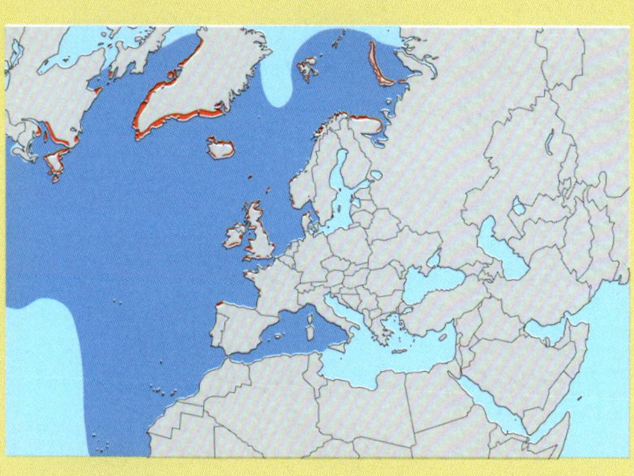

Elfenbeinmöwe
Pagophila eburnea

◗ GESTALT
Eine mittelgroße Möwe mit eher gedrungenem Körper, aber langen und spitz zulaufenden Flügeln, die an der Basis ziemlich breit sind. Die Beine sind kurz und in allen Altersklassen schwarz, die Nägel gut entwickelt (um auf Eis laufen zu können).

Adult

Adulte Vögel haben ein fleckenloses weißes Gefieder. Der Schnabel ist dreifarbig: grünlich blau mit gelber und orangefarbener Spitze (orange vor allem auf dem Oberschnabel). Kann mit leuzistischen Sturmmöwen oder Dreizehenmöwen (die nur gelegentlich vorkommen) verwechselt werden; die adulte Elfenbeinmöwe zeigt aber ein charakteristisches Schnabelmuster und schwarze Beine. Adulte Schwarzkopfmöwen haben im Schlichtkleid einen leuchtend roten Schnabel und dunkle Abzeichen auf dem Kopf. Die Art wurde auch schon mit weißen Haustauben (!) verwechselt.

ÄHNLICHE ARTEN

Erster Zyklus

Vögel in dieser Alterskategorie können leicht anhand ihres weißen Gefieders mit vereinzelten schwarzen Tupfen auf den Flügeln und der Oberseite bestimmt werden. Die Anzahl dieser Tupfen ist individuell variabel: Manchmal finden sie sich nur auf den Spitzen der Schwungfedern, dem Schwanz und dem Kopf. Vor dem Auge (um die Schnabelbasis herum) gibt es oft einen bräunlich schwarzen Bereich, der das Gesicht schmutzig aussehen lässt. Das Schnabelmuster ähnelt dem von adulten Vögeln, ist aber matter und dunkler und weniger stark gezeichnet (die Orangefärbung ist kaum sichtbar oder fehlt).
In dieser Alterskategorie gibt es keine Arten, mit denen eine Verwechslung möglich wäre.
Die Elfenbeinmöwe bildet ihr Alterskleid bereits im zweiten Lebensjahr nach einer Vollmauser aus, die bis August/September dauert. Zum Ende dieser aktiven Mauser hin ähnelt sie dem adulten Vogel, hat aber noch einige Federn mit schwarzen Tupfen, die noch nicht ersetzt wurden, wie einige Decken der Flügelunterseite, einige Schwung- und Schwanzfedern.

**ELFENBEINMÖWE
1. ZYKLUS**

VERBREITUNGSGEBIET

Die Elfenbeinmöwe ist eine zirkumarktische Art. Auf dem amerikanischen Kontinent brütet sie im arktischen Kanada von der Ellesmere-Insel bis zur nördlichen Baffininsel, weiter im Osten trifft man sie gebietsweise auf Grönland (besonders im NO und SO), Spitzbergen und in der sibirischen Arktis, insbesondere auf Franz-Josef-Land, Nowaja Semlja und Sewernaja Semlja, an.
Die Art überwintert überall in der arktischen Region am Rande des Packeises, besonders aber am Beringmeer, an der Tschuktschensee, der Labradorsee und an der Davisstraße in Nordamerika sowie an der Barentssee, der Karasee und der Ostsibirischen See weiter östlich.
Weiter im Süden wird die Art als Irrgast an den Küsten der Vereinigten Staaten und an den Großen Seen beobachtet. Irrgäste erreichen auch regelmäßig NW-Europa (insbesondere Island, Norwegen und die Britischen Inseln) und wurden

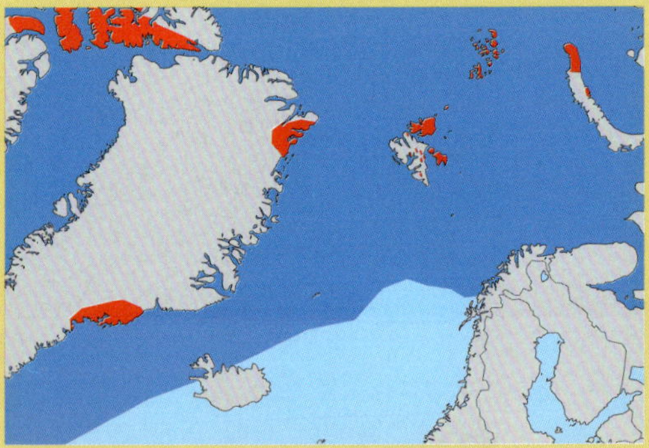

zudem in Frankreich, den Niederlanden, Deutschland, der Schweiz, Polen, Italien und Portugal gemeldet. In Asien wurden Irrgäste in China, Südkorea und Japan gesichtet. Die meisten Meldungen beziehen sich auf immature Vögel. Oft trifft man die Art in der Nähe von Kadavern von Meeressäugern an.

◂ in der Mauser zum Alterskleid

Schwalbenmöwe
Xema sabini

GESTALT
Eine Kleinmöwe. Adulte Vögel zeigen eine charakteristische Kombination aus grauem (im Jugendkleid braunem), schwarzem und dreieckigem weißem Muster auf der Flügeloberseite, einen gegabelten Schwanz sowie einen kurzen, schmalen, schwarzen Schnabel mit gelber Spitze. Kann in allen Altersklassen auf der Flügelunterseite eine dunkle Diagonalbinde aufweisen. Der elegante Flug erinnert ein wenig an eine Seeschwalbe.

Adult

Das Muster auf der Flügeloberseite ist auffällig: Die schwarze äußere Hand formt ein dunkles Dreieck, die weißen inneren Handschwingen, Armschwingen und äußeren großen Armdecken bilden ebenfalls einen dreieckigen Bereich und ein dritter grauer Fleck entsteht durch die restlichen Flügeldecken. Im Prachtkleid wird der Kopf von einer dunkelgrauen Kapuze mit schwarzem unterem Rand bedeckt. Im Schlichtkleid ist der Kopf weitgehend weiß mit einer verwaschen grauen oder schwärzlichen Färbung auf dem Nacken.
Vögel im Schlichtkleid könnten mit Dreizehenmöwen im ersten Zyklus mit abgetragenem Gefieder verwechselt werden – aus der Ferne besonders im Flug. Letztere zeigen allerdings eine schwarze Diagonalbinde quer über die Flügeloberseite und ihr helles Flügelfeld ist eher gräulich weiß als markant reinweiß. Das Kopfmuster unterscheidet sich ebenfalls.
Eine Verwechslung ist auch mit der Zwergmöwe im ersten Zyklus möglich. Diese Art ist aber etwas kleiner, trägt auf der Flügeloberseite eine schwarze Diagonalbinde, und aufgrund ihrer dunklen Armschwingen fehlt ihr das weiße dreieckige Flügelfeld.
Sitzend erinnert die dunkelgraue Oberseite der Schwalbenmöwe an die der Präriemöwe. Erstere zeigt aber keine weißen Augenklammern, hat eine gelbe Schnabelspitze (außer bei immaturen Vögeln), und direkt unterhalb der großen Armdecken ist häufig eine durchgehende weiße Linie zu sehen.

ÄHNLICHE ARTEN

gegabelter Schwanz
◂ adult, Schlichtkleid
weiße Punkte
schwarzes Dreieck
weißes Dreieck
grau
dunkelgrau
◂ adult, Prachtkleid
◂ adult, Schlichtkleid
graues Band
schwarzer Schnabel
mit gelber Spitze
roter Augenring
schwarzer Halsring
◂ adult, Prachtkleid
ausgedehnter grauer Bereich
◂ adult, Schlichtkleid

Erster Zyklus

Im Herbst können juvenile Schwalbenmöwen mit Dreizehenmöwen derselben Altersklasse verwechselt werden, vor allem im Flug aus der Ferne, wenn die schwarze Diagonalbinde auf der Flügeloberseite der Dreizehenmöwe eher braun und breit erscheint. Diese Art ist jedoch größer, ihre Flügel wirken schmaler, sie fliegt allgemein eher «schnittig» und in großen Bögen, und ihr Kopf ist hauptsächlich weiß.
Im Flug kann die Zwergmöwe im ersten Zyklus aus der Distanz auch an die juvenile Schwalbenmöwe erinnern. Durch ihre kleinere Gestalt, das kontrastärmere Flügeloberseitenmuster mit dunklen Armschwingen und das Fehlen einer dunklen Binde quer über die Flügelunterseite (im Gegensatz zur Schwalbenmöwe) sollte eine Bestimmung aber leicht möglich sein.
Die postjuvenile Mauser ist eine Vollmauser und bringt ein Kleid hervor, das dem Schlichtkleid des adulten Vogels sehr ähnelt, wobei der Hinterhals ausgedehnter dunkel verwaschen und der Schnabel manchmal ganz dunkel ist.
Für die Abgrenzung von anderen Arten siehe «Adult».

ÄHNLICHE ARTEN

◂ ZWERGMÖWE, 1. ZYKLUS ▸

SCHWALBENMÖWE 1. ZYKLUS

▶ VERBREITUNGSGEBIET

Diese Möwenart brütet vom westlichen und nördlichen Alaska über den äußersten Norden der kanadischen Arktis bis ins nördliche Grönland, eine kleine Anzahl auch im Südosten von Grönland sowie gelegentlich im Norden von Spitzbergen. In Sibirien erstreckt sich das Brutgebiet von der Taimyrhalbinsel und dem Lenadelta bis zu den Küsten des Beringmeeres und der Wrangelinsel (unterbrochenes Verbreitungsgebiet).
Vögel aus dem zentralen und östlichen Sibirien (zum Teil möglicherweise auch aus dem westlichen Sibirien), aus Alaska und teilweise aus dem nördlichen Kanada überwintern in den kalten subtropischen Gewässern des östlichen Pazifiks (von Mexiko südwärts bis Chile), Vögel aus dem östlichen Kanada, aus Grönland und zweifellos dem westlichen Sibirien in den tropischen und subantarktischen Gewässern des östlichen Atlantiks, von Angola bis Südafrika. Einige Vögel aus der kanadischen hohen Arktis ziehen an den Atlantik, andere aus der gleichen Brutkolonie zum Pazifischen Ozean.

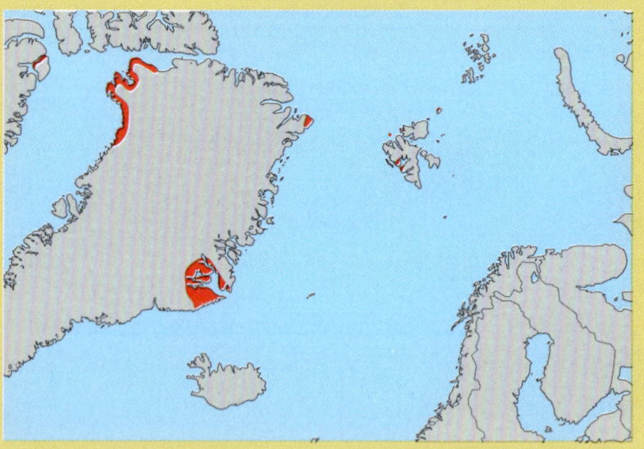

Die Art ist ein seltener Gast im Landesinneren Europas und ein Irrgast am Mittelmeer und im Nahen Osten.
Bis zu vier Unterarten sind bisher beschrieben worden, aber die Unterschiede sind minimal und ihre Anerkennung als Unterart ist umstritten.

1. ZYKLUS

Zweiter Zyklus

Bisher gibt es keinen Nachweis, dass Vögel im 2. Zyklus verlässlich von adulten Vögeln unterschieden werden können. Einige dezente Merkmale jedoch, wie ein schwarzes Abzeichen auf H5 oder das Fehlen von kleinen weißen Spitzen auf den Handdecken (bei adulter Schwalbenmöwe vorhanden), könnten womöglich auf ein subadultes Gefieder hinweisen. Diese Merkmale lassen sich jedoch möglicherweise auch bei fortgeschrittenen Vögeln im 1. Zyklus nach der postjuvenilen Mauser beobachten.

Dünnschnabelmöwe
Chroicocephalus genei

◗ GESTALT

Auch wenn sie im Prachtkleid keine dunkle Kapuze trägt, gehört die Dünnschnabelmöwe zu den Kleinmöwen. Sie ist etwas größer als die Lachmöwe und zeigt ein ähnliches Handschwingenmuster wie diese. Im Vergleich zur Lachmöwe ist ihre Gestalt langgestreckter mit etwas schlankeren, längeren Flügeln, längerem Hals, flachem Kopf und etwas längerem Schnabel, wodurch sie im Profil schlanker und länglicher wirkt. In Ruhestellung entspricht die Flügelprojektion in etwa der Schnabellänge, während sie bei der Lachmöwe deutlich länger als der Schnabel ist. Der Kopf ist eckiger und weniger rund, die Stirn abfallend. Die Beine sind lang, und auch der Körper wirkt lang und schmal. Dreht sich bei Nahrungsaufnahme im Flachwasser wie ein Wassertreter im Kreis.

Adult

Aufgrund der hellgrauen Oberseite, des weißen Vorderrands am Außenflügel und der schwarzen Spitzen an den äußeren Handschwingen erinnert das Gefieder stark an das der Lachmöwe. Der Kopf bleibt allerdings ganzjährig weiß – mit Ausnahme eines unscharfen, runden dunklen Flecks hinter dem Auge im Schlichtkleid. Dieser Fleck ist nie so ausgeprägt wie bei der Lachmöwe und fehlt oft ganz. Zur Hochbrutzeit kann der Körper eine kräftige Rosafärbung annehmen. Das Handschwingenmuster ähnelt dem der Lachmöwe, die weißen Handschwingenspitzen sind aber im Durchschnitt kleiner. Zur Brutzeit werden die hellroten Beine granatrot und der durchgehend rote Schnabel nimmt eine dunkelrote oder sogar fast schwärzliche Farbe an. Die dunkelorangefarbene Iris wird während der Brutzeit dunkelrot, umgeben von einem hellroten Orbitalring.

ÄHNLICHE ARTEN

weißer Kopf
langer Schnabel
Flügelmuster ähnlich wie bei Lachmöwe
langer Hals
dunkler Schnabel
weißer Kopf
granatroter Schnabel
granatrote Beine
dunkle Iris und roter Orbitalring
◂ April–August
Schnabel meist schwärzlich
Iris heller als Pupille
meist kein Ohrdeckenfleck
langbeinig
häufig rosa gefärbt
◂ September–März

Erster Zyklus

Das Gefieder ähnelt wieder dem der Lachmöwe. Im Flug präsentiert sich das Flügelmuster fast identisch, dunkle Abzeichen finden sich aber nur auf den inneren und nicht auf den äußeren Handdecken. Der Kopf ist weiß mit einem isolierten, unscharfen, runden grauen Ohrdeckenfleck und es fehlen die grauen Bänder auf dem Scheitel, die bei den meisten Lachmöwen (und im frischen Gefieder von juvenilen Dünnschnabelmöwen, wenn auch nur für kurze Zeit) vorhanden sind. Der Schnabel ist mattorange und hat eine unscharfe dunkle Spitze, die Beine sind ebenfalls orangefarben. Zum Zeitpunkt des Flüggewerdens ist die Iris schwärzlich, hellt aber im Laufe des Winters schnell auf. Die postjuvenile Mauser ist oft umfangreicher als bei der Lachmöwe und kann alle Flügeldecken einschließen, wodurch der Flügel einfarbiger grau und mehr alterskleidartig wird.

▼ Jugendkleid

JUNI–MÄRZ

◄ Jugendkleid ►

▼ in postjuveniler Mauser (Aug.)

▼ 1. Zyklus, Schlichtkleid (Feb.)

ÄHNLICHE ART

LACHMÖWE
(Jugendkleid)

◂ 1. Zyklus/Beginn des 2. Zyklus, Prachtkleid

APRIL–JULI

◂ 1. Zyklus/Beginn des 2. Zyklus, Prachtkleid

Zweiter Zyklus (nicht dargestellt)

Nach der postnuptialen Vollmauser ähnelt das Gefieder von Vögeln im zweiten Zyklus dem adulter Vögel, weist aber manchmal dunkle Flecke an der Basis der Schirmfedern auf. Schnabel und Beine sind orangerot, etwas heller als bei den meisten Altvögeln. Die Unterschiede zur Lachmöwe entsprechen denen bei adulten Vögeln.

◗ VERBREITUNGSGEBIET

Die Dünnschnabelmöwe ist eine südliche Art, die entlang der Küsten des Mittelmeers, des Schwarzen und des Kaspischen Meeres, aber auch im Landesinneren von Zentralasien brütet. Isolierte Populationen kommen am Persischen Golf und von Mauretanien bis Senegal vor. Im Winter trifft man die Art entlang der Küsten Nordafrikas, am Adriatischen, Schwarzen und Kaspischen Meer, am Roten Meer und am Persischen Golf südwärts bis Indien sowie in Westafrika südwärts bis Guinea an. Irrgäste kommen regelmäßig bis nach W- und N-Europa und wurden in Schweden, Litauen und Finnland gesichtet.

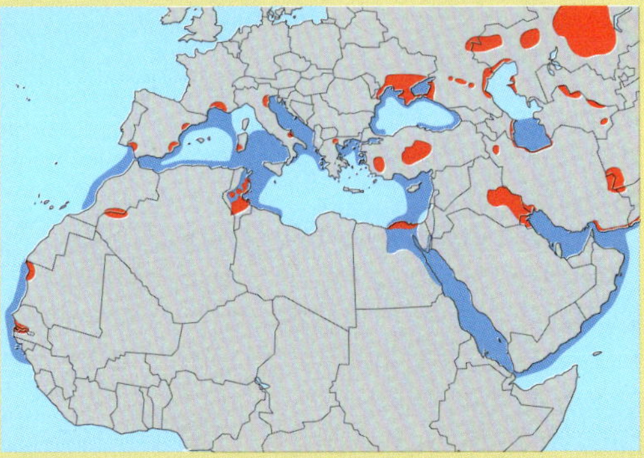

Bonapartemöwe
Chroicocephalus philadelphia

◗ GESTALT

Eine kleine Möwe, deutlich kleiner als die Lachmöwe, aber mit vergleichbarer Gestalt, und sichtlich größer als die Zwergmöwe. Der Schnabel wirkt schmaler als bei der Lachmöwe, die Flügel sind ziemlich lang. Die Flugweise ist schnell, manchmal seeschwalbenartig. In allen Kleidern ist der Schnabel schwarz und die Unterseite der Hand hell mit weißen äußeren und hellgrauen inneren Handschwingen. Die helle Unterseite der Hand sieht man oft auch bei sitzenden Vögeln, während bei der Lachmöwe die Unterseite der gefalteten Flügelspitze schwarz ist und einen weißem Keil hat. Charakteristisch für die immaturen Kleider und Schlichtkleider ist ein grauer Hinterhals.

Adult

Vögel im Prachtkleid tragen eine schwarze Kapuze. Die Oberseite ist etwas dunkelgrauer als bei der Lachmöwe. Wie bei dieser bilden die weißen äußeren Handschwingen am Außenflügel einen weißen Vorderrand, die Unterseite der Hand wirkt aber heller, da ihr der schwärzliche Fleck auf den inneren Handschwingen fehlt. Im Flug kontrastiert der weiße Vorderrand stark mit dem kräftigen Grau der restlichen Flügeloberseite. Der Hinterhals ist in den meisten Kleidern grau (obwohl er bei starker Lichteinstrahlung weißer wirken kann), während er bei der Lachmöwe immer weiß ist. Die Beine sind recht kurz und im Sommer orangerot.

Die adulte Lachmöwe zeigt eine braune Kapuze (im Prachtkleid), eine hellgrauere Oberseite, im Flug einen großen schwärzlichen Fleck auf der Unterseite der Hand, eine weniger runde Kopfform und einen etwas längeren und kräftigeren (dunkel)roten Schnabel. Das Rot ihrer Beine ist dunkler. Im Schlichtkleid kann der Scheitel etwas heller als bei der Lachmöwe aussehen.

Die adulte Zwergmöwe ist kleiner und gedrungener, hat eine hellere Oberseite, weiße Flügelspitzen und eine schwärzlich graue Flügelunterseite. Im zweiten Zyklus kann sie schwarze Abzeichen auf den Flügelspitzen tragen, das Muster besteht aber aus isolierten Flecken und ist nicht durchgehend schwarz wie bei der Bonapartemöwe. Im Prachtkleid reicht die schwarze Kapuze bis zum Hinterhals, die weißen Augenklammern fehlen. Im Schlichtkleid ist der Scheitel dunkler als bei der Bonapartemöwe. Die Beine zeigen im Winter ein kräftigeres Rosa. Im Flug wirkt die Zwergmöwe auch gedrungener; außerdem fehlt ihr der weiße Vorderrand der Bonapartemöwe am Außenflügel.

ÄHNLICHE ARTEN

BONAPARTEMÖWE, ADULT
Prachtkleid

LACHMÖWE, ADULT
Prachtkleid

▸ subadult (im Flug)
kräftiges Grau (im Kontrast zum weißen Feld)
deutlicher schwarzer, kontrastierender Rand
weiß
schmaler schwarzer Schnabel
◂ adult, Schlichtkleid
schwarzer Schnabel
ziemlich starker Kontrast zum weißen Feld auf der Hand
▸ adult, Prachtkleid
schwarz
◂ adult, Prachtkleid
eher kleine Körpergröße
weißliche Unterseite
hellgrau
◂ adult, Schlichtkleid

ÄHNLICHE ARTEN, ADULT

Erster Zyklus

Wie bei adulten Vögeln weist die Oberseite eine kräftige Graufärbung auf, der Schnabel ist schwarz und schmal. Die verwaschen graue Tönung auf dem Hinterhals reicht oft bis zu den Seiten der Brust (wie ein grauer Schal). Die Beine sind hellrosa. Im Flug ist die helle Unterseite der Hand auffällig. Auf den äußeren Handdecken der Flügeloberseite befinden sich kräftige schwarze Abzeichen, besonders im frischen Gefieder. Der schwarze Hinterrand an den Schwungfedern ist etwas kontrastreicher und schärfer abgegrenzt als bei der Lachmöwe.

Lachmöwen im ersten Zyklus haben einen rötlichen Schnabel mit schwarzer Spitze (keinen vollständig schwarzen Schnabel), rötliche Beine (nicht rosa) und einen weißen Hinterhals (nicht grau). Ihre Oberseite ist hellgrauer. Die juvenilen Schulterfedern, kleinen Armdecken und Schirmfedern sind rötlich braun, wenn sie frisch sind (bei der Bonapartemöwe schwärzlich oder kalt graubraun), die äußeren Handdecken weitgehend weiß und die inneren Handdecken dunkler als bei der Bonapartemöwe. In Ruhestellung ist die unterste Schirmfeder der Bonapartemöwe im ersten Zyklus großflächiger grau als bei der Lachmöwe. Vorsicht ist bei Lachmöwen mit abgetragenem Gefieder am Ende ihres ersten Zyklus geboten, hier zeigt sich auf der Unterseite der Hand möglicherweise nur ein begrenzter Schwarzanteil.

Bei oberflächlichem Blick mag die Zwergmöwe im ersten Zyklus der Bonapartemöwe ähneln, sie hat aber eine gedrungenere Körperform und ein kräftigeres, ausgedehnteres schwarzes Muster auf den Flügeldecken. Im Flug wirkt die Oberseite der Hand weitgehend schwarz (ihr fehlen die weißen äußeren Handschwingen der Bonapartemöwe). Der Scheitel weist eine dunklere schwärzliche Kappe auf.

ÄHNLICHE ARTEN, 1. ZYKLUS

Zweiter Zyklus

Ähnelt stark dem adulten Schlichtkleid, von dem es sich manchmal durch schwarze Abzeichen auf einigen Schirmfedern, Handdecken oder Schwanzfedern unterscheiden lässt. Im Prachtkleid finden sich auf der schwarzen Kapuze manchmal noch einige vereinzelte weiße Tupfen.
Vögel dieser Altersklasse unterscheiden sich von der Lachmöwe und der Zwergmöwe in vielerlei Hinsicht wie adulte Vögel.

VERBREITUNGSGEBIET

Nearktische Art, die vorwiegend in den borealen und subarktischen Regionen, häufig am Rand des borealen Nadelwaldes, vom südwestlichen Quebec bis Alaska brütet. Überwintert überwiegend im O und SO der Vereinigten Staaten und in Kuba, aber auch entlang der pazifischen Küste der Vereinigten Staaten und im Norden Mexikos. An der atlantischen Küste vorkommende Vögel scheinen in den letzten Jahren eher im Norden zu bleiben. Die Art zieht über die gesamte Breite des nordamerikanischen Kontinents. Die Bonapartemöwe ist ein Irrgast in Europa (besonders entlang der atlantischen Küste), Japan und auf Hawaii. Sie ist monotypisch.

Braunkopfmöwe
Chroicocephalus brunnicephalus

◗ GESTALT
Der Lachmöwe sehr ähnlich, aber etwas größer und massiger, mit etwas längeren, abgerundeteren Flügeln und einem etwas dickeren Schnabel, wobei diese Unterschiede variabel sind.

Adult

Unterscheidet sich von der Lachmöwe hauptsächlich durch das kompakte schwarze Dreieck auf der Flügelspitze mit zwei weißen Spiegeln (auf H10 und H9, selten auch auf H8). Die Augen sind hellgelb statt schwärzlich, wie bei der adulten Graukopfmöwe, mit der sie das gleiche Flügelmuster teilt. Zu den Unterschieden zur Graukopfmöwe gehören die Färbung des Kopfes im Prachtkleid (mit dunkelbrauner statt aschgrauer Kapuze), die hellgrauere Oberseite und die hellgraue Flügelunterseite (bei Graukopfmöwe dunkelgrau).

ÄHNLICHE ARTEN

ÄHNLICHE ART

LACHMÖWE

Erster Zyklus

Neben den subtilen Unterschieden in der Gestalt zeigt die Braunkopfmöwe im ersten Zyklus ein Flügelmuster, das sich von dem der jungen Lachmöwe unterscheidet, insbesondere aufgrund der gänzlich schwarzen Flügelspitze. An den äußeren Handschwingen findet sich nur an der Basis etwas Weiß, und die inneren Handschwingen weisen markante, abgerundete weiße Spitzen auf, die der Lachmöwe fehlen. Einige Lachmöwen haben sehr dunkle äußerste Handschwingen, manchmal sogar ohne die weißen Zungen, aber auf ihren inneren Handdecken finden sich immer schwarze Abzeichen auf einem grauen Hintergrund, während diese Federn bei der Braunkopfmöwe weiß sind und nur wenige oder keine dunklen Abzeichen haben. Bei diesen dunklen Lachmöwen im ersten Zyklus weist H8 eine auch auf der Flügeloberseite gut sichtbare weiße Innenfahne auf, während diese Handschwinge bei der gleichaltrigen Braunkopfmöwe fast vollständig schwarz ist.

Die pränuptiale Teilmauser am Ende des ersten Zyklus (im Februar/März) kann sehr umfangreich sein, d. h., dass einige Vögel alle Flügeldecken, Armschwingen und Schwanzfedern ersetzen und dann ein charakteristisches, fortgeschrittenes «erstes Sommerkleid» anlegen, das sehr stark an das Alterskleid erinnert, allerdings mit juvenilen Handschwingen und Handdecken.

ÄHNLICHE ART

LACHMÖWE

Zweiter Zyklus

Ähnelt sehr dem Adultkleid, zeigt aber auf einigen Armschwingen und inneren Handschwingen dezente dunkle Abzeichen und kleinere weiße Spiegel auf H9–H10. Die Augen sind oft noch dunkel, ansonsten erfolgt die Bestimmung weitestgehend wie bei adulten Vögeln.

▸ VERBREITUNGSGEBIET

Diese asiatische Möwe brütet im Hochland von Tibet in Zentralchina und überwintert von Vorderindien bis Südchina, vorwiegend entlang der Küsten, aber auch im Landesinneren bis Nepal. Am zahlreichsten ist sie von Pakistan bis Thailand. Selten, aber regemäßig trifft man sie in Hongkong an, gelegentlich im Iran oder Irak. Es gibt auch eine anerkannte Meldung in Israel vom Mai 1985 und eine Sichtung in Kuwait vom Dezember 2020.

Lachmöwe
Chroicocephalus ridibundus

◗ GESTALT
Eine Kleinmöwe mit langen Flügeln und schmalem Schnabel. Sie ist kleiner als die Sturmmöwe, aber größer als die Zwergmöwe, in etwa so groß wie die Dünnschnabelmöwe.
In allen Kleidern zeigt die Lachmöwe einen charakteristischen weißen Vorderrand am Außenflügel, einen ausgedehnten schwärzlichen Fleck auf der Unterseite der Hand sowie ein typisches Kopfmuster.

Adult

Die Oberseite ist hellgrau. Im Frühjahr kann die weiße Unterseite eine leichte Rosafärbung aufweisen. Die äußeren Handschwingen sind weiß mit schwarzen Abzeichen an den Spitzen und kontrastieren mit dem Rest der Flügeloberseite. Im Sommer ist der Schnabel dunkelrot (aus der Ferne schwarz wirkend), im Winter wird das Rot an der Basis etwas heller. Der Kopf weist im Prachtkleid eine bräunlich schwarze Kapuze auf, die hinten nicht weit nach unten reicht (nicht bis zum weißen Hinterhals). Im Schlichtkleid ist der Kopf weitgehend weiß, außer einem kleinen schwarzen Abzeichen hinter dem Auge und unscharfen grauen Schmutzflecken auf dem Scheitel.
Die Bonapartemöwe hat ein ähnliches Gefieder, sodass eine Verwechslung mit ihr möglich ist (siehe dort).

Die adulte Schwarzkopfmöwe ist etwas größer und hat einen massigeren Körper. Sie zeigt eine weißere Oberseite mit durchgehend weißen Flügelspitzen, im Prachtkleid eine tiefschwarze Kapuze, die bis zum Nacken hinunterreicht, und einen kräftigeren hellroten Schnabel mit schwarzer Subterminalbinde. Die weißen Augenklammern sind breiter. Adulte Vögel tragen im Schlichtkleid eine schwärzliche «Maske» um das Auge. Zu beachten ist, dass die adulte Lachmöwe während der pränuptialen Mauser gelegentlich eine ähnliche «Maske» zeigt. Schwarzkopfmöwen im zweiten Zyklus haben häufig ein schwarzes Muster auf ihren Flügelspitzen. Bei sitzenden Vögeln sind die weißen Handschwingenspitzen aber deutlich breiter als bei der Lachmöwe, bei fliegenden Vögeln fehlen der weiße Vorderrand an den Handschwingen und der schwärzliche Fleck auf der Unterseite der Hand.

ÄHNLICHE ARTEN

SCHWARZKOPFMÖWE 2. ZYKLUS

LACHMÖWE, ADULT

ZWERGMÖWE ADULT

SCHWARZKOPFMÖWE, ADULT

LACHMÖWE

◄▲ adult, Prachtkleid

◄ adult, Schlichtkleid

Die Zwergmöwe ist kleiner und insgesamt weißer, hat weiße Flügelspitzen oder, im zweiten Zyklus, isolierte schwarze Abzeichen auf den Flügelspitzen (bei der Lachmöwe ist das schwarze Muster auf den Spitzen durchgehend). Ihre Flügelunterseite ist dunkelgräulich schwarz. Die Dünnschnabelmöwe (siehe dort) hat ungefähr die gleich Größe wie die Lachmöwe, aber einen längeren und dunkleren Schnabel. Im Flug und aus der Ferne können diese beiden Arten leicht verwechselt werden, wenn sie zusammen vorkommen – Schnabelform und Grundgestalt sind aber wichtige Unterscheidungskriterien. Im Schlichtkleid ist der dunkle Ohrdeckenfleck bei der Lachmöwe im Vergleich zur Dünnschnabelmöwe markanter.

Erster Zyklus

In diesem Alter besteht das Gefieder aus einer Mischung brauner und grauer Federn, während die Flügelspitzen (bei sitzenden Vögeln) schwarz sind. Am Anfang ziert ein wellenförmiges braunes Muster Mantel und Schulterfedern juveniler Vögel, Letztere werden während der postjuvenilen Mauser aber schnell durch graue Federn ersetzt.
Die braune Färbung der juvenilen Schwarzkopfmöwe wirkt insgesamt kälter, die Gestalt schwerer, der Schnabel ist kräftiger und die Beine sind dunkel. Im Flug zeigt sie ein vollkommen anderes Flügelmuster. Nach der postjuvenilen Mauser kontrastiert die helle silbergraue Oberseite stärker mit den schwärzlichen kleinen und mittleren Armdecken. Der Schnabel ist immer noch dunkler als bei der Lachmöwe.

Die Lachmöwe kann mit der Bonapartemöwe im ersten Zyklus (siehe dort) verwechselt werden, ist aber immer größer. Die Zwergmöwe ist im ersten Zyklus viel kleiner, hat ein kontrastreicheres schwarzes und graues Gefieder, ein ausgedehnteres dunkles Kopfmuster und einen schwarzen Fleck an der Basis der Flügelunterseite, nahe dem Körper. Der weiße Vorderrand am Außenflügel fehlt.
Eine Verwechslung ist auch mit der Dünnschnabelmöwe im ersten Zyklus (siehe dort) möglich. Zu beachten ist jedoch, dass die postjuvenile Mauser bei dieser Art häufig umfangreicher ist und alle Flügeldecken einschließen kann, was den Flügel insgesamt grauer und alterskleidartiger als bei der Lachmöwe erscheinen lässt. Die Beine sind rosa oder orange und lang mit deutlich sichtbaren Unterschenkeln. Der Schnabel ist länger und häufig komplett orange.

ÄHNLICHE ARTEN

Zweiter Zyklus

Die meisten Vögel in diesem Alter sind von adulten Vögeln nicht zu unterscheiden. Einige weisen aber während der Brutzeit eine unvollständige Kapuze und eine weißliche Sprenkelung um die Schnabelbasis herum auf.
Die Schwarzkopfmöwe zeigt im zweiten Zyklus einen variablen Schwarzanteil auf den Außenfahnen der äußeren Handschwingen. Ihre Flügelunterseite ist aber weiß und es gibt nicht den schwärzlichen Fleck auf der inneren Hand wie bei der Lachmöwe. Bei der Zwergmöwe im zweiten Zyklus ist die Unterseite der Hand schwarz. Diese Färbung setzt sich großflächig über die Armschwingen fort.

ÄHNLICHE ARTEN

◗ VERBREITUNGSGEBIET

Holarktische Art, brütet von W-Europa ostwärts über Sibirien bis nach Kamtschatka. Im Süden reicht das Brutgebiet bis Spanien und Iran, im Norden bis Island, dem südlichen Grönland und Lappland. Nistet sehr lokal in N-Amerika, genauer gesagt in Neufundland und am Sankt-Lorenz-Golf (Kanada). Das Überwinterungsgebiet erstreckt sich von Japan bis Malaysia und schließt auch Indien, den Persischen Golf, das Rote Meer, das Niltal, die Küsten Westafrikas, die Afrikanischen Großen Seen und ganz Europa mit ein. Eine sehr kleine Anzahl überwintert entlang der Ostküste Nordamerikas, insbesondere in Neufundland (Kanada). Es gibt zwei Unterarten, die Nominatform *ridibundus* und die sibirische Unterart *sibiricus*, die im Feld nicht zuverlässig unterschieden werden können.

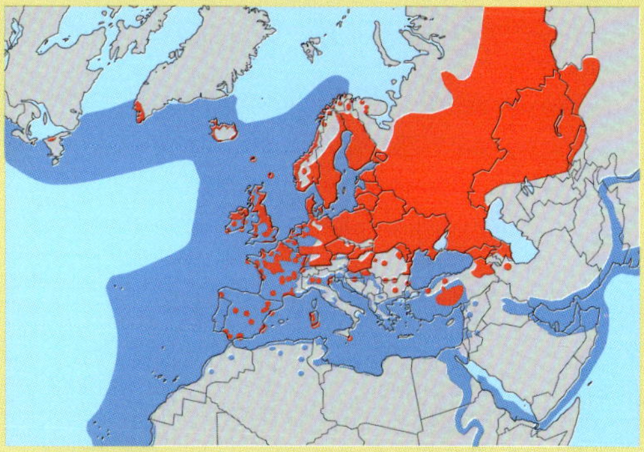

Graukopfmöwe
Chroicocephalus cirrocephalus

GESTALT

Die Graukopfmöwe ist etwas größer als die Lachmöwe und hat einen massiveren Körper, einen kräftigeren Schnabel und eine stärker abfallende Stirn. Im Alarmzustand nimmt sie häufig eine aufrechte Haltung ein, wodurch der im Vergleich zur Lachmöwe etwas längere Hals sichtbar wird. Die Unterschiede sind oft sehr subtil, aber wichtig für die Bestimmung.

In allen Kleidern zeigt die Graukopfmöwe eine charakteristische dunkle Flügelunterseite und einen großen weißen Fleck auf der äußeren Flügeloberseite.

▸ Prachtkleid

Adult

Die Oberseite der Graukopfmöwe ist dunkelgrauer als bei der Lachmöwe, die Iris hell. Im Prachtkleid ist sie durch die graue Kapuze unverwechselbar, im Schlichtkleid mit nur einem angedeuteten grauen Schmutzfleck auf den Ohrdecken ähnelt sie der Lachmöwe. Die Unterseite der Flügelspitze ist weitgehend schwarz und hat einen ovalen weißen Spiegel. Im Flug unterscheidet sich die Flügeloberseite durch die weitgehend schwarzen äußersten Handschwingen (mit zwei weißen Spiegeln) deutlich von der der adulten Lachmöwe, deren Vorderflügel weiß ist. Bei guten Lichtverhältnissen wirken die Armschwingen dunkelgrauer als die Flügeldecken.
Auch mit der Braunkopfmöwe besteht Verwechslungsgefahr, insbesondere im Nahen Osten, wo beide Arten als Irrgäste auftreten können. Diese hat ungefähr dieselbe Größe und Form wie die Graukopfmöwe, ein sehr ähnliches Flügelmuster und ebenfalls eine helle Iris. In folgenden Merkmalen unterscheidet sie sich jedoch:

- Im Flug sind die Decken der Flügelunterseite hellgrau, sodass diese bei guten Lichtverhältnissen nicht einheitlich dunkel wirkt wie bei der Graukopfmöwe.
- Die Oberseite ist wie bei der Lachmöwe hellgrau oder nur geringfügig dunkler.
- Der schwärzliche Fleck auf den Ohrdecken ist deutlicher definiert und häufig befindet sich ein solcher auch unmittelbar vor dem Auge und ist offensichtlicher als bei der Graukopfmöwe.
- Die weißen Augenklammern sind kräftiger und markanter.

Auf der Flügeloberseite gibt es im Farbton zwischen den Armschwingen und den Flügeldecken nur einen geringfügigen Unterschied.

ÄHNLICHE ARTEN

Erster Zyklus

Das Jugendkleid wirkt etwas kälter braun als das der Lachmöwe und die großen Armdecken sind dunkler grau. Die Unterseite der gefalteten Flügelspitze ist vollkommen dunkel, es fehlt der lange weiße Keil der Lachmöwe. Auch im Flug ist die einheitlich dunkle Flügelunterseite charakteristisch und die obere Hand weist drei bis vier schwarze äußerste Handschwingen auf, die mit dem weißen Feld am Außenflügel stark kontrastieren. Die juvenile Oberseite ist schnell vermausert. Irrgäste in diesem Kleid sind nicht sehr wahrscheinlich, wobei es sich bei einem im August 1992 in Gibraltar gesichteten Vogel um ein juveniles Individuum handelte.

Nach der postjuvenilen Mauser sind Mantel und Schulterfedern einfarbig grau - dunkler als bei der Lachmöwe. Die nachfolgende Teilmauser ins erste Sommerkleid kann umfangreich sein und schließt oft alle Flügeldecken und Schirmfedern ein, d. h., dass fortgeschrittene Vögel manchmal eine Kombination aus adult aussehendem Gefieder mit einem vollständigen Satz juveniler Handschwingen (braun, spitz und oft abgetragen) zeigen. Diese Kombination sieht man bei Lachmöwen in der Regel nicht. Es ist möglich, dass die Mauser bei einigen Vögeln, zumindest in Senegal und Gambia, sogar den Schwanz und alle Armschwingen umfassen kann, so wie es bei der Braunkopfmöwe dokumentiert ist. Dadurch entsteht ein einzigartiges Federkleid mit komplett weißem Schwanz, grauen Armschwingen und einem vollständigen Satz juveniler Handschwingen.

Zu beachten ist, dass das Flügelspitzenmuster der Lachmöwe im ersten Zyklus variabel ausfallen kann. Während die meisten Vögel weitgehend weiße äußerste Handschwingen aufweisen, zeigen manche auf diesen Federn ein teilweise schwarzes Muster. Im Extremfall sind die äußersten zwei oder drei Handschwingen weitgehend schwarz, ähnlich wie bei der Graukopfmöwe.

ÄHNLICHE ARTEN

VERBREITUNGSGEBIET

Die Unterart *poiocephalus* brütet auf dem afrikanischen Kontinent südlich der Sahara in zwei separaten Populationen: einer in Westafrika und einer, die sich von Sudan und Äthiopien aus südwärts sich über Uganda, Tansania, die östliche Demokratische Republik Kongo, Sambia und Angola bis ins südliche Afrika (einschließlich Madagaskar) erstreckt. Die in Westafrika vorkommende Population brütet von Mauretanien aus südwärts bis Guinea-Bissau, aber auch landeinwärts von Mali bis zum Tschad und Kamerun. Das Überwinterungsgebiet schließt das gesamte Afrika südlich der Sahara ein, wobei es starke Konzentrationen am Tschadsee, Viktoriasee und Nakurusee gibt, auch die Küste von Senegal und Gambia ist stärker frequentiert.

Irrgast in Marokko (9 Meldungen), Tunesien, Algerien, Ägypten, Jordanien, Saudi-Arabien, am Roten Meer, Jemen, Spanien (5, einschließlich Kanaren und Gibraltar), Italien und Israel (4).

Die Nominatform brütet in Südamerika und kam als Irrgast bis nach Florida und New York (USA).

◂▾▸ 1. Zyklus, Schlichtkleid

▾ juvenil

◂ 1. Zyklus, Schlichtkleid (fortgeschrittener Vogel)

Eine große Ähnlichkeit im ersten Zyklus gibt es mit der Braunkopfmöwe, deren Oberseite aber von einem helleren Grau ist als bei der Graukopfmöwe und deren Kopf einen deutlicheren schwärzlichen Ohrdeckenfleck sowie breitere weiße Augenklammern aufweist. Im Flug dienen die ausgeprägten weißen Spitzen auf den inneren Handschwingen, die deutlicher und runder als bei der Graukopfmöwe sind, als Unterscheidungsmerkmal. Die Decken auf der Flügelunterseite sind hellgrau.

Zweiter Zyklus

Vögel im zweiten Zyklus unterscheiden sich nur dezent von adulten Vögeln und können deshalb anhand der gleichen Merkmale bestimmt werden, obwohl die Iris immer noch dunkel sein kann.

Zwergmöwe
Hydrocoloeus minutus

GESTALT
Kleinste Möwe der Welt. Aufmerksamkeit erzeugt sie durch ihre kleine Gestalt und die wendige Flugweise, die an eine Seeschwalbe erinnern kann. Die Flügelschläge sind etwas schneller als bei der Lachmöwe. Markant in der Gesamterscheinung sind die abgerundeten Flügel und der kurze Schnabel.

Adult

Die Oberseite ist hellgrau, die Flügelspitzen sind weiß, während die Flügelunterseite in einem schwärzlichen Grau erscheint, auf den Schwungfedern am dunkelsten. Vögel im Prachtkleid tragen eine schwarze Kapuze, die bis zum unteren Nacken reicht. Der kleine schmale Schnabel ist bräunlich rot (aus der Ferne schwarz wirkend), die Beine sind hellrot. Im Schlichtkleid ist der Kopf weiß, hat einen schwarzen Fleck hinter dem Auge und einen schwärzlichen Bereich auf dem Scheitel. Der Nacken ist hellgrau.

Die adulte Lachmöwe ist größer und langgestreckter, zeigt eine ausgedehntere neutrale Graufärbung auf der Oberseite und nur einen gräulich schwarzen Fleck auf der Unterseite der Handschwingen (die restliche Flügelunterseite ist weiß).
Ihre Sommerkapuze ist brauner, die Augenklammern sind weiß und die zusammengelegten Flügelspitzen schwarz.
Die adulte Rosenmöwe ist etwas größer als die Zwergmöwe, hat einen keilförmigen Schwanz und längere, spitzere Flügel (siehe dort).

ÄHNLICHE ARTEN

ZWERGMÖWE, ADULT
Prachtkleid

LACHMÖWE, ADULT
Prachtkleid

▸ adult

▸ wahrscheinlich 2. Zyklus

◂ Adult, Prachtkleid

Erscheinungsbild: klein und kompakt

Adult, Schlichtkleid

Erster Zyklus

Vögel dieser Altersklasse haben die gleiche Form wie adulte Vögel. Der fehlende Kontrast zwischen der hellgrauen Oberseite und den weißen Flügelspitzen lässt aber die Flügel weniger abgerundet erscheinen. Im Flug zeigt sich auf der Flügeloberseite ein schwarzes «W», das durch die schwarze äußere Hand und die schwarze Diagonalbinde auf dem Arm entsteht. Bei juvenilen Vögeln wird dieser Effekt durch die schwarzen Schulterfedern verstärkt. Anders als bei adulten Vögeln ist die Flügelunterseite blass grauweiß, der Scheitel hinten schwärzlich grau. Im Winter verblasst das schwarze Muster schnell, besonders auf den Flügeldecken und Schirmfedern, sodass sich das schwarze «W» weniger abhebt. Die juvenilen Schulterfedern werden während der postjuvenilen Mauser rasch durch eine einheitlich graue Oberseite ersetzt.

Kann mit der Dreizehenmöwe im ersten Zyklus verwechselt werden. Diese Art ist aber größer, massiger und zeigt eine geradlinigere, weniger flattrige Flugweise. Ihre Oberseite ist etwas dunkelgrauer als die der Zwergmöwe und auf den Flügeln befindet sich ein großer, dreieckiger weißer Fleck über die Armschwingen und inneren Handschwingen hinweg (bei Zwergmöwe gräulich). An der Basis des Hinterhalses trägt sie außerdem einen schwarzen Halsring.
Besonders aus der Ferne ist eine Verwechselung mit der Rosenmöwe im ersten Zyklus möglich (siehe dort).
Die Lachmöwe hat im ersten Zyklus ein weniger kontrastierendes Muster auf der Flügeloberseite, eine langgestrecktere Form, weiße äußere Handschwingen (bei der Zwergmöwe im ersten Zyklus weitgehend schwarz) und einen längeren Schnabel, der rot gefärbt ist und eine schwarze Spitze hat.

◂ 1. Zyklus, Schlichtkleid

▸ 1. Zyklus, Prachtkleid

ÄHNLICHE ARTEN

ZWERGMÖWE

DREIZEHENMÖWE 1. ZYKLUS

LACHMÖWE 1. ZYKLUS

Zweiter Zyklus

Ähnelt dem adulten Vogel, die Flügelunterseite hat aber eine weniger ausgedehnte dunkle Färbung und es gibt mehr Kontrast zwischen den weißlichen Decken der Flügelunterseite und den schwärzlich grauen Schwungfedern. Die Flügeloberseite ähnelt weitgehend derjenigen adulter Vögel: hellgrau mit gut abgegrenzter weißer Flügelspitze, wodurch der Flügel abgerundet wirkt. Auf den Spitzen der äußeren Handschwingen finden sich allerdings variable schwärzliche Abzeichen. Das Gefieder erinnert deshalb flüchtig an das der Schwarzkopfmöwe im zweiten Zyklus; diese Art ist aber deutlich größer, hat einen kräftigeren Schnabel und fast weiße Flügel (ihr fehlt somit der scharf abgesetzte weiße Hinterrand der Zwergmöwe). Vögel im Prachtkleid bilden eine mehr oder weniger vollständige gräulich schwarze, weiß gefleckte Kapuze aus.

VERBREITUNGSGEBIET

Eine boreale Art, die von der Skandinavischen Halbinsel und der Ostseeregion bis Russland (Zentralsibirien) und N-Kasachstan brütet. Eine weitere Brutpopulation ist weiter östlich vom Baikalsee bis zum Ochotskischen Meer zu finden. In den 1980ern hat die Art in Nordamerika gebrütet, insbesondere an den Großen Seen und in der Hudsonbai. Sie überwintert am östlichen Atlantik südwärts bis Marokko, aber auch am Ärmelkanal, an der südlichen Ostsee, am Mittelmeer und Schwarzen Meer (selten entlang der südlichen Küsten des Kaspischen Meeres). Gelegentlich in Westafrika und Südamerika.

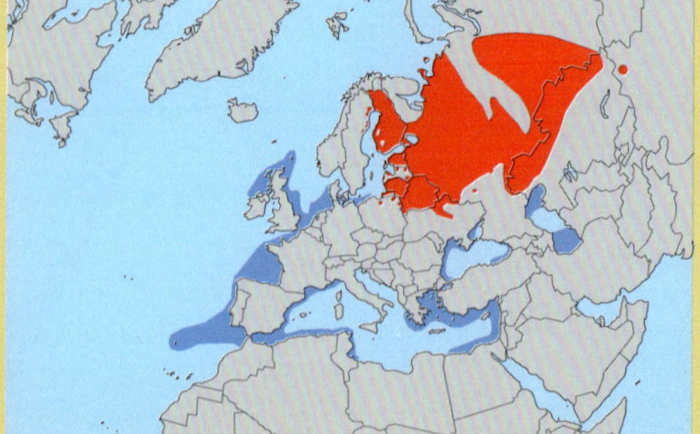

einzelne
schwarze
Abzeichen
grau
abgerundet
◂ Schlichtkleid ▸
weiß
schwärzlich
schwarz
leicht rosa

tiefschwarze Färbung
reicht bis auf den Nacken
▸ Prachtkleid
schwarze Abzeichen

Rosenmöwe
Rhodostethia rosea

◗ GESTALT

Die Rosenmöwe ist eine Kleinmöwe mit eher gedrungenem Körper, ziemlich großem Kopf, kurzem Hals («Kopf liegt zwischen den Schultern»), langen Flügeln und einem sehr langen, abgestuften, keilförmigen Schwanz mit vorstehenden mittleren Schwanzfedern. Der Schnabel ist kurz und schwarz mit stumpfer Spitze. Im Flug sieht der Vogel schlank und elegant aus.

Adult

Kann bei schlechten Bedingungen nur mit der adulten Zwergmöwe verwechselt werden. Diese ist aber etwas kleiner, hat einen viereckigen, nicht abgestuften Schwanz sowie schwärzliche Flügelunterseiten mit scharf abgegrenztem weißen Hinterrand, der sich bis auf die äußeren Handschwingen erstreckt (bei Rosenmöwe anders).
Das Gefieder ist außergewöhnlich. Die Oberseite erscheint in seinem sehr hellen Grau ohne dunkle Abzeichen auf den Flügelspitzen. Die gräulichen Decken der Flügelunterseite kontrastieren leicht mit dem weißen Hinterrand an den Armschwingen und inneren Handschwingen. Die Unterseite zeigt eine verwaschene Rosafärbung, die individuell variiert (und ganzjährig vorhanden sein kann). Die kurzen Beine sind hellrot, die gleiche Farbe zeigt der Orbitalring im Prachtkleid. Brütende Vögel tragen einen dünnen, aber vollständigen schwarzen Halsring, der im Schlichtkleid fehlt. Der Kopf ist immer weiß, ist im Schlichtkleid aber mit dezenten grauen Abzeichen auf dem Scheitel und um das Auge herum versehen.

◂▸ Adult, Schlichtkleid

ÄHNLICHE ARTEN

Adult, Schlichtkleid

ROSENMÖWE

Adult, Schlichtkleid

ZWERGMÖWE

Erster Zyklus

Kann mit der Zwergmöwe im ersten Zyklus verwechselt werden. Diese ist aber kleiner und hat auf der Flügeloberseite ein kleineres weißes Feld (weil die Armschwingen immer dunkel sind), eine schwärzliche Kappe auf dem Scheitel (bei Rosenmöwe hellgrau und kleiner), eine viereckige Schwanzform (wenn aus der Nähe zu sehen) und einen etwas längeren Schnabel. Zu beachten bei der Rosenmöwe im ersten Zyklus sind auch die weißen inneren und mittleren Handschwingen mit schmalen schwarzen Spitzen, während diese Federn bei der Zwergmöwe im ersten Zyklus dunkelgrau sind und weiße Spitzen haben. Die Flügelunterseite zeigt eine verwaschen gräuliche Färbung, die mit einem dreieckigen weißen Muster auf der inneren Hand kontrastiert (bei der Zwergmöwe ist die Flügelunterseite weitgehend weiß). Den Kopf ziert ein schwärzlicher Ohrdeckenfleck und die Beine sind rosa. Bei zusammengelegter Flügelspitze wirken die weißen Ränder oft markanter und lückenloser als bei der Zwergmöwe, vor allem in der Nähe der Schirmfedern.

Die Dreizehenmöwe im ersten Zyklus ist größer, zeigt einen schwarzen Halsring auf dem Hinterhals sowie einen größeren,

ÄHNLICHE ARTEN

senkrechteren Ohrdeckenfleck und hat schwärzliche Beine. Im Flug erscheinen die inneren Handdecken in einem sehr hellen Grau, während sie bei der Rosenmöwe schwarz sind und nach innen vorstehen.
Der etwas größeren Schwalbenmöwe fehlt die schwarze Diagonalbinde auf der Flügeloberseite. Darüber hinaus hat sie einen gegabelten Schwanz und durchgehend weiße innere Handschwingen (ohne schwarze Spitzen).
Nach der pränuptialen Mauser können einige Rosenmöwen im ersten Zyklus wie adulte Vögel einen schwarzen Halsring aufweisen, der aber häufig etwas schmaler ist.

Zweiter Zyklus

Vögel dieser Altersklasse ähneln adulten Vögeln (mit schwarzem Halsring im Prachtkleid und leichter Rosafärbung auf der Unterseite), zeigen aber manchmal noch immature Merkmale, wie schwarze Abzeichen auf den äußeren Handschwingen, Handdecken oder Schirmfedern. Die Farbe der Beine kann matter als bei Altvögeln sein.
Verglichen mit der Zwergmöwe im zweiten Zyklus sind die schwarzen subterminalen Abzeichen auf den äußeren Handschwingen dezenter und weniger auffällig, die Unterseite dieser Federn ist hellgrau (bei der Zwergmöwe schwärzlich), der weiße Hinterrand am Flügel breiter und vor allem auf der inneren Hand ausgeprägt, der Scheitel heller.

◗ VERBREITUNGSGEBIET

Die Rosenmöwe hat ein zirkumarktisches Verbreitungsgebiet, das nicht genau bekannt ist. Sie brütet im nordöstlichen Sibirien von der Taimyrhalbinsel im Westen bis zum Kolyma-Delta im Osten, gebietsweise auch auf Grönland. Auch in der Nähe von Churchill, Kanada, wurde sie beim Nisten gesichtet, scheint dort aber nicht mehr vorzukommen. Von Anfang September bis Anfang Oktober finden große Herbstzüge Richtung Beaufortsee statt (bei denen Tausende Vögel in Barrow, Alaska, beobachtet werden können), im Oktober/November dann in die andere Richtung. Die Art überwintert am Rande des Packeises, zumindest an der Labradorsee. Andere Überwinterungsgebiete wurden bisher noch nicht ausfindig gemacht. Die Rosenmöwe ist im Winter ein Irrgast an den meisten nordamerikanischen Küsten, verirrt sich aber auch in den NW Europas (insbesondere auf die Britischen Inseln, nach Spanien und Italien) und in Asien bis nach Korea.

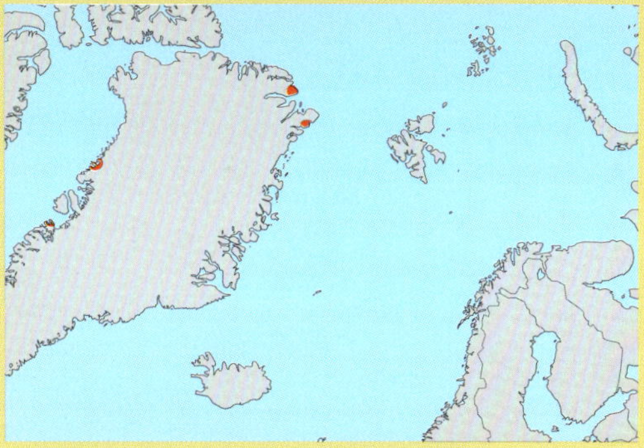

Aztekenmöwe
Leucophaeus atricilla

▸ GESTALT
Eine mittelgroße Möwe mit schlankem, elegantem Körper und langen Flügeln. Von der Größe her zwischen Lach- und Sturmmöwe, aber näher an Letzterer. Ziemlich langer Schnabel mit scharfer Spitze.

Adult

Mit der dunklen, schiefergrauen Oberseite, dem dunklen Schnabel und den schwärzlichen Beinen können adulte Aztekenmöwen wirklich nur mit Präriemöwen verwechselt werden. Die Sturmmöwe hat helle Beine, einen hellen Schnabel, eine etwas hellere, eher bläulich graue Oberseite, ein anderes Kopfmuster und mehr Weiß auf der Flügelspitze. Bei adulten Aztekenmöwen ist die Flügelspitze großflächig schwarz gefärbt mit höchstens kleinen weißen Spitzen an den äußeren Handschwingen, es gibt keinen weißen Spiegel. Bei adulten Präriemöwen besteht die Flügelspitze dagegen aus einer Mischung von Schwarz und Weiß. Im Winterkleid trägt die Aztekenmöwe eine schmale dunkle Maske um das Auge, während die Präriemöwe ein großflächiges dunkles Muster in Form einer halben Haube mit breiteren weißen Augenklammern zeigt. Zu beachten ist allerdings, dass mausernde Aztekenmöwen ihre dunkle «Sommerkapuze» noch nicht vollständig ausgebildet haben. Deshalb müssen auch der Weißanteil auf der Flügelspitze sowie die allgemeine Größe und Gestalt (längere Beine, längerer, spitzerer Schnabel und lange, spitze Flügel) berücksichtigt werden. Verwechslungsgefahr besteht vor allem mit jungen Präriemöwen mit maximaler schwarzer Färbung der Flügelspitze. Die Präriemöwe ist insofern einzigartig, als dass sie nicht nur im Herbst, wie die meisten Möwen, sondern auch im Frühjahr eine Vollmauser durchläuft. Im ersten Zyklus kann dadurch ein fortgeschrittenes «erstes Sommerkleid» ausgebildet werden, das dem Alterskleid ähnelt, aber mehr Schwarz auf den Flügelspitzen aufweist. Da diesen Vögeln das großflächige weiße Muster des Alterskleides fehlt, gleichen sie sehr adulten Aztekenmöwen. Ein wichtiger Unterschied neben Größe und Gestalt liegt in der grauen Färbung an der Basis aller Handschwingen (in der Regel einschließlich der äußersten). Die äußersten zwei bis drei Handschwingen sind bei der adulten Aztekenmöwe dagegen vollständig schwarz (bis zu den

ÄHNLICHE ARTEN

▲▼ adult, Prachtkleid

▲▼ 2. Zyklus, Schlichtkleid

Handdecken), wodurch eine durchgehend schwarze äußere Hand entsteht. Dieser Unterschied ist sowohl an der Ober- als auch an der Unterseite des Außenflügels erkennbar und sogar bei stehenden Vögeln, da die Basis der Flügelspitze häufig knapp unterhalb der Schirmfedern zu sehen ist. Bei der Aztekenmöwe ist der Bereich unterhalb der Schirmfedern weitgehend schwarz, bei stehenden Vögeln im «ersten Sommerkleid» und bei adulten Präriemöwen hingegen grau.

Die Präriemöwe hat einen charakteristischen grauen Schwanz mit weißen Seiten, was bei starker Sonneneinstrahlung aber oft nur schwer zu erkennen ist.

Aztekenmöwen im zweiten Zyklus zeigen dieselben charakteristischen Merkmale wie adulte Vögel, können sich von Präriemöwen aber auch dadurch unterscheiden, dass einige von ihnen (vor allem im Winter) einen grauen Hals oder graue Flanken aufweisen.

Erster Zyklus

Mit ihrem sehr dunklen Körper, den schwarzen Beinen und dem schwarzen Schnabel sind Aztekenmöwen im ersten Zyklus unverwechselbar. Häufig macht das Gefieder einen verrußten, schmutzigen Eindruck.

Das Jugendkleid sieht braun und schuppig aus. Gelegentlich werden juvenile Schwarzkopfmöwen mit Aztekenmöwen verwechselt. Letztere habe jedoch einen dunkleren Kopf, dunkelbraune große Armdecken (bei Schwarzkopfmöwe hell) und eine spitze Schnabelform. Im Flug zeigen sie eine dunkle Flügelunterseite (bei Schwarzkopfmöwe weiß), dunkle innere Handschwingen und einen weitgehend dunklen Schwanz. Darüber hinaus vermausert das juvenile Gefieder nach dem Flüggewerden schnell und es ist unwahrscheinlich, dass es Irrgäste mit diesem Kleid bis nach Europa schaffen. Nach der postjuvenilen Mauser bekommt die Aztekenmöwe eine viel dunklere schiefergraue Oberseite als die Schwarzkopfmöwe. Von der Präriemöwe im ersten Zyklus unterscheidet sie sich durch ihre graue Brust und ihre grauen Flanken – die bei der Präriemöwe komplett weiß sind –, die schmale dunkle Augenmaske statt der dunklen «halben Kapuze» im Winter und durch ihre unterschiedliche Größe und Gestalt. Im Flug sind die dunkle Flügelunterseite, die dunklen inneren Handschwingen und der schwarze Schwanz charakteristisch. Die Präriemöwe im ersten Zyklus hat eine weiße Flügelunterseite, graue innere Handschwingen und nur eine schmale schwarze Schwanzbinde.

ÄHNLICHE ARTEN

VERBREITUNGSGEBIET

Eine amerikanische Art, die vorwiegend an der atlantischen Küste entlang von Neu Brunswick südwärts bis Französisch-Guyana brütet, aber auch auf den Bahamas und entlang der Pazifischen Küste in Mexiko.

Sie ist Irrgast in Europa, mit den meisten Meldungen in Großbritannien und Irland, aber auch einigen Beobachtungen aus Finnland, Österreich, Italien und Griechenland.

dunkle Schwanzbasis
dunkle innere Handschwingen
dunkle Flügel-
unterseite
graue Brust
◂ (Jugendkleid)
Brust
und
Flanken
braun
dunkelgraue große Armdecken
dunkle Maske
Brust und Flanken grau
schwarze Beine

Präriemöwe
Leucophaeus pipixcan

◗ GESTALT
Eine Kleinmöwe mit recht abgerundeten Flügeln, die im Flug schlank und elegant aussieht. Kleiner als Lachmöwe (und Aztekenmöwe). Vom ersten Zyklus an durchläuft die Art zweimal pro Jahr eine Vollmauser, wodurch das Gefieder immer frisch erscheint.

Adult

Eine Verwechslungsgefahr besteht vor allem mit der Aztekenmöwe (siehe dort). Die adulte Präriemöwe hat jedoch ein unverwechselbares Gefieder, bestehend aus einer dunklen, schiefergrauen Oberseite und einem auffälligen Flügelmuster mit einem variablen schwarzen Subterminalband auf den äußeren Handschwingen. Diese wiederum sind von weißen Spitzen (deren Größe von der Abnutzung des Gefieders abhängig ist) und einem weißen Innenband umrandet, das sie von der grauen Oberseite abgrenzt. Im Prachtkleid ziert den Kopf eine schwarze Kapuze, die bis zur Mitte des Nackens reicht. Außerdem befinden sich um das Auge breite weiße Augenklammern, der Schnabel ist dunkelrot und die Beine sind schwarz. Im Schlichtkleid weist der Kopf eine schwärzlich graue «halbe Kapuze» hinter dem Auge auf, wodurch das Gesicht weiß bleibt.
Im Sitzen scheint es eine Ähnlichkeit mit der adulten Schwalbenmöwe im Schlichtkleid zu geben. Deren Oberseite ist aber etwas hellgrauer, der Kopf weißer und es fehlen die weißen Augenklammern. Unterhalb der großen Armdecken ist häufig eine durchgehende weiße Linie zu erkennen (die durch die Spitzen der Armschwingen zustande kommt).

ÄHNLICHE ARTEN

▴adult oder 2. Zyklus (im Flug)

◂ Prachtkleid

◂ Prachtkleid

◂ Schlichtkleid

ÄHNLICHE ARTEN

PRÄRIEMÖWE

AZTEKENMÖWE

Erster Zyklus

Juvenile Vögel ersetzen das wellenförmige braune Muster auf der Oberseite während der postjuvenilen Mauser schnell durch eine einheitlich dunkle, schiefergraue Färbung, ähnlich dem Alterskleid. Verwechslung besteht mit der Aztekenmöwe (siehe dort), das schwärzliche Kopfmuster ist aber ausgedehnter, die Flügelunterseite hell, die schwarze Schwanzbinde schmal und die Arm- und inneren Handschwingen haben einen breiten weißen Hinterrand.

Nach der umfangreichen pränuptialen Mauser (die Schwung- und Schwanzfedern einschließt) ähnelt das Gefieder dem der Altvögel im Schlichtkleid, zeigt aber auf den äußeren Handschwingen mehr Schwarz (reicht bis auf die äußersten zwei Handdecken; auf H5 befindet sich ein schwarzes Subterminalabzeichen). Einige Vögel behalten ein paar juvenile äußere Handschwingen, die braun und abgetragen aussehen. Eine solche stillgelegte Mauser unterscheidet sich stark von der Mauser der Aztekenmöwe.

ÄHNLICHE ARTEN

▾▸ **PRÄRIEMÖWE**

▴▾ **AZTEKENMÖWE 1. ZYKLUS**

▾ 1. Zyklus nach umfangreicher pränuptialer Mauser

Zweiter Zyklus

Nach einer Vollmauser zwischen Juni und September/Oktober ähneln viele Vögel dieser Altersklasse stark adulten Vögeln im Schlichtkleid, das Gefieder kann sogar identisch sein. Das Alter einiger Vögel kann durch den etwas größeren Schwarzanteil auf den äußeren Handschwingen, denen das scheckige Muster der adulten Möwen (besonders der weiße Spiegel auf H10) fehlt, dennoch bestimmt werden. Manchmal tragen auch die Handdecken oder der Schwanz schwarze Abzeichen. Erstaunlicherweise wurde eine Schwarzkopfmöwe im zweiten Zyklus für eine Präriemöwe gehalten, obwohl Erstere immer eine viel hellere Oberseite, einen roten Schnabel und rote Beine aufweist und etwas größer ist.

▸ Typ 2. Zyklus

◗ VERBREITUNGSGEBIET

Eine nordamerikanische Möwe, die hauptsächlich in Kolonien auf den Great Plains der zentralen und westlichen USA und in Kanada brütet. Sie bevorzugt Süßwasserfeuchtgebiete und Seeufer in der amerikanischen Prärie und zieht vorwiegend durchs Zentrum des nordamerikanischen Kontinents, durch Mexiko und entlang der pazifischen Küste von Südamerika, um an den Küsten von Ecuador, Peru und Chile zu überwintern.

Die Präriemöwe ist Irrgast an der Ostküste Nordamerikas, in Westeuropa und an der Küste Westafrikas. Es gibt auch ein paar Meldungen für den Nahen Osten, einschließlich Oman und der Vereinigten Arabischen Emirate.

ÄHNLICHE ARTEN

Schwarzkopfmöwe
Ichthyaetus melanocephalus

◗ GESTALT
Größe zwischen Lachmöwe und Sturmmöwe, mit viereckig anmutendem Kopf und kräftigem Schnabel mit parallelen Kanten, der gedrungener als bei den beiden genannten Arten wirkt. Wirkt etwas massiver als die Lachmöwe, die Flügel sind breiter und können ein wenig abgerundeter aussehen.

Adult

Anhand ihrer weißen Flügelspitzen, der hellgrauen Oberseite und dem hellen, korallenroten Schnabel leicht zu bestimmen. Im Flug zeigen adulte Schwarzkopfmöwen gleichmäßig helle Flügel, die aus der Ferne vorwiegend weiß wirken. Die grauen Flügel kontrastieren nicht mit dem weißen Vorderrand der äußeren Hand wie bei der Lachmöwe.

Im Prachtkleid weist die Schwarzkopfmöwe eine tiefschwarze Kapuze auf, die im Nacken weiter nach unten reicht als bei der Lachmöwe. Auch sind die weißen Augenklammern breiter und markanter als bei dieser Art.
Im Schlichtkleid ist der Kopf weitgehend weiß mit einer dunklen Augenmaske oder einem angedeuteten Fleck aus dunklen Stricheln hinter dem Auge. Vögel im Schlichtkleid zeigen keinen so klar definierten dunklen Fleck hinter dem Auge wie die Lachmöwe.

Erster Zyklus

Vögel dieser Alterskategorie haben einen dunklen Außenflügel sowie dunkle mittlere und kleine Armdecken, die mit den hellgrauen großen Armdecken kontrastieren. Deshalb unterscheidet sich das Flügelmuster sowohl im Flug als auch in Ruhestellung stark von dem der Lachmöwe und ähnelt dem der Sturmmöwe im ersten Zyklus. Von dieser hebt sich die Schwarzkopfmöwe durch die schwärzlichen Beine, die weißere Flügelunterseite (einschließlich der meisten der äußeren Handschwingen), den dunkleren Schnabel und das stärker kontrastierende Muster auf der Flügeloberseite ab. Bei der Sturmmöwe im ersten Zyklus zeigen die großen Armdecken eine mattgraue oder bräunliche Färbung, die mit dem Rest der Flügeldecken kaum kontrastiert, die inneren Handschwingen wirken ebenfalls eher matt. Wenn die Flügeloberseite voll ausgebreitet ist, kommen die weißen Innenfahnen der äußeren Handschwingen zum Vorschein, wodurch die Unterseite der Hand weiß erscheint. Im Sitzen unterscheidet sich die Schwarzkopfmöwe von der Lachmöwe durch die dunkleren

Beine, den dunklen gedrungenen Schnabel, die durchgehend dunklen mittleren Armdecken und das andersartige Kopfmuster, bei dem der isolierte, dunkle Ohrdeckenfleck fehlt. Des Weiteren kann das Jugendkleid von dem der Sturmmöwe durch die markanteren weißen Ränder an den Schulterfedern und Flügeldecken abgegrenzt werden, die an den Seiten gekerbt sein können und ein Schuppenmuster erzeugen. Die braunen Zentren auf den kleinen und mittleren Armdecken haben eine eher rechteckige Form und deuten häufig ein dunkles Ankermuster an. Das Muster auf den Flügeldecken der juvenilen Sturmmöwe ist einfacher und besteht aus einfarbigen, dreieckigen Zentren ohne Kerben an den Federkanten. Der Kopf der juvenilen Schwarzkopfmöwe wirkt gleichmäßig weißlich und kontrastiert mit dem schwärzlichen Schnabel. Sturmmöwen zeigen auf Scheitel, Ohrdecken und Nacken eine Strichelung sowie eine blassrosafarbene Schnabelbasis.

Das Jugendkleid wird (im Verlauf des August) schnell abgeworfen und durch das erste Winterkleid mit einheitlichen hellgrauen statt wellenförmigen braunen Schulterfedern ersetzt. Die grauen Schulterfedern sind ungefähr so hell wie die großen Armdecken – ein weiterer Unterschied zur Sturmmöwe, bei der die postjuvenilen Schulterfedern deutlich dunkelgrauer als die großen Armdecken sind. Ein ebenfalls nützliches Bestimmungsmerkmal ist das Kopfmuster – jetzt mit dunkler Augenmaske. Die dunklen Schirmfedern sind durch schmalere weiße Spitzen gekennzeichnet als bei den meisten Sturmmöwen im ersten Zyklus. Zunächst noch hilfreich ist das Muster der kleineren Flügeldecken, mit fortschreitendem Winter ist es jedoch aufgrund der Abnutzung kein zuverlässiges Kriterium mehr. Dennoch sind diese Armdecken dunkler als bei der Sturmmöwe und kontrastieren stärker mit den hellgrauen großen Armdecken und Schulterfedern.

Im Frühjahr führen Abnutzung und eine weitere Teilmauser zu einem ersten Sommerkleid, bei dem die dunkelbraunen Flügeldecken zu weißlichen verblassen und sich der Kopf noch dunkler verfärben kann, was bei einigen Vögeln sogar zur Ausbildung einer schwarzen Kapuze führt. Alle anderen Unterschiede zur Sturmmöwe bleiben aber weiterhin bestehen.

ÄHNLICHE ARTEN, 1. ZYKLUS

► Schlichtkleid

schwarz-weißes Muster auf der Flügelspitze

Zweiter Zyklus

Das Gefieder ähnelt dem Alterskleid, weist aber einen variablen Schwarzanteil an den äußeren Handschwingen auf. Sogar bei Vögeln mit maximaler schwarzer Färbung (d. h. auf sechs Handschwingen) ist das Muster durch wechselnde schwarze Außenfahnen und lange weiße Innenfahnen charakteristisch. Im Sitzen könnte die Schwarzkopfmöwe im zweiten Zyklus bei flüchtigem Hinsehen mit der adulten Lachmöwe verwechselt werden, sie hat aber immer deutlich größere weiße Handschwingenspitzen. Darüber hinaus ist die Unterseite der Flügelspitze weiß, während die der Lachmöwe schwarz mit einem langen weißen Keil ist. Das Kopfmuster unterscheidet sich wie bei den adulten Möwen. Auch die andersartige Gestalt – mit einem kräftigeren Schnabel und einem flacheren Scheitel – ist zu beachten.

Prachtkleid

komplett weiße Unterseite der Flügelspitze

◄ Schlichtkleid

deutliche weiße Handschwingenspitzen

◗ VERBREITUNGSGEBIET

Brütet in Kolonien an verstreuten Orten in W-, Z- und S-Europa sowie weiter östlich am Schwarzen Meer (besonders auf der Krim), in der russischen Republik Kalmückien und in der Region Stawropol zwischen dem Schwarzen und dem Kaspischen Meer. Überwintert an den südlichen Küsten des Schwarzen Meeres (im Osten bis an die Küste Georgiens), in der gesamten Mittelmeerregion und entlang der Atlantikküste von Frankreich, der Iberischen Halbinsel und von NW-Afrika südwärts bis zur Westsahara. Eine kleine Zahl überwintert in der Nordseeregion, im Vereinigten Königreich und in Irland. Irrgäste wurden in Island (3), Norwegen, Finnland (58), Estland (30), Lettland (20), Litauen, auf den Azoren (41), in Senegal, Gambia, Kenia, Jordanien, Irak, Kuweit (7) und Kasachstan gesichtet.

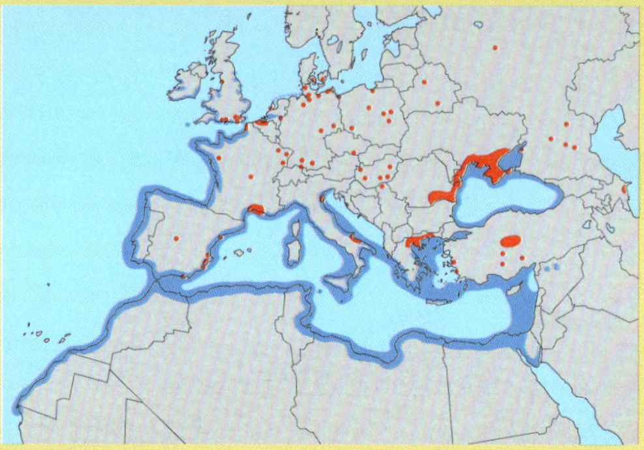

Kleinmöwenhybriden

Durch gemischte Kolonien und viel mehr noch durch das Vorkommen isolierter Individuen einer Art in Kolonien einer anderen Art am Rand von deren Brutgebiet oder bei der Kolonisierung neuer Gebiete kann es zu einer Kreuzung und zu hybridem Nachwuchs kommen. In diesem Abschnitt zeigen wir einige Beispiele von Kleinmöwenhybriden oder Hybriden zwischen kleinen und mittelgroßen Möwen. Es handelt sich um keinen vollständigen Überblick, sondern um die Darstellung einiger gut dokumentierter Fälle der häufigsten Hybridkombinationen. Kleider des ersten Zyklus sind schwerer zu bestimmen als Alterskleider. Hybriden zeigen in der Regel Gestalt- und Gefiedermerkmale beider Elternarten; sie können ein Aussehen zwischen den beiden Arten annehmen oder der einen oder der anderen Art stärker ähneln. Bis zu einem gewissen Grad hängt das davon ab, ob sie der 1. Generation (direktes Ergebnis der Kreuzung zweier verschiedener Arten) oder einer nachfolgenden Generation (Nachwuchs einer reinen Art und eines Hybriden) angehören.

LACHMÖWE × STURMMÖWE
CHROICOCEPHALUS RIDIBUNDUS × LARUS CANUS

◂ Dieser Vogel liegt im Aussehen zwischen beiden Elternarten: intermediäres Flügelmuster (Hand mit weißem Vorderrand, aber auch mit schwarzen inneren Abzeichen), dunkelgrauerer Mantel als bei Lachmöwe, deutlicher weißer Halbmond auf den Schirmfedern und Kopfmuster wie bei Lachmöwe.

LACHMÖWE × SCHWARZKOPFMÖWE
CHROICOCEPHALUS RIDIBUNDUS × ICHTHYAETUS MELANOCEPHALUS

◂ Massiger als Lachmöwe, mit sehr hellem Mantel und weißen Handschwingen mit etwas Schwarz auf einigen Schwingen. Die äußersten beiden Handschwingen sind weißer als die anderen. Je nach Individuum und Alter variiert das Flügelmuster, in der Regel fehlt aber das schwärzliche Feld auf der Unterseite der Hand.

▴ Lachmöwe

◂ Ein Hybride der 2. Generation, der ein mehr der Lachmöwe ähnelndes Flügelmuster zeigt, wobei sich die schwarze Färbung auf die Spitzen der äußeren Handschwingen begrenzt.

Den wenigen bisher aufgezeichneten Hybriden im 1. Zyklus (nicht dargestellt) fehlt überraschenderweise der weiße Vorderrand der Hand, der bei adulten Hybriden immer vorhanden zu sein scheint. Diese Vögel sehen im Wesentlichen der Schwarzkopfmöwe im 1. Zyklus sehr ähnlich, weisen aber einen dünneren und spitzeren Schnabel (wie bei Lachmöwe) und weniger deutliche dunkle Zentren auf den Flügeldecken auf. Außerdem gibt es an der Basis der äußeren Handschwingen, der Handdecken oder der Alula eine Spur Weiß, die mit dem Grauton der Flügeloberseite kontrastiert.

Reliktmöwe
Ichthyaetus relictus

◗ GESTALT

Diese Art ist etwa so groß wie die Ringschnabelmöwe und damit deutlich größer als die Lach- und die Schwarzkopfmöwe. Ihr Schnabel weist ein starkes Gonyseck auf, wodurch der Eindruck einer leicht geschwollenen Schnabelspitze entstehen kann.
In allen Altersklassen zeigt sie einen dunklen Schnabel und dunkle Beine (dunkelgrau bis dunkelrot), am Außenflügel fehlt der weiße Vorderrand wie bei den Lach- und Braunkopfmöwen. Im Prachtkleid weist sie breite weiße Augenlider auf, die noch markanter als bei der Schwarzkopfmöwe sind.

Adult

Die größte Ähnlichkeit besteht vielleicht mit der Schwarzkopfmöwe im zweiten Zyklus, wobei die unbefiederten Körperteile dunkler sind und das Handschwingenmuster in der Regel anders ist. Die meisten Vögel tragen auf sechs Handschwingen schwarze Abzeichen, während viele Schwarzkopfmöwen im zweiten Zyklus auf nur fünf Handschwingen ein schwarzes Muster haben. Darüber hinaus ist bei den meisten adulten Reliktmöwen auf H10 oder H9 (oder auf beiden) ein komplettes schwarzes Mittelband erkennbar, was bei der Schwarzkopfmöwe ungewöhnlich ist. Vögel mit weniger Färbung auf der Flügelspitze überschneiden sich in ihren Merkmalen mit der Schwarzkopfmöwe, obwohl bei manchen zumindest die Andeutung eines Mittelbandes zu sehen ist. Auch Körpergröße und Schnabelform sind zu beachten. Im Schlichtkleid ist auf dem Kopf hinter dem Auge nur ein dunkles Muster angedeutet, das sich auf dem Nacken oft verdichtet.
Aus der Ferne kann eine sitzende adulte Braunkopfmöwe einer Reliktmöwe ähneln. Bei genauerem Hinschauen lassen sich jedoch ein dünnerer Schnabel, eine helle Iris, rote Beine und ein roter Schnabel erkennen. Im Gegensatz zur Reliktmöwe zeigen adulte Braunkopfmöwen kaum Weiß auf den Schirmfedern. Im Flug wird auf den äußeren Handschwingen ein viel deutlicheres schwarzes Muster sowie ein großes weißes Flügelfeld am Vorderrand der Hand sichtbar. Die Flügelunter-

ÄHNLICHE ARTEN

seite wirkt dunkler. Im Schlichtkleid zeigen Braunkopfmöwen einen prägnanteren dunklen Fleck hinter dem Auge, während im Prachtkleid die weißen Augenlider nicht so groß wie bei der Reliktmöwe sind.
Die Unterschiede zur Lachmöwe sind sogar noch ausgeprägter, da diese einen noch ausgedehnteren weißen Vorderrand am Außenflügel als die Braunkopfmöwe und ein charakteristisches schwärzliches Feld auf der Unterseite der Hand aufweist.
Adulte Vögel haben auf den äußersten Handschwingen keine weißen Spiegel. In Ruhestellung zeigen sie deutlich weniger Weiß auf den Schirmfedern als die Reliktmöwe, kleinere weiße Handschwingenspitzen, hellere unbefiederte Körperteile, einen deutlicheren dunklen Ohrdeckenfleck im Schlichtkleid und nur schmale weiße Augenlider im Prachtkleid. Größe und Schnabelform sollten ebenfalls beachtet werden.

Erster Zyklus

In diesem Alter gibt es nur eine scheinbare Ähnlichkeit zwischen Relikt- und Schwarzkopfmöwen. Juvenile Vögel besitzen ein einzigartiges Gefieder, das aufgrund der nur kleinen dunklen Zentren auf den Schulterfedern eher gefleckt als geschuppt aussieht. Nach der postjuvenilen Mauser unterscheiden sie sich von Schwarzkopfmöwen durch den weißeren Kopf, einen charakteristischen Ring aus braunen Punkten und wellenförmigen Strichen im Nackenbereich, hellere Flügeldecken, breitere weiße Ränder an den Schirmfedern und einen weißen Spiegel auf der äußersten Handschwinge. Im Flug sieht man charakteristische isolierte schwarze Tupfen auf den Armschwingen und inneren Handschwingen, die äußeren Handschwingen sind insgesamt dunkler als bei der Schwarzkopfmöwe.

In N-Amerika wurde eine Ringschnabelmöwe mit ungewöhnlich dunklen unbefiederten Körperteilen im 1. Zyklus mit einer Reliktmöwe verwechselt. Die Ringschnabelmöwe zeigt allerdings nicht die Kombination aus weißem Kopf und dunklem Halsring.

ÄHNLICHE ARTEN

Dieser kann stark gefleckt sein, in diesem Fall wäre aber der Kopf ebenfalls dunkel gefleckt. Zudem fehlen der Ringschnabelmöwe die weißen Ränder an den Schirmfedern und meist auch der weiße Spiegel auf der Unterseite der Flügelspitze. Im Flug sollte die Bestimmung aufgrund des typischen Musters der Flügelunterseite (weißes Flügelmittenfeld im Kontrast zu dunklen Armschwingen und braunen kleinen Armdecken), der durchgehend dunklen Armschwingen, des ausgedehnteren dunklen Musters auf den inneren Handschwingen und der breiteren dunklen Schwanzbinde einfach sein.

Die Sibirische Sturmmöwe *(heinei)* im ersten Zyklus könnte aufgrund ihres weißen Kopfes und des gestrichelten oder getüpfelten Halsrings für Verwirrung sorgen. Diese Art kann von der Reliktmöwe aber durch die dunkelgrauere Oberseite, die dunkleren Flügeldecken, die hellen Beine und die helle Schnabelbasis abgegrenzt werden. Im Flug sind die Armschwingen weitgehend dunkel, die inneren Handschwingen weisen dunkle Striche auf, den äußersten Handschwingen fehlt eine helle Zunge und die dunkle Schwanzbinde wirkt breiter.

Zweiter Zyklus

In diesem Alter entsprechen die Bestimmungsmerkmale weitgehend denen für adulte Vögel. Vögel im zweiten Zyklus weisen ein ausgedehnteres schwarzes Muster auf ihren Flügelspitzen auf als adulte, wodurch sie von Schwarzkopfmöwen im zweiten Zyklus leichter unterschieden werden können.

Auf H9 und H10 zeigen sie ein breites schwarzes Mittelband sowie weiße Spiegel, die durch einen schwarzen Rand an diesen Federn geteilt sind. Im Schlichtkleid ähnelt der Kopf eher dem Erscheinungsbild im ersten Zyklus, er ist weniger dunkel als bei adulten Vögeln, und dunkle Striche oder Tupfen scheinen sich auf dem Hinterhals zu verdichten – ein weiterer Unterschied zur Schwarzkopfmöwe.

VERBREITUNGSGEBIET

Brütet vorwiegend in der Mongolei und in N-China, eine kleine Zahl in O-Kasachstan und im russischen Fernen Osten. Ihr Verbreitungsgebiet außerhalb der Brutzeit ist wenig erforscht. Es wird aber angenommen, dass mindestens 90 % der Population entlang der Küsten des Gelben Meeres auf sehr wenige Orte konzentriert überwintern.

Die Brutgebiete dieser etwas mysteriösen Möwe waren bis 1968 unbekannt. Erst 1970 wurde sie als eigene Art anerkannt. Sie ist eine der am stärksten gefährdeten Möwen der Welt.

Irrgäste wurden in Hongkong, Japan, Kirgistan und Vietnam gesichtet. Eine Meldung gab es in der Westpaläarktis im Mai 2000, als ein Schwarm von 14 Möwen in der Oblast Saratow, Russland, an der Grenze zu Kasachstan beobachtet wurde.

Weißaugenmöwe
Ichthyaetus leucophtalmus

GESTALT

Mittelgroße Möwe, fast so groß wie die Sturmmöwe, aber mit einem außergewöhnlich langen, dünnen Schnabel (scheint länger als der Kopf) und einem langgestreckten Körper. Im Flug zeigt sie lange, schmale Flügel und eine schnelle Flugweise mit kräftigen Flügelschlägen. In allen Altersklassen besitzt die Weißaugenmöwe ein sehr dunkles Gefieder mit schwärzlichen Flügelunterseiten, wie es sonst bei keiner anderen Möwenart der Westpaläarktis, außer der Hemprichmöwe, zu sehen ist. Im Gegensatz zu dieser zeigt die Weißaugenmöwe markante weiße Augenlider sowohl oberhalb als auch unterhalb des Auges. Aus großer Entfernung können die langen, dunklen Flügel und die wendige Flugweise sogar auf eine der kleineren Raubmöwen schließen lassen. Doch in allen Kleidern zeigt die Weißaugenmöwe reinweiße Schwanzdecken, einen viel längeren Schnabel und keinen hellen Fleck auf der Unterseite der Hand.

Adult

Die adulte Weißaugenmöwe kann nur mit der Hemprichmöwe verwechselt werden, hat aber einen deutlich dünneren dunkelroten Schnabel (heller und grünlich bei Hemprichmöwe), breite weiße Halbmonde nicht nur oberhalb, sondern auch unterhalb des Auges und eine eher dunkelgraue als gräulich braune Oberseite und Brust. Im Prachtkleid ist der Kopf tiefschwarz, während er bei der Hemprichmöwe schwärzlich braun ist. Wie bei dieser reicht die dunkle Kapuze bis auf die Brust hinunter, und auf der Seite des Halses befindet sich ein großer weißer Fleck. Anders als bei der Hemprichmöwe zeigt die Kehle im Schlichtkleid eine leichte Fleckung oder Strichelung.

einheitliche dunkle Flügelunterseite
◂ Schlichtkleid
gestrichelte Kehle
schwärzliche Armschwingen und weißer Hinterrand
völlig dunkle äußere Handschwingen

Erster Zyklus

Das Jugendkleid wirkt dunkler als das der Hemprichmöwe, da die Ränder der Flügeldecken, Schirmfedern und Schulterfedern schmaler und eher hellbraun als weißlich sind. Der Schnabel ist ganz dunkel, während er bei der Hemprichmöwe immer zweifarbig ist (hellgräulich mit schwarzer Spitze). Und anders als deren einheitlich dunkelbraune Kehle ist diese bei der Weißaugenmöwe dunkel gestrichelt.

Nach der postjuvenilen Mauser werden die Schulterfedern und eine variable Anzahl von Flügeldecken dunkelgrau, weniger bräunlich als bei der Hemprichmöwe im ersten Winter. Melanistische Individuen oder solche mit rußbedecktem/verrußtem oder verschmutztem Gefieder anderer Arten zeigen im ersten Zyklus vielleicht eine gewisse Ähnlichkeit mit der Weißaugenmöwe, können aber aufgrund ihres kürzeren Schnabels eindeutig ausgeschlossen werden. Ebenfalls zu beachten sind die breiten weißen Augenlider der Weißaugenmöwe, die gelben Beine, die gestrichelte Kehle und die breiten weißen Spitzen an den schwärzlichen Armschwingen.

ÄHNLICHE ARTEN

einheitliche dunkle Flügeloberseite
dunkler Schwanz und weißer Bürzel
dunkle Flügelunterseite
deutliche weiße «Augenlider»
dunkle, bräunlich graue Oberseite
einfarbige dunkelbraune Brust
gelb
sehr langer Schnabel
dunkles Gefieder mit hellen Rändern
► Jugendkleid

Zweiter Zyklus

Das Gefieder ähnelt im Grunde dem adulter Vögel, weist aber bei den meisten Vögeln einen unterschiedlichen Schwarzanteil auf dem Schwanz auf. Aus diesem Grund gelten die gleichen Bestimmungsmerkmale wie für adulte Vögel. Erwähnenswert ist auch, dass der Kopf sowohl in den Pracht- als auch Schlichtkleidern deutlich dunkler als Brust und Oberseite ist, während er bei der Hemprichmöwe im zweiten Zyklus hellbrauner ist und mehr oder weniger die gleiche Farbe wie die Brust aufweist.

ÄHNLICHE ARTEN

◗ VERBREITUNGSGEBIET

Das Brutgebiet der Weißaugenmöwe beschränkt sich auf kleine Inseln im Roten Meer und im Golf von Aden. Die Art lebt das ganze Jahr vorwiegend an einem Ort. Außerhalb der Brutzeit ist sie auch entlang der Küsten von Jemen und Somalia und im Norden am Golf von Sues und Golf von Akaba zu sehen und ein regelmäßiger Gast in Israel. Irrgäste erreichten Oman, die Vereinigten Arabischen Emirate, Kenia, Mosambik, Südafrika, Iran, Türkei, Griechenland und die Malediven. Auch in Ostindien (Juli 2016), Zypern (Juni 2017) und Kuweit (Juni 2018) wurde die Weißaugenmöwe gemeldet.

▲ Schlichtkleid

Hemprichmöwe
Ichthyaetus hemprichii

GESTALT
Die Hemprichmöwe ist etwas größer als die Weißaugenmöwe, ungefähr so groß wie die Sturmmöwe. Wie bei der Weißaugenmöwe ist der Schnabel außergewöhnlich lang, aber deutlich kräftiger, mit parallelen Kanten. Allein durch die Form des Schnabels ist die Bestimmung einfach. Weitere Anhaltspunkte sind der massigere Körper mit gewölbter Brust, der dickere Hals und die eckige Kopfform.
Die Kleider können nur mit denjenigen der Weißaugenmöwe verwechselt werden (Hauptunterschiede siehe dort).

Adult

Hat im Prachtkleid eine eher schwärzlich braune als tiefschwarze Kapuze, die mit der braunen Oberseite nur wenig kontrastiert. Der Kopf wird heller, im Schlichtkleid hellbraun und wirkt dann nicht dunkler als die braungraue Brust (für weitere Unterschiede siehe Weißaugenmöwe).

Erster Zyklus

Für Hauptunterschiede siehe Weißaugenmöwe.
Im Flug zeigen viele Vögel auf der sonst sehr dunkelbraunen Flügelunterseite eine angedeutete helle Diagonalbinde. Diese kann auch bei älteren Vögeln vorhanden sein und scheint bei der Weißaugenmöwe seltener vorzukommen.

Zweiter Zyklus

Ähnelt weitgehend dem Alterskleid. Bei vielen Vögeln finden sich aber variable schwarze Abzeichen auf dem Schwanz. Die Bestimmung kann nach den gleichen Merkmalen wie bei adulten Vögeln erfolgen (für Einzelheiten siehe Weißaugenmöwe).

▶ VERBREITUNGSGEBIET

Die Hemprichmöwe hat ein größeres Brutgebiet als die Weißaugenmöwe, nistet weiter südlich entlang der ostafrikanischen Küste bis Sansibar (Tansania) und weiter östlich bis zum Persischen Golf und SO-Pakistan. Am Roten Meer brütet sie vorwiegend entlang der südlichen Küsten und im Norden bis zum Eingang des Golfs von Sues (Ashrafi-Inseln). Nach der Brutzeit verteilt sie sich entlang der Küsten des Indischen Ozeans und an den ostafrikanischen Küsten. Obwohl die Art am Golf von Akaba überwintert, ist sie in Israel nur ein Irrgast. Irrgäste erreichten auch Bahrain, Indien, Jordanien, den Libanon, die Malediven und Sri Lanka.

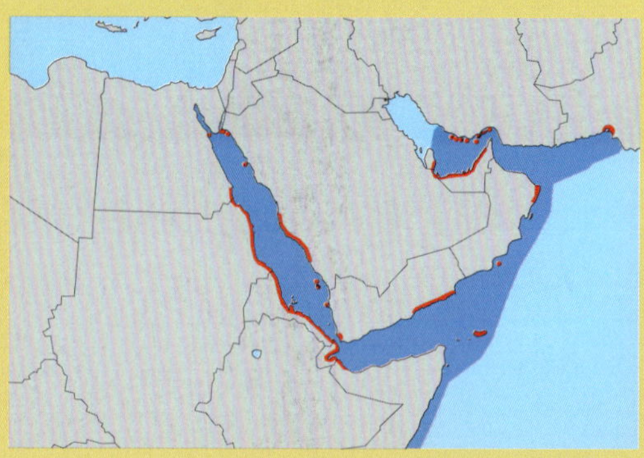

▸ zu Beginn des 3. Zyklus in aktiver Mauser

gleichmäßig dunkle Flügeloberseite mit weißem Hinterrand

Kopf und Brust einfarbig braun

dreifarbiger Schnabel

weiße Augenklammer besonders über dem Auge

Sturmmöwe
Larus canus canus

GESTALT

In Europa stellt die Sturmmöwe die Referenzart der Gruppe der «mittelgroßen Möwen» dar. Sie ist elegant und agil, hat einen taubenartigen runden Kopf und einen dünnen Schnabel, was ihr einen freundlichen Gesichtsausdruck verleiht – anders als die grimmig wirkenden Großmöwen. Beim Fliegen ist sie sehr wendig und kann gleich schnelle Lachmöwen in der Luft auf Beutejagd verfolgen, um sich von deren Beute zu ernähren.
Die Sturmmöwe hat eine zarte und schlanke Statur mit einem langen Hinterteil. Es scheint, als seien ihre Beine «zu weit vorne» platziert. Ihr Körper ist weniger stämmig und viel leichter (etwa um die Hälfte oder ein Drittel) als der der Silbermöwe. Aus der Ferne kann die Sturmmöwe hinsichtlich Gestalt und Flügelspitzenmuster der Steppenmöwe ähneln, ist aber durch ihre viel geringere Größe leicht abzugrenzen, sofern ein Vergleich möglich ist.
Die Unterart *canus* ähnelt stark den anderen Arten der Sturmmöwe (für Details siehe die Kapitel zu *heinei* und *kamtschatschensis*).

Adult

Adulte Vögel haben eine mittelgraue Oberseite mit einem Blaustich wie die Mittelmeermöwe, sind aber dunkler als Silbermöwen der Unterart *argenteus*. Auf den äußeren Handschwingen zeigen sie eine ausgedehnte schwarze Färbung, allerdings mit breitem weißem Muster: Auf H9 und H10 befinden sich große weiße Spiegel, das schwarze Band auf H5 ist oft reduziert und ein «Extra-Spiegel» auf H8 nicht ungewöhnlich. Bei keiner Großmöwenart ist so viel Schwarz mit großflächigem Weiß an den Flügelspitzen zu sehen. Die Schirmfedern zeigen breite weiße Spitzen, die Armschwingen einen breiteren weißen Hinterrand als bei europäischen Großmöwen.
Die im Winter vorhandene Kopfstrichelung verdichtet sich auf dem Nacken und ist eher fein, ohne ausgeprägte Flecke. Der grünlich gelbe Schnabel weist in dieser Zeit eine dunkle Zickzacklinie auf.
Im Prachtkleid haben Vögel reingelbe Schnäbel (ohne dunkle Abzeichen), auf denen der rote Gonysfleck der größeren Arten fehlt. Über die Jahreszeiten hinweg bleibt die Iris in allen Altersklassen dunkel. Die Beine sind im Vergleich zu den fleischfarbenen Beinen der Silbermöwe grünlich grau oder gelblich.

ÄHNLICHE ARTEN

ÄHNLICHE ARTEN

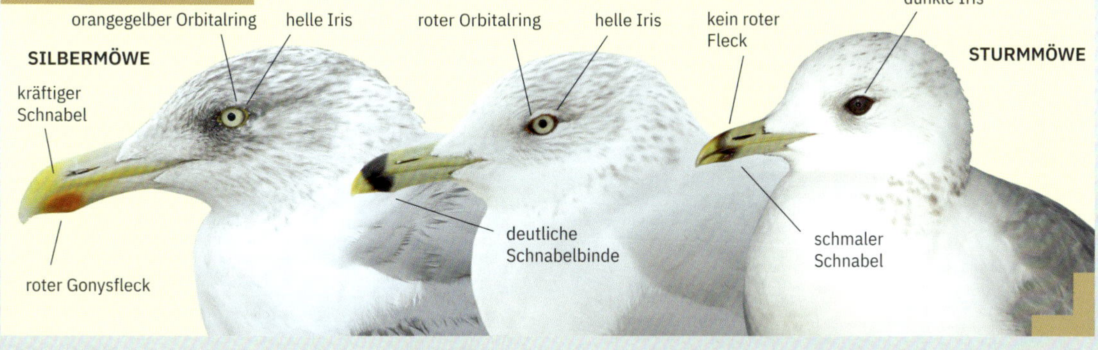

Erster Zyklus

Aufgrund ihrer kleineren Größe und eleganten Gestalt können Sturmmöwen im ersten Zyklus von größeren Arten abgrenzt werden. Auch das einfache Muster auf den juvenilen Armdecken und Schirmfedern unterscheidet sich. Anders als das gekerbte oder gebänderte Muster der größeren Möwenarten besteht es aus einem dunklen dreieckigen Zentrum mit geraden hellen Rändern. Ein weiterer Anhaltspunkt ist die schwärzliche Schwanzbinde, die sich von der weißen, spärlich gepunkteten Schwanzbasis deutlich abhebt - selbst aus der Ferne. Oberschwanzdecken und Schwanzbasis sind bei den größeren Arten viel stärker gezeichnet.

Oberflächlich betrachtet sieht die Schwarzkopfmöwe im ersten Zyklus ähnlich aus, sie hat aber auf den großen Armdecken ein silbergraues Feld (bei Sturmmöwe braun oder mattgrau) sowie weitgehend helle Innenfahnen an den äußeren Handschwingen. Zudem weist sie auf der Flügelunterseite ungezeichnete weiße Decken auf (bei Sturmmöwe häufig mit dunkelbraunen wellenförmigen Federspitzen, wodurch schmale Linien auf weißem Grund entstehen).

Die postjuvenile Mauser beschränkt sich in der Regel auf den Mantel und die Schulterfedern. Die neuen Federn sind eher einfarbig grau, manchmal mit einem dunkleren keilförmigen Zentrum (diesen Federn fehlen die markanten Ankermuster der Großmöwenarten). Im Winter kommt durch die grauen Schulterfedern die mittelgraue Färbung des Alterskleides zum Vorschein, wobei die grauen Schulterfedern einen «grauen Sattel» bilden, der mit den brauen Flügeldecken kontrastiert. Vögel aus den nördlichen Populationen durchlaufen nur begrenzt eine Mauser und können über den Winter hinweg das Jugendkleid behalten - ihnen fehlt demnach der «graue Sattel».

ÄHNLICHE ARTEN

◂ Im Frühling können ausgeblichene Federn und ein insgesamt helleres Gefieder an seltenere Arten erinnern.

▴ bei juvenilen Vögeln im Spätsommer braun gemusterte Unterseite

Zweiter Zyklus

In Ruhestellung sehen Vögel im zweiten Zyklus fast wie adulte Vögel aus, zeigen aber immature Reste sowie kleinere Spiegel auf den äußersten Handschwingen (zur Abgrenzung von ähnlichen Arten siehe «Adult»).
Da die weißen Handschwingenspitzen eher klein ausfallen (manchmal sogar fehlen), können einige Vögel mit der Dreizehen- oder der Ringschnabelmöwe verwechselt werden. Ringschnabelmöwen im zweiten Zyklus tragen normalerweise großflächigere immature Abzeichen, einschließlich dunkler Abzeichen auf dem Schwanz oder auf den Armschwingen. Die Sturmmöwen-Unterart *canus* kann auf den Schirmfedern oder auch auf dem Schwanz (bei einer geringen Zahl von Vögeln) einige Tupfen aufweisen, während sich auf den Armschwingen nur selten dunkle Zentren finden. Für weitere Einzelheiten siehe Ringschnabelmöwe.
Die Dreizehenmöwe mit ihren kleinen schwarzen Flügelspitzen ähnelt der Sturmmöwe nur oberflächlich. Ihre inneren Handschwingen sind viel heller als die graue Oberseite (gleichmäßig grau bei der Sturmmöwe), ihr Kopf ist im Winter weiß mit grauem Hinterhals und die Beine sind offensichtlich kürzer und schwärzlich gefärbt. Außerdem hat die Dreizehenmöwe eine andere Statur.

◗ VERBREITUNGSGEBIET

Das Verbreitungsgebiet von Sturmmöwen reicht vom atlantischen Europa (Unterart *canus*) ostwärts über das nördliche Innerasien (Unterart *heinei*) bis zum Pazifik (Unterart *kamtschatschensis*). Die Brutpopulation von *canus* ist in Gebieten mit milden Wintern, wie Westeuropa, ansässig. In Russland (östlich bis Moskau) und Nordeuropa brütende Populationen sind Zugvögel und gesellen sich im Winter zu den westeuropäischen Vögeln.
Irrgäste wurden in Gambia, Grönland, Libyen, auf Malta, in Mauretanien und Senegal gesichtet. Regelmäßiger Gast in Neufundland (Kanada).

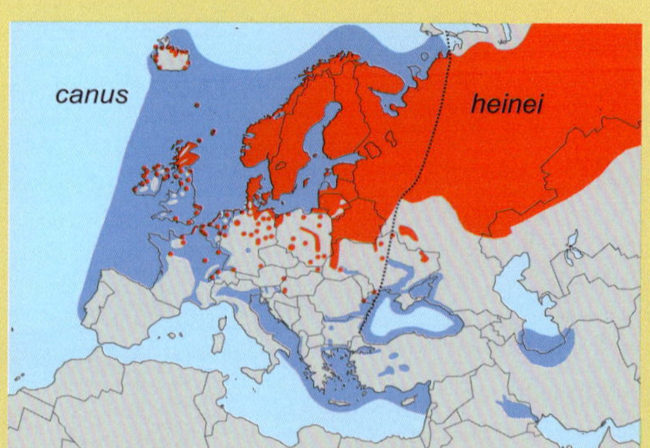

▲ Typ 3. Zyklus, insgesamt wie Altvogel

ÄHNLICHE ARTEN

Sibirische Sturmmöwe
Larus canus heinei

GESTALT

Viele *heinei* (aber längst nicht alle) fallen sowohl in Ruhestellung als auch im Flug durch ihre auffallend langen, schlanken Flügel auf, die eine sehr spitze Hand aufweisen können. Der Scheitel kann sehr flach wirken und die Stirn stärker abfallend als bei *canus*. Zu beachten ist, dass es bei *canus* eine klinale Variation gibt, bei der Vögel in östlicher Richtung des Brutgebiets (baltische Staaten, Westrussland) größer werden und längere Flügel haben, der Grad an Überschneidung hinsichtlich der Größe zwischen den beiden Unterarten ist nicht vollständig bekannt.

Adult

Jüngste Feldstudien im Überwinterungsgebiet haben ergeben, dass viele *heinei* anders wirken als *canus*. Das gilt besonders für Vögel mit einem reinweißen Kopf, der sich stark von einer «Boa» aus dunklen, bleistiftartigen Stricheln oder sauber abgegrenzten, runden und häufig fuchsroten Tupfen auf dem unteren Hinterhals abhebt. Einige sind auch durch die kräftigere Gelbfärbung ihres Schnabels (sogar mit einem Hauch Orange) erkennbar. Darüber hinaus ist die Iris bei fast 20 % der adulten Vögel hellgelb und die Oberseite häufig etwas dunkelgrauer (bei einigen sogar so grau wie bei der Britischen Heringsmöwe *graellsii*). *Heinei* zeigen auf den Flügelspitzen durchschnittlich mehr Schwarz und weniger Weiß als *canus*, das präzise Muster kann eine korrekte Bestimmung erlauben. Aufgrund der erheblichen Überschneidung mit *canus* sind einzelne Merkmale nicht aussagekräftig, sondern nur in Kombination miteinander. Adulte Vögel, die unter eine der folgenden drei Kategorien kombinierter Merkmale fallen, gehören sehr wahrscheinlich der Unterart *heinei* an:

A. Keine weiße Zungenspitze auf H7, Kopf und Schnabel verweisen auf *heinei*.

B. Bei weißer Zungenspitze sollte sie die Form eines dünnen Halbmonds, wie der obere Rand eines Fingernagels, haben. Zusätzlich sollte mindestens eines der folgenden Merkmale vorhanden sein:

- Das Schwarz auf H8 reicht über die volle Breite der Außenfahne bis zu den Handdecken.
- Der schwarze Keil auf der Außenfahne von H6 bedeckt mehr als die Hälfte der Länge der Feder.

C. Einige Vögel mit weniger Schwarz auf H8 und H6 (aber mit etwas Weiß auf H7) sind immer noch bestimmbar, sofern sie die folgende Kombination von Merkmalen aufweisen:

- Der weiße Spiegel auf H9 ist kleiner als die schwarze Subterminalbinde oder höchstens gleich groß.
- H5 zeigt (über beide Fahnen hinweg) ein vollständig schwarzes Band.
- Die helle Zunge auf H8 ist kürzer als die Hälfte der Federlänge.

Zu beachten ist, dass adulte Vögel der Unterart *canus* eine klinale Variation in ihrem Flügelmuster aufweisen: Osteuropäische Vögel (z. B. aus Estland) zeigen etwas mehr Schwarz als westeuropäische. Bei der östlichen Variante von *canus* lässt sich häufig ein vollständig schwarzes Band auf H5 sowie ein schwarzer Fleck auf H4 beobachten.

keine weiße Zungenspitze auf H7
2 schwarze Flecke auf H4
weißer Kopf, der durch die deutliche Strichelung auf dem Hinterhals hervorgehoben wird
orange-gelber Schnabel
Basis der äußersten 3 Handschwingen schwarz
weißer Kopf (auch im Winter)
gelboranger Schnabel
weißer Spiegel auf H9 etwa gleich groß wie schwarze Spitze
langer schwarzer Keil auf H6
weißer Kopf, der durch die markante Fleckung auf dem Hinterhals hervorgehoben wird
weißer Kopf, der mit geflecktem Hinterhals kontrastiert
keine weiße Zungenspitze auf H7

ÄHNLICHE ARTEN

Erster Zyklus

Vogelbeobachter, die mit *canus* vertraut sind, können Vögel der Unterart *heinei* im ersten Zyklus eventuell aufgrund ihres ungezeichneten weißen Kopfes und der hellen Schnabelfarbe bestimmen. Wie bei den adulten Vögeln hebt sich der weiße Kopf von einer «Boa» aus feinen braunen Stricheln oder Tupfen auf dem Hinterhals ab. Die Unterseite kann auch reinweiß sein, und den Schirmfedern fehlen möglicherweise komplett die weißen Ränder. Einige Vögel haben durchgehend dunkelbraune große Armdecken, die mit der glänzenden weißen Unterseite kontrastieren, wohingegen *canus* mit so dunklen Flügeldecken in der Regel auch auf den Flanken oder dem Bauch dunkle Muster zeigen. Viele *canus* im ersten Zyklus haben braune Flecke auf den Oberschwanzdecken oder dem Bürzel, während diese Bereiche bei *heinei* normalerweise reinweiß sind.

Das wichtigste Merkmal ist wahrscheinlich das Muster auf der Flügelunterseite. Viele *heinei* haben eine ungezeichnete, glänzend weiße Flügelunterseite mit einem kontrastierenden dunklen Hinterrand, der durch die dunklen Arm- und Handschwingen entsteht. Vögel der Unterart *canus* im ersten Zyklus können auf der Flügelunterseite reinweiße Decken aufweisen, die Armschwingen und insbesondere die inneren Handschwin-

gen sind dann aber eher heller als bei *heinei*. Im Gegensatz dazu ist bei einigen *heinei* eine einheitlich braune Flügelunterseite zu beobachten, was bei einem Taxon mit einem so weißen Körper jedoch ungewöhnlich ist und bei *canus* niemals vorkommt. Andere Vögel haben ein alternatives Muster aus schmalen dunklen Strichen über die weiße Flügelunterseite hinweg mit einem breiten schwärzlichen Hinterrand. Das Muster zeigt häufig einen stärkeren Kontrast als bei *canus*, wobei dieser Unterschied aber sehr subtil und eine Bestimmung insofern wahrscheinlich nicht «sicher» ist. Die Achselfedern können bei *canus* (teilweise) gebändert sein – ein Muster, das bei *heinei* sehr selten vorkommt.

Da die meisten Bestimmungsmerkmale eher gradueller Natur als eindeutig beschreibbar sind, kann es schwierig sein, Vögel der Unterart *heinei* im ersten Zyklus außerhalb ihrer üblichen Verbreitungsgebiete zu identifizieren. Vögel mit komplett schokoladenbrauner Flügelunterseite können allerdings leicht von *canus* unterschieden werden. Individuen mit einer reinweißen Flügelunterseite mit vollständig dunklem Hinterrand einschließlich dunkler innerer Handschwingen sollten ebenfalls zu *heinei* gehören; gleichwohl sollte die Bestimmung durch möglichst viele weitere Merkmale unterstützt werden.

ÄHNLICHE ARTEN

Zweiter Zyklus

Die meisten Vögel dieser Alterskategorie haben die gleichen Merkmale wie adulte Vögel, obwohl sie sogar auf ihren Flügelspitzen noch mehr Schwarz und häufig eine dunkle Fleckung auf dem Kopf aufweisen. Einige Vögel zeigen ein «rückständiges» Gefieder mit dunkelbraunen Zentren auf vielen Flügeldecken, die dunkler und ausgedehnter als bei den meisten *canus* sind. Haben sie zudem einen reinweißen Kopf, sind sie eindeutig unterscheidbar. Schwarze Punkte oder Striche auf den Schwanzfedern oder besonders auf den Armschwingen können häufiger bei *heinei* im zweiten Zyklus als bei *canus* beobachtet werden. Der Außenflügel weist durchschnittlich mehr Schwarz und weniger Weiß als bei *canus* auf. Anders als bei *canus* fehlt auf H9 häufig ein weißer Spiegel und das Schwarz auf H4 ist großflächiger. Die folgenden zwei Kombinationen von Merkmalen beim Handschwingenmuster sind diagnostisch:

- Ein Vogel mit schwarzen Abzeichen sowohl auf den Außen- als auch den Innenfahnen von H4 (entweder in Form isolierter Tupfen oder als vollständiges schwarzes Band), fehlendem Spiegel auf H9 oder auf die Innenfahne begrenzt, ohne weiße Zungenspitze auf H7 und mit einer stumpfen Spitze am schwarzen Keil auf der Außenfahne von H7 kann als *heinei* bestimmt werden, wenn auch Kopfmuster und Schnabelfarbe auf dieses Taxon hindeuten.
- Erstreckt sich der weiße Spiegel auf H9 bis auf die Außenfahne, können Vögel im zweiten Zyklus immer noch als *heinei* bestimmt werden, wenn sie ein durchgehend schwarzes Band über beide Fahnen von H4 und keine weiße Zungenspitze auf H7 aufweisen und ihr Kopfmuster und die Schnabelfarbe ebenfalls auf dieses Taxon verweisen.

Einige haben deutliche schwarze Flecke auf den Armschwingen.

großflächige schwarze Färbung auf äußerer Hand

◗ VERBREITUNGSGEBIET

Diese Unterart der Sturmmöwe brütet in Russland von der Region Moskau bis hin zur Lena im Osten sowie im Norden von Kasachstan und in der Mongolei. Die genaue westliche Grenze des Verbreitungsgebietes ist nicht bekannt, da die Nominatform *canus* auch bei Moskau brütet und es wahrscheinlich eine Intergradationszone gibt.

Die Sibirische Sturmmöwe überwintert vorwiegend um das Schwarze Meer herum und an den südlichen Küsten des Kaspischen Meeres, offenbar jedoch nirgendwo in großer Zahl. Manchmal auch in der östlichen Mittelmeerregion (in Ägypten und Israel jedoch sehr selten) und an den Seen im Inland des Iraks, (sehr) selten am Persischen Golf. Östliche Populationen sollen im östlichen China überwintern, aber wohl nur in kleiner Zahl, hier scheint die Unterart *kamtschatschensis* dominant zu sein.

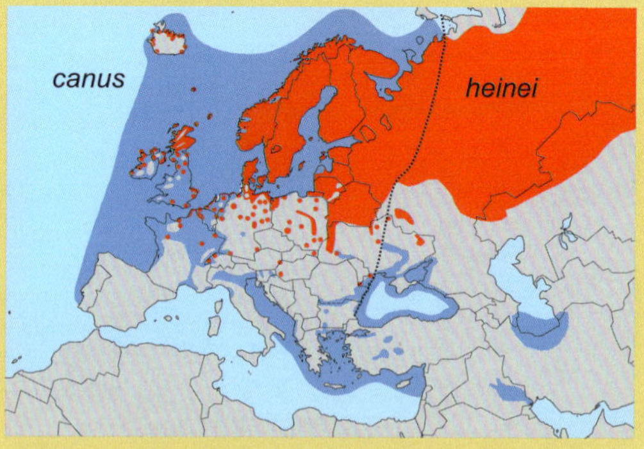

Ringdaten belegen, dass die Sibirische Sturmmöwe im Winter regelmäßig in Westeuropa auftaucht. Obwohl Feldmerkmale erst kürzlich bekannt wurden, gab es in dieser Region bereits zahlreiche Meldungen.

ÄHNLICHE ARTEN

Kamtschatka-Sturmmöwe
Larus (canus) kamtschatschensis

◗ GESTALT
Die meisten Kamtschatka-Sturmmöwen sind ziemlich groß, vergleichbar etwa mit der Größe der Ringschnabelmöwe *Larus delawarensis*. Der Körper kann oval und aufgebläht wirken, fast an einen Rugbyball erinnernd. Viele Vögel haben eine auffällig lange, abfallende Stirn und einen langen, kräftigen Schnabel, was in Kombination einen «schnauzigen» Eindruck entstehen lassen kann. Variationen in der Gestalt sollten aber nicht unterschätzt werden: Einige Vögel sind überraschend klein, schlank und dünnschnäblig.

Ein im Sturmmöwen-Komplex eher eindeutiges Taxon. Es bedarf weiterer Forschung, besonders an der DNA, um herauszufinden, ob es sich bei der Kamtschatka-Sturmmöwe um eine Unterart von *Larus canus* oder um eine eigenständige Art handelt. Ihr Gefieder ist jedoch sehr charakteristisch, und einige ihrer Rufe scheinen sich von denen der anderen Sturmmöwen-Taxa zu unterscheiden.

Adult

Viele adulte Kamtschatka-Sturmmöwen sind aufgrund der dunklen schiefergrauen Oberseite und dem kräftigen «bananengelben» Schnabel unverkennbar. Im Winter zeigen sie oft einen großflächigen, stark gefleckten braunen «Schal» auf dem Nacken, der bis zur Brust und bei einigen bis zu den Flanken reichen kann (bei *canus* selten). Die Strichelung auf dem Kopf ist manchmal ausgeprägter und ausgedehnter als bei *canus*. Auch Kinn und Kehle können stark gestrichelt sein (wieder sehr selten bei *canus*). In der Regel gibt es keine dunkle Schnabelbinde, aber auf dem Gonys kann sich ein kleiner dunkler oder sogar leicht orangefarbener Punkt befinden. Die Iris ist normalerweise hell.
Hilfreich bei der Bestimmung kann auch das Handschwingenmuster sein, obwohl es variabel und bei einigen Vögeln identisch mit dem von *canus* ist. Viele Vögel zeigen allerdings markante weiße Zungenspitzen («Perlen») auf H7–H8, wodurch der weiße Hinterrand der Armschwingen und inneren Handschwingen über die äußeren Handschwingen hinweg zu reichen scheint. Gleichzeitig weisen sie mehr Schwarz auf H4 und H5 auf und der weiße Spiegel auf H9 ist oft kleiner als bei *canus* (in etwa die Hälfte des Spiegels auf H10). Auch die Zungen auf den äußersten Handschwingen sind durchschnittlich etwas länger und breiter als bei *canus* und (besonders) *heinei*. Die Bestimmung von Irrgästen sollte durch Fotoaufnahmen des Handschwingenmusters unterstützt werden. Eine ausführliche Bestimmung findet sich bei Adriaens & Gibbins (2016).
Für eine Abgrenzung von der Alaska-Sturmmöwe siehe dort.

ÄHNLICHE ARTEN

Erster Zyklus

Im Vergleich zu *canus* wirkt das Gefieder der Kamtschatka-Sturmmöwe im ersten Zyklus insgesamt brauner, der reingraue «Sattel» fehlt. Der Körper ist häufig mit braunen Flecken übersät, die sich auf Kopf, Brust und Bauch fortsetzen, bis zwischen die Beine reichen und an die dunklen Striche der Unterschwanzdecken anschließen. Bei einigen dunklen Vögeln erstreckt sich die Kopfstrichelung deutlich bis zum Wangenbereich und Kinn. Weniger stark gezeichnete Vögel haben häufig einen Fleck aus Stricheln oder Streifen auf dem Bauch, den sogenannten Dunlin-Fleck, wodurch sie von *canus* unterschieden werden können. Im Winter besteht die Oberseite normalerweise aus einer Mischung aus dunkelgrauen, braunen (juvenilen) und teilweise weißen Schulterfedern. Die Flügeldecken haben helle sandfarbene oder weiße Ränder, wodurch oft der Eindruck eines weißen Flügelfelds auf den großen Armdecken entsteht. Der Schnabel zeigt ein kräftiges Rosa, was an Ringschnabelmöwen im ersten Zyklus erinnern kann. Im Flug werden häufig eine dunkle Schwanzbasis sowie eine ausgedehnte braune Fleckung auf den Oberschwanzdecken sichtbar. Die Flügelunterseite wirkt überwiegend braun, mit Ausnahme der hellen großen Armdecken. Viele Vögel zeigen auf den Achselfedern eine Bänderung oder Tüpfelung.
Einige *canus* haben einen sehr dunklen Schwanz sowie eine sehr dunkle Unterseite und Flügelunterseite. Ihre Flügeldecken sind allerdings mattbraun ohne markante weiße Ränder, überdies fehlen die breiten weißen Ränder an den Schulter-

ÄHNLICHE ARTEN

größtenteils braune
Flügelunterseite
brauner Bauch
einige weißliche
Schulterfedern
braun gebändert
Flügeldecken wie
mit Reif bedeckt
leuchtend rosa
einige überwiegend weiße
Schulterfedern dazwischen
Hals und Unterseite ziemlich
einheitlich braun
dunkle
Schwanzbasis
nur wenig graue Färbung
auf Oberseite
weißes Flügelfeld
«aufgebläht» wirkender Rumpf
weißliche Flügeldecken
braune Flecke bis auf den
braunen Bauch
braune Flecke bis auf den
braunen Bauch

federn. Auf dem Steiß finden sich gewöhnlich keine oder nur wenige braune Tupfen und das Muster auf Bauch und Nacken ist weniger dicht.

Heinei im ersten Zyklus unterscheiden sich von *kamtschatschensis* durch ihren normalerweise weißeren Kopf und Körper, die reinweiße Schwanzbasis, braunere Flügeldecken und das ausgedehntere Grau auf den vermauserten Schulterfedern. Die meisten Vögel haben auch eine hellere Flügelunterseite, die gebänderte Musterung auf den Achselfedern fehlt. Einige Vögel zeigen eine sehr braune Flügelunterseite, wobei die braune Färbung ausgedehnter und gleichmäßiger als bei der Kamtschatka-Sturmmöwe ist.

Für Unterschiede zur Alaska-Sturmmöwe siehe dort.

Zweiter Zyklus

Aufgrund ihrer Größe und Form sowie aufgrund des eher immaturen Gefieders sehen die meisten Vögel dieser Alterskategorie ganz anders als *canus* aus. Die Flügeldecken sind weitgehend verwaschen braun, die Federn haben oft markante weiße Ränder. Dadurch kann ein verschiedenfarbiges Erscheinungsbild entstehen, da der dunkelgraue «Sattel» dann mit einem weißlich wirkenden Flügel kontrastiert. Anders als bei *canus* sind fast immer schwärzliche Tupfen auf den Schirmfedern zu beobachten. Viele Vögel tragen auf dem Hinterhals einen typischen dunklen «Schal», der aus großen braunen Flecken besteht und so groß sein kann, dass er den Eindruck einer «Scharfrichterhaube» erweckt. Die Schnabelfarbe ist oft hell, bei einigen bereits leuchtend gelb oder sogar hellorange. Die Iris kann hell sein (bei ungefähr einem von fünf Vögeln).

Im Flug zeigen die meisten Kamtschatka-Sturmmöwen im zweiten Zyklus eine schwarze Musterung auf dem Schwanz und oft auch eine vollständig schwarze Schwanzbinde. Bei einigen kann eine geringfügige braune Bänderung auf den Oberschwanzdecken beobachtet werden, die bei *canus/heinei* fehlt. Die Decken der Flügelunterseite haben häufig markante braune Ränder – anders als bei *canus*. Ungefähr die Hälfte aller Kamtschatka-Sturmmöwen im zweiten Zyklus trägt schwärzliche Abzeichen auf den Armschwingen. Bei stärker gezeichneten Vögeln kann das Muster aus rechteckigen, gänzlich schwarzen Feldern («Klaviertasten») bestehen, die mit der hellen Grundfarbe kontrastieren, was ihnen ein markantes scheckiges Aussehen verleiht. Oft fehlt ein weißer Spiegel auf H9 oder ist sehr klein (d. h. auf die Innenfahne begrenzt) und über beide Fahnen von H4 hinweg verläuft häufig ein vollständiges schwarzes Band. Die hellen Zungen auf H7–H8 sind durchschnittlich länger und breiter als bei *canus* und besonders als bei *heinei*. Es ist zu beachten, dass das Handschwingenmuster nicht so weit entwickelt ist wie bei adulten Vögeln und sich deshalb sogar noch mehr mit dem von *canus* überschneiden kann.

Für Unterschiede zur Alaska-Sturmmöwe siehe dort.

VERBREITUNGSGEBIET

Sie brütet in Ostsibirien, genauer gesagt im südlichen Tschukotka, auf Kamtschatka, um das Ochotskische Meer herum und bis nach Jakutien hinein. Das Brutgebiet von *kamtschatschensis* kann sich weiter westlich als lange angenommen bis ins Landesinnere und sogar in den Westen Jakutiens erstrecken, wo eine Intergradation mit *heinei* möglich ist. Eine solche könnte auch um den Baikalsee herum stattfinden, wo einige Vögel gemischte Merkmale beider Taxa zu zeigen scheinen. Die Kamtschatka-Sturmmöwe überwintert vorwiegend in Japan, Korea und im östlichen China. Irrgäste wurden in N-Amerika außerhalb von Alaska gesichtet, mit zahlreichen Meldungen entlang der atlantischen Küste, im Osten bis nach Neuschottland und Neufundland. Seit 2014 gibt es offenbar jährliche Nachweise an der atlantischen Küste. Dokumentiert ist die Sichtung eines adulten Vogels in der Westpaläarktis im County Kerry, Irland, im März 2014, die zum Zeitpunkt des Verfassens dieses Buches allerdings noch von der irischen Seltenheitskommission überprüft wurde.

ÄHNLICHE ARTEN

KAMTSCHATSCHENSIS

CANUS
(rückständig)

Alaska-Sturmmöwe
Larus brachyrhynchus

◗ GESTALT

Die Alaska-Sturmmöwe ist ein wenig kleiner als *canus*, hat einen etwas kleineren, dünneren Schnabel und einen noch runderen Kopf mit steiler Stirn. Der Hals wirkt bisweilen lang. Etliche Vögel haben einen schlanken Körper mit flachem Rücken, keine Stufe zwischen Schirmfedern und Handschwingen und in Ruhestellung seltsam nach oben gewandte Flügelspitzen, wodurch eine leichte «Bananenform» entsteht, die bei Möwen ziemlich einzigartig ist. Die Art ist deutlich kleiner als die Kamtschatka-Sturmmöwe (die ungefähr so groß ist wie die Ringschnabelmöwe) und hat auch nicht deren ovale Körperform und abfallende Stirn. Auch der dünne Schnabel stellt ein wichtiges Unterscheidungsmerkmal dar.

Diese amerikanische Art wurde gemeinhin als Teil des Sturmmöwen-Komplexes angesehen. Sie zeigt aber in allen Altersklassen ein unverwechselbares Gefieder, zudem differieren Größe, Form und Balzrufe. Räumlich ist sie von den drei Sturmmöwen-Taxa durch das Beringmeer und den Pazifischen Ozean getrennt und ihre DNA unterscheidet sich ebenfalls von allen drei Sturmmöwen-Unterarten (siehe auch «Taxonomie», S. 6). Deshalb wird die Alaska-Sturmmöwe hier als eigenständige Art behandelt.

Adult

Im Winterkleid ist das Kopfmuster charakteristisch: eine ausgedehnte verwaschen braune Färbung auf dem Nacken, die anders als bei *kamtschatschensis* eher fein gezeichnet als grob gefleckt ist und sich oft bis auf die Flanken erstreckt. Die Kopfabzeichen wirken häufig ein wenig schmutzig, und viele Vögel haben braune Ohrdecken oder einen braunen Ohrdeckenfleck. Sitzende Vögel fallen möglicherweise aufgrund der großflächigen grauen Basis an den Flügelspitzen auf, die sich sogar bis jenseits der Schirmfedern ausdehnen kann. Die Schnabelfarbe ist in der Regel matt wie bei *canus*, in der Regel fehlt aber die dunkle Schnabelbinde. Einige Vögel haben eine komplette Binde, die aber eher gräulich ist und nur wenig mit dem Rest des Schnabels kontrastiert. Die Iris ist durchschnittlich etwas heller als bei *canus*.

Unverwechselbar ist das Handschwingenmuster. Verglichen mit den Sturmmöwen-Taxa zeigt eine adulte Alaska-Sturmmöwe auf den äußersten drei Handschwingen (H8–H10) tendenziell längere helle Zungen, auf H7–H8 größere und rundere weiße Zungenspitzen («Perlen») sowie kürzere schwarze Keile auf den Außenfahnen von H6–H9, kombiniert mit einer ausgedehnteren schwarzen Färbung auf H4–H5. Die weißen Spitzen an den inneren Handschwingen sind normalerweise genauso breit wie jene an den Armschwingen, während sie bei den anderen Sturmmöwen-Taxa in der Regel viel schmaler sind. Diese breiten weißen Spitzen an den Schwungfedern und die weißen «Perlen» auf H7–H8 erwecken den Eindruck eines weißen Hinterrands, der bis zu den äußeren Handschwingen reicht. Fast die Hälfte aller adulten Alaska-Sturmmöwen zeigen etwas Schwarz auf H4, während dies bei *canus* weniger häufig (bei weniger als 10 %) zu beobachten ist. Die folgenden Merkmale treten manchmal bei adulten Alaska-Sturmmöwen, aber nie bei den Sturmmöwen-Taxa auf:

- eine weiße Zungenspitze auf H9;
- eine lange Zunge auf H10, die mehr als die Hälfte der Feder bedeckt (besonders in Kombination mit einer vollständigen schwarzen Binde auf H5);
- eine sehr lange Zunge auf H9, die in den weißen Spiegel einschneidet;
- eine ausgedehnte graue Basis an der Außenfahne von H9 (mehr als ein Drittel der Länge der Feder bedeckend) oder H8 (mehr als die Hälfte der Länge der Feder bedeckend).

Anders als die Sturmmöwen-Taxa weist die Alaska-Sturmmöwe nur ausnahmsweise einen isolierten weißen Spiegel auf H8 auf. Die besonderen Merkmale im Handschwingenmuster ermöglichen vor allem in Kombination miteinander eine korrekte Bestimmung fast aller Alaska-Sturmmöwen, auch außerhalb ihres normalen Verbreitungsgebietes.

Ein ausführlicher Bestimmungsschlüssel findet sich in Adriaens & Gibbins (2016). Bei einigen *canus* kann sich die «Perlenkette» bis auf H8 erstrecken, diesen Vögeln fehlt aber immer das Schwarz auf H4 und häufig auch auf H5; auch finden sich größere weiße Spiegel auf H9–H10.

Die größte Verwechslungsgefahr besteht mit einigen Kamtschatka-Sturmmöwen, die sowohl eine Perlenkette als auch ein vollständiges schwarzes Band auf H5 zeigen. Allerdings ist bei solchen Individuen die Basis von H9 normalerweise völlig schwarz und das Muster auf H5 häufig nicht symmetrisch – anders als bei der Alaska-Sturmmöwe.

ziemlich lange
helle Zungen
schwarze Spitze auf
äußerer Hand
breite weiße Spitzen an
inneren Handschwingen
sehr kurzer schwarzer
Keil auf H7
kleiner, schmaler Schnabel
ohne kräftige dunkle Abzeichen
braune Ohrdecken
brauner «Schal»
ausgedehnte graue Basis
an der Flügelspitze
weiße «Perle» auf H8
auf Flügeloberseite gut
zu erkennen
7 Handschwingen mit
schwarzer Zeichnung

ÄHNLICHE ARTEN, ADULT

Erster Zyklus

In dieser Altersklasse sind Alaska-Sturmmöwen aufgrund ihres einheitlich braunen Halses und der braunen Unterseite, dem weitgehend dunklen Schwarz und den hellbraunen Flügeldecken unverwechselbar. Auf den Ohrdecken kann sich ein brauner Schmutzfleck befinden. Die Ober- und Unterschwanzdecken der Alaska-Sturmmöwe sind normalerweise dunkler als bei den Sturmmöwen-Taxa, wobei die dunkle Färbung häufig über die helle dominiert. Variationen sind jedoch möglich, und hellere Vögel zeigen manchmal nur ein Muster aus einzelnen Tupfen, das sich mit dem von stark gezeichneten *canus* überschneidet. An den Schirmfedern sind oft nur sehr dünne weiße Ränder zu sehen, die - anders als bei *canus* und *kamtschatschensis* - an der Spitze nicht breiter werden. Die Flügelunterseite ist weitgehend braun. Sogar hellere Vögel behalten eine eher schmutzig gräuliche Grundfärbung der Flügeldecken auf der Unterseite, sodass die Kontraste weniger stark als bei den Sturmmöwen-Taxa sind. Das Muster auf den inneren Handschwingen wirkt oft sehr einzigartig: Die dunklen Spitzen sind häufig gut abgegrenzt und erstrecken sich gleichmäßig über Außen- und Innenfahne jeder Feder, wodurch der Eindruck eines dunklen Hinterrands an der inneren Hand entstehen kann. Darüber hinaus weisen etliche Alaska-Sturmmöwen (aber längst nicht alle) eine deutliche, sehr helle (außer der dunklen Spitze) innerste Handschwinge auf. Das kommt bei den Sturmmöwen-Taxa sehr selten vor, bei denen diese Feder fast immer einen dünnen dunklen Außenrand zeigt.

Das größte Verwechslungspotenzial stellen kleine, dunkle Individuen der Kamtschatka-Sturmmöwe dar. Diese haben jedoch häufig einen kräftigeren Schnabel, ein gebändertes Muster auf den Achselfedern (anders als bei der Alaska-Sturmmöwe), eine gröber gesprenkelte Unterseite und breitere, markantere weiße Ränder an den Flügeldecken. Die Schulterfedern bestehen häufig aus einer Mischung aus dunkelgrauen, braunen und weißlichen Federn. Auch das Muster der Schirmfedern (mit breiten weißen Rändern) und das der innersten Handschwingen (immer mit dunklem Außenrand) sollte beachtet werden.

ÄHNLICHE ART

KAMTSCHATSCHENSIS

Zweiter Zyklus

Zumindest im Winter zeigen Vögel dieser Alterskategorie eine «weichgezeichnete» braune Halsmusterung, das ausgedehnter als bei adulten Vögeln ist. Einige haben ausgedehnte braune Flanken oder sogar einen braunen Bauch. Die Ohrdecken ziert oft ein brauner Fleck. Das Muster ist einheitlicher als bei den Sturmmöwen-Taxa, bei denen es eher aus groben Flecken oder feinen Strichen besteht. Die Flügeldecken können verwaschen braun sein, haben aber in der Regel keine markanten weißen Ränder (im Gegensatz zu vielen Kamtschatka-Sturmmöwen). Im Flug sehen die äußeren großen Armdecken überwiegend einfarbig gräulich aus, bis auf einen dünnen dunklen Außenrand an der äußersten Feder einiger Vögel. Bei der Kamtschatka-Sturmmöwe weisen in der Regel mehrere äußere große Armdecken einen solchen schwärzlichen Außenrand auf. Ein anderes hilfreiches Merkmal ist das Muster der Armschwingen: Alaska-Sturmmöwen im zweiten Zyklus haben (im Gegensatz zu vielen Kamtschatka-Sturmmöwen) nur selten schwarze Zentren auf den Armschwingen. Diese Federn sind entweder alterskleidartig oder zeigen nur einige dünne dunkle Strichel. Die großen Handdecken können ein einzigartiges Muster aus breiten, tropfenförmigen schwarzen Spitzen zeigen, das mit der ausgedehnten, ungezeichneten grauen Basis kontrastiert. Bei den Sturmmöwen-Taxa sind alle breiten schwärzlichen Abzeichen in der Regel durch einen schwärzlichen Außenrand auf einigen Federn mit den mittleren Handdecken verbunden, auch wenn dieser Rand sehr dünn ist. Die Alaska-Sturmmöwe kann aber ein sehr ähnliches Muster wie die Sturmmöwen-Taxa zeigen, sodass dieses Merkmal zur Unterscheidung nur in eine Richtung funktioniert. Die meisten Alaska-Sturmmöwen im zweiten Zyklus tragen schwarze Abzeichen auf dem Schwanz und einige eine vollständige schwarze Schwanzbinde (scheint bei *canus* in dieser Altersklasse sehr selten vorzukommen). Des Weiteren unterscheiden sie sich von *canus* durch ein deutliches braunes Muster auf den Decken der Flügelunterseite.

Das Handschwingenmuster kann auch bei der Unterscheidung von den Sturmmöwen-Taxa hilfreich sein, insbesondere beim Vorliegen folgender Merkmale:

- eine deutliche graue Färbung an der Basis der Außenfahne von H9 (bei den Sturmmöwen-Taxa in dieser Altersklasse fehlend);
- eine graue Basis an der Außenfahne von H8 (selten bei Vögeln im zweiten Zyklus der Sturmmöwen-Taxa, bei denen das Schwarz normalerweise bis auf die Handdecken reicht);
- eine lange Zunge auf H9 (mehr als die Hälfte der Länge der Feder bedeckend);
- eine sehr lange Zunge auf H8 (auf der Höhe der weißen Spiegel auf H9–H10 endend);
- eine weiße Zungenspitze auf H8;
- ein sehr symmetrisches schwarzes Muster auf H5 und H6.

Außerdem ist zu beachten, dass viele Vögel eine vollständige schwarze Binde auf H4 aufweisen (anders als bei den meisten *canus*) und die meisten eine breite weiße Zungenspitze («Perle») auf H7 (was bei den Sturmmöwen-Taxa in dieser Alterskategorie weniger häufig beobachtet werden kann).

VERBREITUNGSGEBIET

Die Alaska-Sturmmöwe brütet in Alaska und NW-Kanada. Sie überwintert entlang der amerikanischen Westküste südwärts bis ins südliche Kalifornien. Eine kleine Anzahl erreicht sogar die Baja California in Mexiko. Irrgäste wurden im Inland und in den atlantischen Staaten von Nordamerika gesichtet. In der Westpaläarktis, auf den Azoren, wurde im Februar/März 2003 ein adulter Vogel gemeldet.

ÄHNLICHE ART

KAMTSCHATSCHENSIS

Ringschnabelmöwe
Larus delawarensis

GESTALT

Liegt größenmäßig zwischen Silber- und Sturmmöwe, aber näher an Letzterer. Große männliche Individuen erinnern an Erstere, während kleine weibliche eine große Ähnlichkeit mit Sturmmöwen haben. Die Ringschnabelmöwe ist eine wohlproportionierte Art, massiver und breitflügeliger als die Sturmmöwe, mit deutlich kräftigerem, weniger spitzem Schnabel, aber nicht so grimmig wirkend und gedrungen wie die Silbermöwe. Im Stehen oder beim Schwimmen ist der Rücken flacher als bei der Sturmmöwe, wodurch die Körperform an einen «Schuhkarton» denken lässt. Im direkten Vergleich ist die Sturmmöwe eleganter als die Ringschnabelmöwe und hat einen runderen, taubenartigen Kopf (wobei sich die Kopfform je nach Situation verändern kann). Im Flug ähnelt die Ringschnabelmöwe eher der Silber- als der Sturmmöwe, wobei die Silbermöwe in Ruhestellung deutlich größer und stämmiger ist, eine kürzere Handschwingenprojektion und einen kräftigeren Schnabel vorweist.

Adult

Adulte Vögel ähneln der Sturmmöwe, die Iris ist aber gelb (bei der Sturmmöwe gesprenkelt oder ganz dunkel) und die Oberseite hellsilbergrau (ähnlich wie bei Lachmöwe; Sturmmöwe ist dunkler, mittelgrau). Charakteristisch sind ein hellgelbes, starrendes Auge, gelbe Beine, ein roter Orbitalring und, wie der Name schon sagt, eine scharf abgesetzte schwarze Schnabelbinde. Es gibt keinen roten Gonysfleck.
Im Winter hat die Sturmmöwe einen grünlich gelben Schnabel ohne den breiten schwarzen Ring, dafür mit einer schmalen dunklen Zickzack-Binde mit unscharfen Kanten. Einige Sturmmöwen haben leuchtend gelbe Beine, aber alle zeigen eine dunklere graue Oberseite mit breiten, stärker kontrastierenden weißen Halbmonden auf Schulter- und Schirmfedern. Die Sturmmöwe zeigt auf den äußersten zwei Handschwingen viel größere weiße Spiegel, die man besonders gut im Flug sieht. Darüber hinaus weist sie auf H5–H7 (oder H8) größere und stärker kontrastierende weiße Zungenspitzen auf, und der weiße Hinterrand an den Armschwingen und inneren Handschwingen ist deutlicher ausgebildet. Im Flug wirkt das Grau der Flügeloberseite der Ringschnabelmöwe so hell, dass sie mit dem weißen Hinterrand zu verschmelzen scheint, während bei der adulten Sturmmöwe ein deutlicher Kontrast zwischen dem Hinterrand und dem Rest des Flügels besteht.

ÄHNLICHE ART

ÄHNLICHE ARTEN

RINGSCHNABELMÖWE
DELAWARENSIS

BRITISCHE SILBERMÖWE
ARGENTEUS

KAMTSCHATKA-STURMMÖWE
KAMTSCHATSCHENSIS

STURMMÖWE
CANUS

Erster Zyklus

In dieser Altersklasse sollte die Bestimmung auf einer Kombination von Merkmalen beruhen, einschließlich der oben genannten gestaltbezogenen Eigenschaften. Ringschnabelmöwen im ersten Zyklus haben rosafarbene Beine und einen rosafarbenen Schnabel mit einer scharf abgegrenzten schwarzen Spitze oder einer distalen schwarzen Binde, die an die Eismöwe erinnert. Bei der Sturmmöwe ist die schwarze Spitze des Schnabels unscharf und kontrastiert weniger mit der matteren Gesamtfärbung des Schnabels. Ihre Beine zeigen anstelle des hellen Rosa oft eine grüne Nuance. Zu beachten ist jedoch, dass die Färbungen der unbefiederten Körperteile im späten Frühjahr leuchtender werden.

Das Gefieder der Ringschnabelmöwe ist im ersten Zyklus aufgrund der hellgrauen und breiten dunklen Muster sehr kontrastreich (bei der Sturmmöwe ist es insgesamt matter gefärbt). Auf der Flanke zeigen sich häufig breite Pfeilspitzen, die bei der Sturmmöwe auf der Unterseite weniger ausgeprägt sind. Ersetzte Schulterfedern (aus dem frühen Herbst) sind bei der Ringschnabelmöwe silbergrau und damit deutlich heller als die mittelgrauen Federn der Sturmmöwe. Außerdem sind sie in der Regel durch schmale dunkle Ankermuster und deutliche weiße Ränder gekennzeichnet, die auf den reingrauen Schulterfedern der Sturmmöwe mit allenfalls diffusen dunkleren Zentren nicht zu finden sind.

Den weißen Schwanz ziert eine dunkle Endbinde, normalerweise mit einer dunklen Marmorierung und Fleckung an der Basis, die dunkle Färbung verläuft entlang der Federschäfte nach oben (als ob sich die Schwanzbinde «auflöst»). Typisch für die Sturmmöwe ist in der Regel eine auffällige, scharf abgegrenzte schwarze Schwanzbinde im Kontrast zu einer reinweißen Schwanzbasis.

Im ersten Zyklus zeigt die Ringschnabelmöwe auf der Flügelunterseite ein charakteristisches reinweißes Flügelmittenfeld, das mit den dunklen Armschwingen und den braunen kleinen Armdecken auf der Flügelunterseite kontrastiert. Die großen Armdecken haben oft einen silbergrauen Grund, der sich von den mattgrauen oder braunen Armdecken der Sturmmöwe unterscheidet. Darüber hinaus können die großen Armdecken vor allem auf den inneren Federn mit einem gebänderten Muster versehen sein, während die Armdecken der Sturmmöwe einfarbig sind. Auf den Spitzen der Schirmfedern findet sich weniger Weiß als bei der Sturmmöwe.

ÄHNLICHE ARTEN

Werden die Armdecken oder Schirmfedern im Rahmen der postjuvenilen Mauser erneuert, ist dies ein guter Hinweis dafür, dass es sich um eine Ringschnabelmöwe handelt, da die Flügeldecken und Schirmfedern bei der Sturmmöwe im ersten Zyklus generell nicht vor März ersetzt werden (wobei sie auch unbeabsichtigt Federn verlieren können; beide Flügel sind dazu auf Symmetrie zu prüfen).

Ringschnabelmöwen im ersten Zyklus sind variabel: helle Individuen (im Englischen manchmal als «ghost-type» bezeichnet) zeigen auf Unterseite, Kopf und Nacken ein begrenztes braunes Muster und keine kräftigen Abzeichen auf den Flanken. Am anderen Ende des Spektrums stehen dunkle, schokoladenbraun gefärbte Vögel, die großflächige dunkle Abzeichen auf Unterseite, Kopf und Nacken sowie klar abgehobene dunkle Zentren auf den längeren Schulterfedern aufweisen.

◂ eindeutiges und kontrastreiches Individuum

Schnabelform und heller Grauton sind die besten Bestimmungsmerkmale, wenn das Gefieder abgetragen ist.

▾ im Frühjahr leuchtende unbefiederte Körperteile und weniger kontrastreiches Gefieder

Zweiter Zyklus

Ähnelt in Ruhestellung der Sturmmöwe. Das Gefieder entwickelt sich im Allgemeinen aber langsamer und zeigt mehr subadulte Abzeichen. Auf den äußersten Handschwingen der Ringschnabelmöwe befinden sich kleine Spiegel (der Spiegel auf H9 kann sogar fehlen), bei der Sturmmöwe (insbesondere der Unterart *canus*) eher große Spiegel, besonders auf H10. Viele Ringschnabelmöwen im zweiten Zyklus haben ab der Wintermitte eine helle Iris, während Sturmmöwen (auch als adulte Vögel) dunkle Augen behalten. Die graue Färbung der Oberseite ist bei der Sturmmöwe immer dunkler.

Aufgrund des Gefieders kann diese Altersklasse mit ein Jahr älteren Silbermöwen verwechselt werden, die ebenfalls das helle Auge und die kleineren Spiegel aufweisen, aber auch oft eine schwarze Schnabelbinde. Allerdings ist die Silbermöwe viel kräftiger und ihre immaturen Abzeichen sind hell und unscharf oder verwaschen braun, während sie bei der Ringschnabelmöwe scharf abgesetzt und fast schwärzlich sind. Anders als die Ringschnabelmöwe im zweiten Zyklus zeigt die Silbermöwe im dritten Zyklus ein gebändertes Muster auf den großen Armdecken oder Schirmfedern.

Die Ringschnabelmöwe im zweiten Zyklus weist oft schwärzliche Flecke auf dem Schwanz, den Armschwingen oder den Schirmfedern auf. Auf den Schwanzfedern bei der Sturmmöwe sind dunkle Abzeichen nicht unüblich, auf den Armschwingen jedoch selten (obwohl üblicher bei den Unterarten *heinei* und *kamtschatschensis)*.

Die unbefiederten Körperteile und die Irisfärbung von Ringschnabelmöwen im zweiten Zyklus erinnern an adulte Vögel, während die Sturmmöwe im zweiten Zyklus im Herbst und im Frühwinter matter gefärbte unbefiederte Körperteile zeigt. Die Beine sind bei Letzterer oft grünlich oder gräulich gelb und die Schnabelbasis wirkt häufig bläulich.

ÄHNLICHE ARTEN

VERBREITUNGSGEBIET

Ein jährlicher transatlantischer Irrgast in kleiner Zahl, mit den meisten Meldungen in Island, Irland und Großbritannien. Kann überall als Irrgast vorkommen (eine Meldung stammt sogar vom Kaspischen Meer, Kasachstan) und ist manchmal sehr zutraulich, wenn er Nahrung auf Parkplätzen vor Einkaufszentren sucht.

Als Irrgäste kommen Ringelschnabelmöwen oft in Gesellschaft mit anderen Arten vor, vor allem mit Lach- und Sturmmöwen.

kleiner Fleck
«Tintenflecke»
«Tintenflecke»
kleiner Fleck
deutlich abgesetzt, schwärzlich
«Tintenflecke»
gelbe Iris
scharf abgesetzte Binde
gelb

Korallenmöwe
Ichthyaetus audouinii

◗ GESTALT

Etwas kleiner als Heringsmöwe, obwohl die Flügelspanne in etwa gleich ist. Hat aufgrund der langen, flachen Stirn, des spitzen, etwas abfallenden Schnabels und des schlanken Körpers mit langer Handschwingenprojektion eine typische Form und in allen Altersklassen dunkelgraue Beine und eine dunkle Iris.

Adult

Die Korallenmöwe ist an ihrem roten Schnabel, der hellgrauen Oberseite (etwas heller als bei Europäischer Silbermöwe, Unterart *argenteus*), den dunklen Augen und Beinen leicht zu erkennen. Der weiße Halbmond an den Schirmfedern ist schmal und unscharf. Die Unterseite weist eine verwaschen hellgraue Färbung auf, die die Möwe auch aus der Ferne eher grau mit weißem Kopf erscheinen lässt, anders als andere adulte Großmöwen, bei denen die Oberseite und weiße Unterseite stärker miteinander kontrastieren. Im Flug ist der weiße Flügelhinterrand weniger deutlich sichtbar als bei den anderen Großmöwen. Die äußersten zwei oder drei Handschwingen zeigen eine ausgedehntere schwarze Färbung als die Europäische Silbermöwe, und auf H10 ist allenfalls ein kleiner weißer Spiegel zu sehen.

Bei Silbermöwen, die sich von Bioabfällen oder Aas ernähren, kann der Schnabel ein schmutziges Rot annehmen. Eine genaue Prüfung sollte aber klare Unterschiede zur Korallenmöwe hinsichtlich Größe, Form, Beinfarbe und Schnabelfarbe ergeben. Auch aus der Ferne sollte der breitere weiße Halbmond an den Schirmfedern und im Flug der markante weiße Flügelhinterrand gut zu sehen sein.

Erster Zyklus

Juvenile Korallenmöwen haben ein wellenförmig gemustertes Gefieder, das dem der größeren Möwen, insbesondere von dunklen Heringsmöwen, ziemlich ähnelt, da deren innere Handschwingen, große Armdecken und der Schwanz ebenfalls dunkel sind. Kopf, Nacken und Unterseite der Korallenmöwe sind aber gleichmäßiger braun gefärbt, während die juvenile Heringsmöwe ein gestricheltes Muster auf Kopf und Nacken sowie ein gröberes, stärker gebändertes Muster auf den Flanken aufweist. Im frischen Gefieder haben die Flügeldecken saubere helle Säume, während die Heringsmöwe gekerbte Säume und oft ein gebändertes Muster auf den großen Armdecken zeigt. Auf den Unterschwanzdecken sind isolierte dunkle Flecke erkennbar, bei der Heringsmöwe normalerweise eher ein gebändertes Muster. Zu beachten sind auch die Beinfarbe sowie das helle Gesicht und Kinn vieler Korallenmöwen im Kontrast zum braunen Nacken und zur braunen Brust. Im Flug ist die Flügelunterseite durch das reinweiße Flügelmittenfeld, das stark mit den sonst dunkelbraunen Federn kontrastiert, unverkennbar. Die Oberschwanzdecken weisen ein paar vereinzelte breite dunkle Flecke auf den äußeren Federn auf, sind ansonsten aber reinweiß. Das Muster kann eine weiße U-Form bilden, die bei Heringsmöwen nicht zu beobachten ist. Der Schwanz ist komplett schwarz, während bei der Heringsmöwe in der Regel die Basis fein gebändert ist.

Nach der postjuvenilen Mauser ist die Oberseite weitgehend hellgrau. Die Flügeldecken bestehen aus zwei Arten von Federn: reingrauen sowie alten, braunen juvenilen Federn. Eine solche Kombination von Federn ist unter Großmöwen einzigartig. Silbermöwen im ersten Winter zeigen weder auf der Oberseite noch auf den Flügeldecken reingraue Federn und Vögel im zweiten Zyklus haben (nach der Vollmauser) keine juvenilen Handschwingen (braun und spitz gegenüber schwärzlich und rund bei Silbermöwe im zweiten Zyklus). Silbermöwen im zweiten Zyklus unterscheiden sich außerdem durch ihre hellen inneren Handschwingen, das weit weniger kontrastierende Flügelunterseitenmuster und die rosafarbenen Beine.

ÄHNLICHE ARTEN

▾ Jugendkleid
reinweißer Mittelbereich auf den Oberschwanzdecken
dunkler Schwanz
dunkle innere Handschwingen
kontrastreiches weißes Mittelfeld auf sonst dunkelbrauner Flügelunterseite
reinweiße Oberschwanzdecken
dunkle Schwanzbasis
▾ postjuvenil
hellgraue Oberseite mit dunklen Flecken
gleichmäßig gefärbte Unterseite
dunkelgrau
reinweiße Unterschwanzdecken
flache Stirn
▾ Jugendkleid
gerade weiße Säume an den Flügeldecken
dunkelgrau

Zweiter Zyklus

In dieser Altersklasse sind die Oberseite und die meisten Flügeldecken reingrau und alterskleidartig. Deshalb wirkt das Gefieder fortgeschrittener als bei größeren Möwen desselben Alters und ähnelt mehr demjenigen von Silbermöwen im dritten als im zweiten Zyklus. Erstere haben aber häufig eine helle Iris und ein braunes Muster auf den großen Armdecken. Den Schwanz der Korallenmöwen im zweiten Zyklus ziert eine vollständigere, scharf abgesetzte Binde und die inneren Handschwingen sehen häufig dunkler aus (obwohl einige Vögel ein Muster fast wie im Alterskleid auf bis zu vier inneren Handschwingen zeigen). Der weiße Halbmond an den Schirmfedern ist undeutlich oder fehlt. Die Unterseite zeigt sich in verwaschenem Grau und der Schnabel wird zum Frühjahr hin orange oder rötlich. Auch die Beinfarbe ist zu beachten.
Mit ihrer hellgrauen Oberseite, den dunklen Beinen, der braunen Augenmaske, der ähnlichen Schnabelfarbe und dem klaren schwarz-weißen Schwanzmuster kann die Korallenmöwe im zweiten Winter eine gewisse Ähnlichkeit mit Schwarzkopfmöwen im ersten Winter mit fortgeschrittener Mauser der Flügeldecken aufweisen. Sie ist allerdings viel größer und hat keine weiße, sondern eine graue Unterseite. Ihre äußeren großen Armdecken sowie die äußeren Handschwingen sind dunkel, während die äußeren Handschwingen der Schwarzkopfmöwe im ersten Zyklus von unten gesehen weitgehend weiß sind.

VERBREITUNGSGEBIET

Brütet um das Mittelmeer herum, von Ceuta im Westen bis Zypern im Osten. Hat sich vor Kurzem in SW-Spanien (Huelva) und SO-Portugal angesiedelt und brütet auch in N-Marokko (Tanger). Die größten Brutkolonien befinden sich im Ebrodelta und auf den Chafarineninseln (Spanien).
Überwintert im Mittelmeerbecken, viele ziehen aber auch südwärts die westafrikanische Küste entlang bis nach Senegambia. Ist im Winter auch entlang der südlichen Küste Portugals zu finden und mittlerweile auch regelmäßig weiter nördlich entlang der atlantischen Küste bis zum Baskenland. Selten in Israel. Irrgast in W-, Z- und N-Europa, mit neun Meldungen im Vereinigten Königreich, zwei in Finnland und einer in Schweden bis 2020. Wurde auch in Georgien (Aug. 2015), Guinea (Okt. 2016), auf den Azoren (4 Meldungen) und sogar in Südamerika (Trinidad, Dez. 2016) gesichtet.

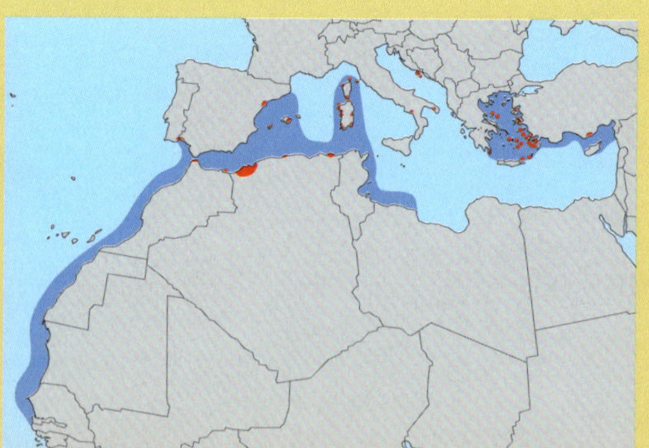

Dritter Zyklus

Ähnelt dem Altvogel und kann auf der Grundlage derselben Kriterien für diese Alterskategorie leicht bestimmt werden. Auf der äußersten Handschwinge ist normalerweise kein weißer Spiegel vorhanden.

▴ Prachtkleid

▾ Schlichtkleid
(in aktiver Mauser)

Fischmöwe
Ichthyaetus ichthyaetus

◗ GESTALT
Obwohl die Fischmöwe zur gleichen Gattung wie die Korallen- und die Schwarzkopfmöwe *(Ichthyaetus)* gehört, ist sie eine sehr große Möwe mit massiger Gestalt. Sie hat eine abfallende Stirn, einen kräftigen Schnabel und einen eckig wirkenden Nacken. Der Gesamteindruck des Kopfes ist dreieckig. Im Vergleich zum Körper wirkt der Kopf verhältnismäßig klein. Ansatzweise erinnert die gesamte Gestalt an die Eismöwe, wobei die Handschwingenprojektion eher kurz ist. Die Beine sind lang, die Flügelschläge recht langsam, die Flügel oft gekrümmt. Die Art scheint hoch auf dem Wasser zu sitzen, deutlich höher als die meisten anderen Großmöwen.

Adult

Im Prachtkleid unverwechselbar, da sie die einzige Großmöwe mit einer schwarzen Kapuze ist. Aufgrund ihrer Größe, der grauen Oberseite mit breitem weißem Vorderrand an der äußeren Hand (und schwarzen Subterminalabzeichen auf H5/6–H10) sowie der schwarzen Kapuze ist sie leicht zu bestimmen. Anders als andere Großmöwen zeigt sie im Schlichtkleid eine markante schwärzliche Maske um das Auge herum, mit kontrastierenden weißen Augenlidern.
Wenn die Größe nicht genau beurteilt werden kann, ist eine Verwechslung mit der Schwarzkopfmöwe im zweiten Zyklus möglich. Die dunkelgrauere Oberseite, das kontrastierende weiße Feld auf der äußeren Hand, die gelbe Schnabelbasis und die gelben Beine sollten die Bestimmung aber einfach machen.

► adult, Prachtkleid

◄ adult, mausernd

◂ adult, Prachtkleid

◂ adult, Schlichtkleid

ÄHNLICHE ARTEN

FISCHMÖWE

SCHWARZKOPFMÖWE, 2. ZYKLUS

Erster Zyklus

In diesem Alter gleicht das Gefieder dem der mittelgroßen Möwen, wie z. B. der Sturmmöwe. Die Fischmöwe im ersten Zyklus kann auch mit immaturen Steppenmöwen oder Mittelmeermöwen verwechselt werden, ihre Unterseite ist aber von einem viel reineren Weiß und die weißen Augenlider heben sich deutlich von der dunklen Maske um das Auge herum ab. Nach der postjuvenilen Mauser zeigt die Fischmöwe auf dem oberen Mantel typische gerundete schwarze Flecke, während der Rest der Oberseite einheitlich grau ist. Wie bei juvenilen Vögeln ist der Schwanz reinweiß mit einer klar definierten Binde, und die großen Armdecken sind häufig eher grau als braun. Die Decken der Flügeloberseite zeigen ein sehr einfaches Muster ohne Bänderung oder Kerbung. Die Flügelunterseite wirkt weißer als bei der Mittelmeer- und Steppenmöwe im ersten Zyklus. Typisch für dieses Alter sind auch die schwarzen V-förmigen Flecke auf den äußeren Unterschwanzdecken.

ÄHNLICHE ARTEN

graubraune «Boa»
dunkle Abzeichen
hellgelb
runde schwarze Flecke

flache Stirn
graue große Armdecken

◂ juvenil

manchmal typische schwarze Tupfen

dunkles Halsband
weitgehend grau
langbeinig

weiße «Augenlider»
runde Flecke
gleichmäßig weiß

Zweiter Zyklus

Wie adulte Vögel leicht durch den weißen Vorderrand an der äußeren Hand, die schwärzliche Maske um das Auge herum und den weitgehend gelben Schnabel zu erkennen. Bei Vögeln im zweiten Zyklus ist das weiße Flügelfeld mit weitgehend schwarzen äußeren Handschwingen kombiniert, die nur kleine weiße Spiegel auf H9–H10 aufweisen.

◗ VERBREITUNGSGEBIET

Brütet vom Donaudelta in Rumänien (ein paar Dutzend Paare haben dort in den letzten Jahren begonnen zu nisten) über die Krim, die Küsten des Kaspischen Meeres und das östliche Kasachstan bis in den NW der Mongolei und den nordwestlichsten Teil Chinas. Überwintert vom Roten Meer (in Ägypten) bis Myanmar, insbesondere entlang der nördlichen Küsten des Indischen Ozeans sowie an mehreren Seen in Armenien und Aserbaidschan, an den südlichen und östlichen Küsten des Kaspischen Meeres entlang sowie in Zentralasien. Selten kommt sie an den östlichen Küsten des Mittelmeers, an der westlichen Küste des Schwarzen Meeres (Bulgarien, Rumänien) und von Äthiopien bis Tansania und in Thailand vor. Regelmäßiger Irrgast in Mitteleuropa und sehr seltener Irrgast in W-Europa, NW-Afrika und auf Madeira.

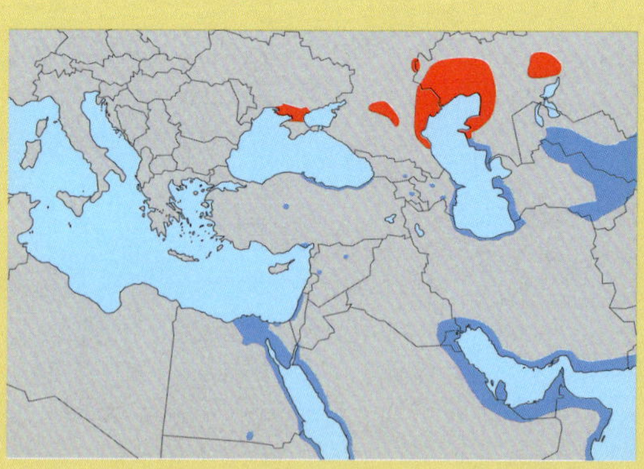

Dritter Zyklus

In diesem Alter ähnelt das Gefieder stark dem von adulten Vögeln, wobei der Schwarzanteil auf den äußeren Handschwingen etwas größer ist (das schwarze Muster auf H9–H10 bedeckt mehr als die Hälfte der Feder).

◂ Anfang 3. Zyklus (mausernd)

▸ 2. oder 3. Zyklus

◂ 3. Zyklus

Mantelmöwe
Larus marinus

◗ GESTALT
Diese Art ist die größte aller Möwen weltweit. Sie ist stämmig und wuchtig, mit kräftigem Schnabel und einem etwas «brutal» wirkenden Gesichtsausdruck, robusten rosafarbenen Beinen, kurzer Handschwingenprojektion und kräftigem «Stiernacken». Männchen können anhand ihrer Größe und Gestalt leicht bestimmt werden. Weibchen sind kleiner, aber nicht weniger eindrücklich und kräftiger als z. B. die Silbermöwe. Die Art hat relativ kleine Knopfaugen, die oben am flachen Kopf liegen. Die Iris ist in allen Altersklassen eher dunkel.

Adult

Adulte Vögel sind aufgrund ihrer schwärzlichen Oberseite, den kräftigen, rosafarbenen Beinen und dem grimmig wirkenden Gesicht unverwechselbar. Sie haben ein relativ kleines gesprenkeltes Auge und einen kräftigen gelben Schnabel. Die kleinere Cousine – die Heringsmöwe – hat eine schiefergraue Oberseite, gelbe Beine und eine längere Flügelprojektion. Auf der Flügelspitze zeigt sie auch mehr Schwarz und weniger Weiß. Bei der Mantelmöwe befindet sich auf H10 ein großer Spiegel, der in die weiße Spitze übergeht, auch H9 weist einen großen Spiegel auf. Relativ häufig ist ein «Extra-Spiegel» auf H8. Anders als bei der Heringsmöwe ist das schwarze Band auf H5 reduziert oder fehlt ganz.
Adulte Vögel zeigen im Winter auf ihrem weißen Kopf nur eine feine Strichelung, die weder wie eine Kapuze noch ein größerer Fleck wirkt.

▾ große, brutal wirkende Möwe, in der Hierarchie ganz oben

ÄHNLICHE ART

HERINGSMÖWE

Erster Zyklus

Aufgrund von Gestalt und Größe leicht zu bestimmen. Relevant in dieser Altersklasse ist aber auch das kontrastreiche Gefieder mit den breiten weißen Lücken in der Reihe der großen Armdecken sowie die deutliche weiße Kerbung an den Rändern der Schirmfedern – zwei Merkmale, die auch bei der Silbermöwe zu finden sind. Im Gegensatz zu dieser Art weist der Schwanz nur wenig Schwarz auf, in der Regel auf eine schmale Binde reduziert, die mit der weißen Schwanzbasis kontrastiert. Im Flug ist auf den inneren Handschwingen ein nur blasses Fenster zu sehen, das weniger ausgeprägt als bei der Silbermöwe im ersten Zyklus ist. Die inneren Handschwingen sind matt schmutzig braun gefärbt, mit weniger Kontrast zu den äußeren Handschwingen, und weisen in der Nähe der Spitze oft einen hellen Fleck auf.

Einige Vögel im ersten Zyklus erinnern an die Mittelmeermöwe, die auch eine eher schmale Schwanzbinde trägt. Als südeuropäische Art zeigt die Mittelmeermöwe allerdings typischerweise bereits ab November ausgeblichene und abgetragene Flügeldecken. Die Federabnutzung ist daher ein hilfreiches Merkmal, da das Gefieder der Mantelmöwe aus nördlichen Breitengraden im Herbst noch auffallend frisch aussieht. Die Armdecken der Mittelmeermöwe bekommen außerdem einen warmen rotbraunen Stich, anders als das kalte Braun der Mantelmöwe, deren Federmuster mit dem silberweißen Grund kontrastiert. Vom späten September an zeigen viele Mittelmeermöwen im ersten Zyklus neue Flügeldecken oder Schirmfedern. Die Mantelmöwe ersetzt diese Federn in der postjuvenilen Mauser nicht (und ähnelt in dieser Hinsicht der Silbermöwe).

ÄHNLICHE ARTEN

schwaches helles Fenster auf
inneren Handschwingen
begrenzte schwarze Färbung
Schwarz auf schmale
Binde begrenzt
Auge weit oben am Kopf
deutliches gebändertes Muster
häufig helle Rauten
auf den Außenfahnen
weit auseinanderliegende braune
Bänder auf hellem Grund
viel Weiß auf den
Schirmfedern
neue Federn mit
markantem Ankermuster
kräftige Beine
begrenzte schwarze Färbung
auf dem Schwanz

Zweiter Zyklus

Unverkennbar. Eine mögliche Verwechslung beschränkt sich auf Skandinavische Silbermöwen, die auf der Oberseite noch keine alterskleidartigen grauen Federn ausgebildet haben. Bei der Mantelmöwe ist der Kopf hell und zeigt eine feine Strichelung, die sich um das dunkle Auge herum und die seitliche Brust konzentriert. Die gleichaltrige Silbermöwe trägt ausgeprägte gefleckte Abzeichen, vor allem auf dem Hinterhals. Der Großteil der Unterseite ist weißlich gefärbt, während die Silbermöwe im Herbst und im Winter auf den Flanken und der seitlichen Brust stark gemustert ist.
Die Mantelmöwe hat ein kontrastreiches Gefieder mit sehr dunklen braunen Mustern, die sich vom silberweißen Grund abheben. Die Silbermöwe wirkt insgesamt «schmutziger braun». Wenn frisch ersetzte Federn eine schwärzliche Färbung ähnlich der Oberseite des Alterskleides aufweisen, ist die Bestimmung einfach.
Adulte Mantelmöwen haben viel Weiß in den Handschwingenspitzen. Auf H10 der 2. Generation zeigt sich häufig schon ein weißer Spiegel - ein Merkmal, das auch auf die Steppen- und die Skandinavische Silbermöwe, nicht aber auf die Mittelmeer- und die Heringsmöwe zutrifft. Die inneren Handschwingen weisen eine kalte graubraune Färbung auf, dunkler als bei der Silbermöwe.
Der Schwanz zeigt eine schmale Binde aus feinen Strichen und Punkten, die stark mit der hellen Basis kontrastiert. Da die meisten Silbermöwen eine dicht gemusterte Schwanzbasis haben, fehlt bei ihnen dieser Kontrast.

ÄHNLICHE ARTEN

◂ Zwei Mantelmöwen im 2. Zyklus im März mit unterschiedlicher Färbung

Dritter Zyklus

Unverwechselbar. Die Bestimmung ist wie bei adulten Vögeln aufgrund der Größe, Gestalt und schwärzlichen Oberseite einfach. Verwechslungsgefahr besteht ausschließlich mit immaturen Heringsmöwen, die rosafarbene Beine haben können, aber immer deutlich kleiner sind. Der Spiegel auf H10 ist bei der immaturen Heringsmöwe klein oder fehlt ganz, während er bei der Mantelmöwe groß und scharf abgegrenzt ist. Wie bei vielen Altvögeln geht der Spiegel bei Vögeln im dritten Zyklus in die weiße Spitze über, was bei der immaturen Heringsmöwe nie der Fall ist.

Auch zeigt die Heringsmöwe im dritten Zyklus ein Gefieder wie im Alterskleid (d. h. wenige immature Merkmale und oft einen völlig weißen Schwanz), während die Gefiederentwicklung bei der Mantelmöwe nur langsam verläuft, häufig zeigt sie noch braune Flügeldecken und eine Bänderung auf den Schirmfedern, viel Schwarz im Schwanz und auf dem Schnabel.

Andere zu überprüfende Merkmale sind die Augenfarbe (deutlich hellere Iris bei Heringsmöwe) und die Größe der weißen Handschwingenspitzen (sehr kleine Spitzen bei Heringsmöwe, große weiße Spitzen bei Mantelmöwe).

ÄHNLICHE ARTEN

VERBREITUNGSGEBIET

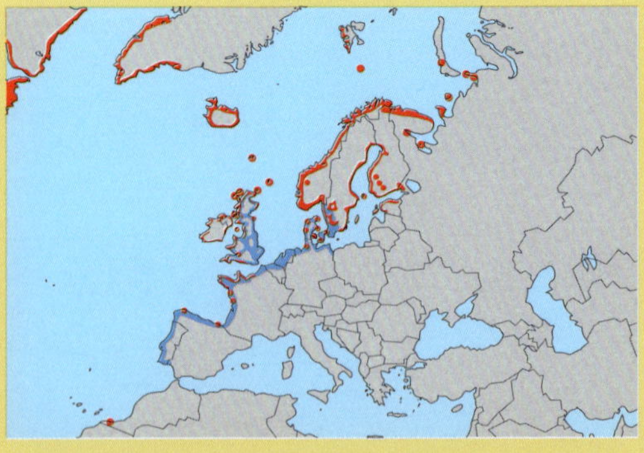

Ausgesprochen marine Art aus Nordeuropa mit wachsendem Brutgebiet entlang der atlantischen Küste in Frankreich. Ein paar Meldungen gibt es für das Landesinnere, oft entlang von Flüssen. Eine kleine Brutpopulation findet sich am Rhein. Viele Vögel folgen längere Zeit Fischerbooten auf offener See und kommen nur an Land, um sich auszuruhen oder zu putzen. Andere Vögel wählen zum Überwintern Fischereihäfen und Strände, um sich von Fischabfällen oder -resten zu ernähren. Die Mantelmöwe ist eine dominante Art und steht in der Möwenhierarchie am höchsten, wenn es um den Kampf um Nahrungsmittelressourcen geht. An Deponiemüll ist sie nicht besonders interessiert.

Bei einigen Meldungen kann es sich um Vögel aus der amerikanischen Population handeln, wie mit einem beringten Vogel in Portugal belegt wurde. Die Art ist ein Irrgast in Mittel- und fast überall in Südeuropa, einige wenige brüten im nördlichen Spanien und südlichen Marokko.

ÄHNLICHE ART

HERINGSMÖWE

Dominikanermöwe (Kapmöwe)
Larus dominicanus vetula

GESTALT

Bei der Dominikanermöwe handelt es sich um eine große massige Art, die in ihrer Gestalt und Farbe an die Mantelmöwe erinnert. Afrikanische Vögel haben lange Beine, lange Flügel und einen massigen Körper mit kräftiger Brust. Der wohl charakteristischste Teil ihrer Gestalt aber ist die Form des Schnabels und des Kopfes. Der Schnabel ist riesig mit deutlichem Gonyseck und wirkt hängend, als ob die Spitze zu schwer wäre – ein Effekt, der durch den ausgedehnten roten Gonysfleck bei Altvögeln noch verstärkt wird. Der Kopf ist groß, eckiger und weniger gerundet als bei der Mantelmöwe, mit einem kleinen Auge, das hoch an der Stirn sitzt. Bei sitzenden Vögeln sind in allen Altersklassen die Armschwingen unterhalb der großen Armdecken sichtbar.

Da die Kapmöwe eine auf der Südhalbkugel lebende Art ist, verläuft ihr Mauserzyklus theoretisch entgegengesetzt zu dem der anderen in diesem Buch vorgestellten Großmöwen, d. h., sie ersetzt ihre Handschwingen während des borealen Winters und Frühjahrs (November bis Mai). Bei Vögeln, die im Gebiet Senegambien brüten, kann der Mauserzeitplan allerdings dem der Möwen der Nordhalbkugel ähneln. Tatsächlich folgen die meisten in Europa und Marokko beobachteten Vögel einem «normalen» Mauserzeitplan, auch wenn dieser manchmal um zwei oder drei Monate verspätet beginnt und im Januar/ Februar noch nicht abgeschlossen ist.

(Maßstab für dieses Bild verkleinert)

Adult

Der weiße Flügelhinterrand ist sehr breit und selbst bei sitzenden Vögeln deutlich sichtbar, weil er eine durchgehende und breite weiße Linie unterhalb der großen Armdecken bildet – ein deutlicher Unterschied zur Mantel- und Heringsmöwe. Im Flug ist der weiße Hinterrand nicht nur an den Armschwingen, sondern auch an den inneren Handschwingen breit, und an dieser Stelle breiter als bei den anderen hier behandelten Möwenarten. Auf H10 befindet sich normalerweise nur ein kleiner weißer Spiegel, während H9 vollständig schwarz ist. Selten kann auf der Innenfahne der zuletzt genannten Feder ein kleiner runder weißer Spiegel vorkommen. Anders als bei der adulten Mantelmöwe gibt es bei *vetula* an der Spitze der äußersten Handschwinge nie einen großen weißen Bereich. Auf den mittleren Handschwingen befinden sich schmale, undeutliche weiße Zungenspitzen, die auf H5 am deutlichsten zu sehen sind, sich manchmal aber bis auf H7 ausdehnen. Auf H4 kann ein schwarzes subterminales Muster erkennbar sein. Bei der adulten Mantelmöwe beschränkt sich

◂ adult, Prachtkleid

▾ adult, Prachtkleid

▸ adult, Schlichtkleid

ÄHNLICHE ARTEN

die schwarze Färbung in der Regel auf H5, auf H6–H7 sind die weißen Zungenspitzen deutlicher zu sehen. Heringsmöwen mit einer sehr dunklen schwärzlichen Oberseite zeigen keine weißen Zungenspitzen; das Muster auf H9–H10 erinnert aber an *vetula* (kleiner weißer Spiegel auf H10). Die Gestalt der Heringsmöwe ist allerdings schmaler und langgestreckter mit etwas längeren Flügeln, längerem Hals und kleinem Kopf. Die Oberseite der Kapmöwe ist tiefschwarz, ihr fehlt die graue Nuance einiger Mantelmöwen. Im Schlichtkleid ist der Kopf weiß mit ein paar wenigen grauen Stricheln, die auf Nacken und Hinterhals meist dichter und unschärfer werden, wie z. B. bei der Steppenmöwe. Im Prachtkleid sind die Beine grünlich oder matt gelblich, selten hellgelb, außerhalb der Brutzeit werden sie grau oder grünlich grau. Demnach ist die Färbung ganz anders als bei der Heringsmöwe (gelb) und Mantelmöwe (rosa). Die Iris ist normalerweise dunkel und wirkt aus der Ferne schwarz. Das Handschwingenmuster und der breitere weiße Flügelhinterrand stellen wichtige Unterschiede gegenüber den seltenen Mantelmöwen mit gelblichen Beinen dar.

Erster Zyklus

Dominikanermöwen ähneln in diesem Alter am meisten Heringsmöwen, können von diesen aber durch eine Kombination feiner Gestalt- und Gefiedermerkmale unterschieden werden:

- Die meisten Vögel (aber nicht alle) haben einen kräftigen, hängend wirkenden Schnabel, bei zusammengelegtem Flügel sind ihre Armschwingen unterhalb der großen Armdecken gut zu erkennen.
- Das Gefieder wirkt einheitlicher, weniger gemustert; das Jugendkleid ist sehr dunkel, mit rußigen Körperfedern und braunen Schulterfedern, Flügeldecken und Schirmfedern mit einem geraden weißen Saum – keine hellen Kerben oder Bänder, wie bei den meisten anderen Großmöwen. Postjuvenilen Schulterfedern fehlt auch oft das kräftige Muster; sie sind einfarbig dunkelgrau und haben nur am Schaft entlang auf einigen Federn einen schmalen dunklen Strich oder rautenförmigen Fleck oder ein dunkles Ankerzeichen.
- Im Flug wirken die Flügel sehr dunkel, wobei die inneren Handschwingen genauso dunkel wie die äußeren sind. Den einfarbigen dunklen großen Armdecken fehlen die Bänder auf der Innenseite (außer gelegentlich auf den innersten Federn). Die schmalen hellen Ränder an den Flügeldecken nutzen sich schnell ab, die Flügel sind dann einheitlich braun.
- Der Schwanz ist meist vollständig dunkel und kontrastiert stark mit den weitgehend weißen Oberschwanzdecken. Bei Heringsmöwen im ersten Zyklus kann der Schwanz auch ganz schwarz sein; in diesem Fall zeigen die Oberschwanzdecken aber fast immer eine starke dunkle Fleckung oder Bänderung.
- Die Decken der Flügelunterseite sind sehr dunkel, die kleinen Armdecken sogar einheitlich dunkelbraun.

ÄHNLICHE ARTEN

DOMINIKANERMÖWE 1. ZYKLUS

HERINGSMÖWE, 2. ZYKLUS während der Vollmauser

Schwanz manchmal völlig schwarz
einfarbige große Armdecken
Decken der Flügelunterseite und Achselfedern sehr dunkel
weißer Kopf
Bürzel manchmal sehr weiß
Hand- und Armschwingen schwarz
graurosa Beine
innere Handschwingen selten hell gezeichnet
rußschwarze Wange
schwach gezeichnete Schulterfedern
kräftiger, abfallender Schnabel
▼ Juni
einfarbige Decken der Flügeloberseite
◄ Juni
schwarze Schienbeinschuppen
gesprenkelter Rumpf wirkt verrußt
Armschwingen gut sichtbar
Kopf manchmal sehr weiß
einfarbige dunkle Schirmfedern
►Juni
grauer Unterschenkel
Armschwingen gut sichtbar

- Die rosafarbenen Beine weisen dunkle Schienbeinschuppen auf und haben auf dem Unterschenkel oft schon einen grauen Farbstich, während sie bei anderen Großmöwen meist einheitlicher rosa sind.

Wenn sie auf der Südhalbkugel geboren ist, trägt eine typische immature Kapmöwe während des borealen Frühjahrs/Sommers ein frisches Gefieder und im Herbst/Winter abgenutzte Federn, wobei sie dann auch mit der Mauser ihrer Handschwingen beginnt. Auch wenn es sich bei der postjuvenilen Mauser um eine Teilmauser handelt, können die Flügeldecken, Schirm- und Schwanzfedern sowie selten eine Reihe von Armschwingen eingeschlossen sein. Neue Schirmfedern haben in der Regel breitere weiße Spitzen, als dies bei der Heringsmöwe der Fall ist. Die Mauser von Kapmöwen im ersten Zyklus, die in der Westpaläarktis beobachtet wurden, unterschied sich allerdings nicht viel von derjenigen von Möwen der Nordhalbkugel.

Zweiter Zyklus

Unterscheidet sich von der Heringsmöwe durch ihre Gestalt (besonders das breite Feld der sichtbaren Armschwingen in Ruhestellung), die Farbe der Beine (grünlich, grau oder bräunlich rosa, mit dunklen Schienbeinschuppen), häufig breitere weiße Spitzen an den Schirmfedern und eine dunklere Flügelunterseite. Von der Mantelmöwe grenzt sie sich durch die gleichmäßiger gefärbte Flügeloberseite, die dunklere Flügelunterseite, die Farbe von Schnabel und Beinen und den weitgehend oder vollständig schwarzen Schwanz ab. Anders als bei vielen Mantelmöwen im zweiten Zyklus zeigt die Kapmöwe in diesem Alter keinen weißen Spiegel auf H10. Die Vollmauser erzeugt ein sehr variables Muster auf den neuen Flügeldecken, die aber tendenziell einheitlicher als bei Mantel- und Heringsmöwen im zweiten Zyklus wirken. Im Allgemeinen sind die Schwanzfedern schwarz mit etwas Weiß an der Basis und ohne dunkle Striche. Die Schwungfedern sind sehr dunkel und einheitlich; ihnen fehlt ein helles Fenster auf den inneren Handschwingen. Die Oberseite wirkt insgesamt sehr einheitlich. Der Kopf ist stark gestrichelt, mit größeren und unschärferen braunen Flecken auf Nacken und Brust.

Die Teilmauser kann sogar noch umfangreicher als im ersten Zyklus sein und schließt möglicherweise nicht nur Schwanzfedern und Armschwingen, sondern auch eine Reihe von Handschwingen ein. Das Alter der fortgeschrittensten Vögel kann immer noch anhand der fehlenden weißen Spitzen an den äußeren Handschwingen (anders als im 3. Zyklus) und manchmal auch anhand einiger verbliebener brauner Armschwingen, mit nur schmalen oder ganz fehlenden weißen Spitzen, bestimmt werden. Eine so umfangreiche pränuptiale Mauser ähnelt der von Heringsmöwen der Unterart *intermedius*, unterscheidet sich aber stark von der der Mantelmöwe. Informationen dazu wurden für die Kapmöwe bisher nicht veröffentlicht.

▾ fortgeschrittenes Gefieder

▸ weit fortgeschrittenes Individuum

ÄHNLICHE ARTEN, 2. ZYKLUS

Dritter Zyklus

Nach der postnuptialen Vollmauser sehen die meisten Vögel wie adulte Vögel aus, jedoch mit grünlich grauen Beinen, die immer noch braune Schienbeinschuppen aufweisen und sich von den einheitlich gelben oder gelblich rosafarbenen Beinen der gleichaltrigen Heringsmöwe unterscheiden. Zu beachten sind auch die breiten weißen Halbmonde auf den Schirm- und Schulterfedern sowie die Schnabelform. Mantelmöwen dieser Alterskategorie zeigen bereits ein ausgedehntes weißes Muster auf den äußeren Handschwingen, das sich deutlich von den weitgehend schwarzen äußeren Handschwingen der Kapmöwe im dritten Zyklus unterscheidet, einheitlich rosafarbene Beine und häufig eine rosafarbene Schnabelbasis.

Bei Kapmöwen findet sich im dritten Zyklus normalerweise kein weißer Spiegel auf H10 (selten ein kleiner dreieckiger und undeutlicher Spiegel), wohingegen einige mittlere Handschwingen bereits eine schmale weiße Zungenspitze aufweisen (H4–H5). Die äußeren Handschwingen zeigen allerdings weiße Spitzen. Im Schlichtkleid ist der Kopf gestrichelt, Nacken und Brust sind stark braun gefleckt. Im Prachtkleid beschränkt sich das Muster auf einen gepunkteten oder gestrichelten «Schal» auf dem Hinterhals, ähnlich wie bei der Steppenmöwe.

ÄHNLICHE ARTEN

◗ VERBREITUNGSGEBIET

Die Dominikanermöwe ist eine auf der Südhalbkugel weit verbreitete Art. Sie brütet von der Antarktischen Halbinsel bis zu den subantarktischen Inseln im Atlantik und Pazifik, in Neuseeland und auch entlang der Küsten Südamerikas bis hoch zum Äquator (Nominatform *dominicanus*). Auch auf den subantarktischen Inseln im Indischen Ozean (Unterart *judithae*) und an der Westküste von Madagaskar (Unterart *melisandae*) gibt es Brutgebiete.

In Südafrika und Namibia kommt die Unterart *vetula* («Kapmöwe») vor, die im Winter bis nach Angola vordringt, seit den 1980ern allerdings im Senegal brütet. Einige adulte Vögel sind seit 2009 auch Teil einer gemischten Kolonie aus Mittelmeer- und Mantelmöwen an der Khnifiss-Lagune, Westsahara. Seither wurden mehrere Vögel in Marokko und Europa gesichtet, genauer gesagt in Frankreich (2 Meldungen im Jahr 1995 und 2018), Portugal (6 Meldungen) und Spanien (6 Meldungen, einschließlich 3 Meldungen auf den Kanaren: 1 im Jahr 2001 und 2 im Jahr 2020).

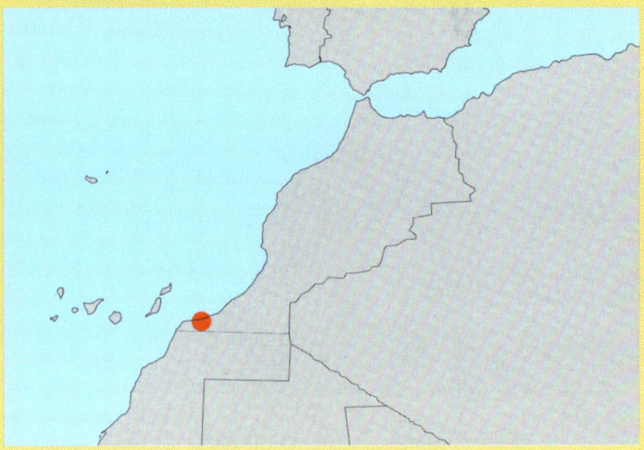

Es wird angenommen, dass die Khnifiss-Vögel in einigen Jahren mit den lokalen Mittelmeermöwen hybridisieren. Auch wenn Hybriden sehr selten sind, kann die Bestimmung der Kapmöwe problematisch sein, insbesondere in Marokko, insofern sind alle hier vorgestellten Feldmerkmale wichtig.

Beringmöwe
Larus glaucescens

GESTALT

Typische Beringmöwen sind eher groß und massig, mit kräftigem Schnabel, ausgeprägtem Gonyseck, voluminösem Kopf, dickem Körper und kurzer Handschwingenprojektion. Bei einem sitzenden Vogel reichen die Flügel nur leicht über den Schwanz hinaus und die Armschwingen sind häufig unterhalb der großen Armdecken sichtbar (als «Armschwingenband» bezeichnet). Der große, kräftige Kopf, das kleine dunkle Auge und der dicke Schnabel verleihen dem Vogel oft ein «primitives» Aussehen; die kleinen Augen befinden sich weit oben am Kopf, besonders bei Männchen. Es gibt allerdings Variationen hinsichtlich Größe und Gestalt, z. B. kleinere Vögel mit runderem Kopf und kleinerem Schnabel, bei denen die typische Schnabelform mit kräftigem Gonyseck immer noch erkennbar ist.

Adult

Eine große, grauflügelige Möwe, die durch eine mittelgraue Oberseite, graue Flügelspitzen, breite weiße Halbmonde auf den Schirmfedern und eine kräftige Rosafärbung der Beine gekennzeichnet ist. Die Iris ist normalerweise dunkel und der rote Gonysfleck sehr klein. Die Flügelspitzen reichen von mittel- bis dunkelgrau und sind etwas dunkler als die Oberseite. Wie dunkel sie genau werden können, ist unklar, da dies noch nicht an beringten Vögeln untersucht wurde. Aber selbst bei dunkelgrauer Färbung sind die äußersten Handschwingen an den Spitzen am dunkelsten und verblassen dann in Richtung Federbasis stufenweise zu neutralem Grau. Bei Hybriden gibt es eine deutlichere Grenze zwischen dem dunkelgrauen (oder schwärzlichen) Muster und der grauen Basis.

Die Beringmöwe unterscheidet sich von der Kumlienmöwe vor allem in Größe und Gestalt, insbesondere in der Schnabelgröße und Flügelprojektion. Das Gefieder ist ähnlich, Oberseite und Flügeloberseite sind aber etwas dunkelgrauer

ÄHNLICHE ARTEN

und die weißen Handschwingenspitzen kleiner. Im Flug gibt es zwischen der grauen Flügeloberseite und dem weißen Flügelhinterrand einen stärkeren Kontrast. Die äußeren Handschwingen sind weitgehend grau, in der Regel mit nur angedeuteten weißen «Perlen», während sich der weiße Flügelhinterrand bei der adulten Kumlienmöwe über die äußersten Handschwingen fortsetzt. Darüber hinaus sind normalerweise sechs Handschwingen dunkelgrau gezeichnet, während es bei der adulten Kumlienmöwe nur fünf sind.

Leuzistische adulte Silbermöwen (und «Wikingermöwen») können graue Flügelspitzen aufweisen, haben aber eine andere Gestalt, eine helle Iris, schmale weiße Halbmonde auf den Schirmfedern, auf Kopf und Nacken eher ein gestricheltes Muster als eine einheitliche schmutzig braune Färbung und auf den äußersten Handschwingen größere weiße Spiegel. Die Farbe der Beine und der Oberseite sowie das spezielle Flügelmuster sind zwar variabel, stimmen aber selten (wenn überhaupt) hundertprozentig mit den Merkmalen der Beringmöwe überein.

▼ dunklere Form; Japan

Erster Zyklus

Das Gefieder immaturer Beringmöwen ist einheitlicher als das der meisten europäischen Großmöwen, außer bei weißflügeligen Möwen, die auf der Unterseite eine ähnliche ausgewaschene Färbung zeigen. Darüber hinaus bleibt das Jugendkleid bis weit in den Winter hinein erhalten, sodass die Oberseite weitgehend braun und aufgrund der weißen Federränder geschuppt aussieht. Während der postjuvenilen Mauser ausgebildete neue Schulterfedern sind einheitlich grau, manchmal schon wie im Alterskleid. Ansonsten sind Vögel im ersten Zyklus durch einen einheitlich braungrauen Körper, braune Flügelspitzen, einen dunklen Schwanz, dunkelrosafarbenen Beine und einen schwärzlichen Schnabel gekennzeichnet.

Helle Silbermöwen (und «Wikingermöwen») können hellbraune Flügelspitzen aufweisen, unterscheiden sich aber durch ihr gröber gezeichnetes Gefieder mit gebänderten statt einfarbig

ÄHNLICHE ARTEN

grauen neuen Schulterfedern, getüpfelte oder gebänderte Flügeldecken, helle fleischfarbene Beine, die blassrosafarbene Schnabelbasis (auf Ober- und Unterschnabel) und die andersartige Gestalt. Außerdem zeigen sie meist eine helle Schwanzbasis mit dunkler Fleckung oder Bänderung, weißere, weniger dicht gezeichnete Unter- und Oberschwanzdecken, gebänderte Achselfedern, Unterseite und Nacken mit stärkerer Fleckung oder Strichelung und ihnen fehlt das einfarbig braune Gesicht, das viele Beringmöwen haben.

Die Kumlienmöwe kann ein ähnliches Gefieder haben, unterscheidet sich aber durch eine andere Schnabelform, eine längere Flügelprojektion und stärker gemusterte Flügeldecken und Schirmfedern. Im Flug ist der Schwanz oft nicht ganz schwarz, sondern an der Basis etwas gemustert; die inneren Handschwingen sind einfarbig und zeigen an den Spitzen entweder kein Muster oder nur schmale braune Pfeilspitzen (viele Beringmöwen haben an dieser Stelle runde dunkle Flecke).

Die Thayermöwe hat einen dünneren Schnabel, einen runderen Kopf, eine längere Flügelprojektion, dunkelbraunere Flügelspitzen (im Allgemeinen dunkler als Schirmfedern), hellrosafarbene Beine, stärker gezeichnete Flügeldecken, und die juvenilen Schulterfedern weisen oft ein hellbrauneres Zentrum und eine schmale dunkle Subterminalbinde auf. Im Flug wirkt die Flügeloberseite hellsilbrig mit kontrastierenden dunklen Armschwingen und dunklen äußeren Handschwingen – anders als die einheitlich braune Flügeloberseite der Beringmöwe.

Gegen Ende des ersten Zyklus der Beringmöwe können Abnutzung und Ausbleichung zu (fast) weißen Flügelspitzen führen, womit sie der Eismöwe ähnelt. Der Schnabel bleibt aber weitgehend dunkel und wirkt um den Gonysbereich herum geschwollener. Die Beine bleiben oft eher dunkel. Neu ausgebildete, unlängst vermauserte Federn sind dunkler als bei der Eismöwe.
Für Unterschiede zur Kamtschatkamöwe im ersten Zyklus siehe dort.

Zweiter Zyklus

Vögel dieser Alterskategorie haben eine noch ausgewaschenere Gefiederfärbung als Vögel im ersten Zyklus. Im Flug sehen die äußeren Handschwingen in der Regel an den Spitzen am dunkelsten aus und hellen Richtung Federbasis stufenweise auf. Durch den adult aussehenden grauen Sattel vieler Vögel wird die Bestimmung erleichtert. Wie viele andere nearktische Arten zeigen Bürzel sowie Ober- und Unterschwanzdecken eine auffällig dichte Bänderung.

Einige Silbermöwen (insbesondere die Unterart *argentatus*) und «Wikingermöwen» können hellbraune Flügelspitzen haben. Sie unterscheiden sich von Beringmöwen im zweiten Zyklus aber gemeinhin durch die kontrastreicher gemusterten Flügeldecken mit z. B. wellenförmiger Bänderung auf den großen Armdecken, einen eher gestrichelten als schmutzig gefleckten Kopf, einen weißeren Bürzelbereich und hellere Unterschwanzdecken mit weit auseinanderliegenden Bändern. Die Flügelspitzen sind meist noch dunkler als die Schirmfedern. Im Flug ist normalerweise keine stufenweise

ÄHNLICHE ARTEN

BERINGMÖWE

SILBERMÖWE *(ARGENTEUS)*

▾▸ KUMLIENMÖWE

SILBERMÖWE
abgetragenes Gefieder

Verdunkelung der äußeren Handschwingen in Richtung der Federspitzen zu beobachten. Die Farbe von Schnabel, Beinen und Oberseite kann variieren; diese Merkmale werden aber selten (wenn überhaupt) hundertprozentig mit denen der Beringmöwe übereinstimmen.
Die Kumlienmöwe zeigt im zweiten Zyklus ein weniger einheitliches Gefieder mit fein gefleckten Flügeldecken und gesprenkelten Schirmfedern. Bei Vorhandensein alterskleidartiger grauer Schulterfedern sind diese heller als bei der Beringmöwe. Außerdem ist die Flügelprojektion länger, der Schnabel kleiner und die Beine sind kaugummirosa. Die Iris kann heller werden. Im Flug sieht der Schwanz oft hellgrauer aus und zeigt an der Basis eine geringe helle Fleckung.

Dritter Zyklus

Das Gefieder ist in diesem Zyklus eher variabel und reicht von «dem zweitem Zyklus ähnlich» bis adult. Rückständige Vögel sind durch ihr einheitlich gefärbtes Gefieder, die ausgedehnte schmutzig braune Färbung auf Nacken und Unterseite und die hellbraunen Flügelspitzen gekennzeichnet. An den inneren Handschwingen zeigt sich ein breiter weißer Hinterrand, der, sogar in Ruhestellung, auch an den Armschwingen sichtbar sein kann. Fortgeschrittene Vögel sehen adulten Vögeln ähnlich, tragen aber oft dunkle Schwanzabzeichen, die sogar schwärzlich sein können. Die Beine sind jetzt kräftig rosa. Zu beachten ist, dass die äußeren Handschwingen in diesem Alter etwas dunkelgrauer als bei Altvögeln sein können.
Die Kumlienmöwe zeigt ein ähnliches Gefieder und unterscheidet sich hauptsächlich in Größe und Gestalt. Ihre Oberseite ist jedoch etwas hellgrauer, und der weiße Hinterrand an den Armschwingen und inneren Handschwingen wirkt im Flug weniger kontrastreich. Die Schwanzabzeichen (sofern vorhanden) sind heller und weniger massiv, zeigen z. B. ein fein marmoriertes Muster. Der Schnabel ist häufig grünlich gefärbt, während er bei Beringmöwen im dritten Zyklus weitgehend rosa oder gelblich ist.

VERBREITUNGSGEBIET

Brütet am nördlichen Pazifik, vom Norden Oregons und Washington (USA) im Osten über Alaska (einschließlich der Aleuten und der Pribilof-Inseln, USA) bis zu den Kommandeurinseln und Kamtschatka (NO-Russland) im Westen. Hat gelegentlich in Hokkaido, Japan, gebrütet (im Jahr 2011 paarte sich z. B. ein Vogel mit einer Kamtschatkamöwe).
Die Art überwintert im nördlichen Pazifik, südöstlich bis zur Baja California, Mexiko, und südwestlich bis Hokkaido, Japan.
Irrgast in der Westpaläarktis, mit anerkannten Meldungen auf den Kanaren, in Marokko, Großbritannien (3), Dänemark, Norwegen (2), Irland und Island.
Die Beringmöwe ist vielleicht die Möwenart, die am meisten zur Hybridisierung neigt. Kreuzungen mit der Westmöwe *Larus occidentalis* wurden häufig an der amerikanischen Westküste beschrieben. Die Hybridisierung mit der Amerikanischen Silbermöwe wurde in Britisch-Kolumbien, Kanada, sowie in der Cook-Inlet-Region, Alaska, dokumentiert, die Hybridisierung mit der Eismöwe in SW-Alaska und mit der Kamtschatkamöwe an der Ostküste der Halbinsel Kamtschatka, auf den Kommandeurinseln und auf Hokkaido. Einige Federkleider im Zoologischen Museum von Moskau lassen vermuten, dass eine Hybridisierung zwischen der Beringmöwe und der Kamtschatkamöwe auch auf den Kurilen, Russland, stattfindet. Darüber hinaus wurde von der Kreuzung zwischen der Bering- und der Sibirischen Silbermöwe *Larus vegae* von der St.-Matthew-Insel (Alaska) im Jahr 2018 berichtet, wobei das veröffentlichte Foto von dieser Sibirischen Silbermöwe nicht von einem Hybriden zwischen Kamtschatkamöwe und Sibirischer Silbermöwe zu unterscheiden ist. In jedem Fall sind hybride Möwen im Winter an der amerikanischen Westküste sehr üblich und können an bestimmten Orten reinen Möwenarten sogar zahlenmäßig überlegen sein.
In Europa wurden bisher keine pazifischen Hybriden gemeldet (weshalb sie hier nicht weiter behandelt werden). Aber es ist klar, dass jede Beringmöwe, die als potenzieller Irrgast mit mehr als einem ungewöhnlichen Merkmal beobachtet wird, sehr sorgfältig untersucht werden sollte.

ÄHNLICHE ART

KUMLIENMÖWE

Eismöwe
Larus hyperboreus

◗ GESTALT

Die Eismöwe ist etwas größer und massiger als die Silbermöwe, mit kräftiger Brust, breiterem Hals und kürzeren Flügeln, wodurch sie insgesamt robuster wirkt. Der große Kopf hat eine ovalere Form und ist weniger eckig als der der Silbermöwe. Bei immaturen Vögeln befindet sich das kleine dunkle Auge weit oben am Kopf, was einen eigenartigen Gesichtsausdruck erzeugt. Der Schnabel ist lang, kräftig und hat parallele Kante. Er wirkt kräftiger als der der Polarmöwe, von der sich die Art auch durch ihren größeren, weniger runden Kopf mit abfallender, beinahe konvexer Stirn und die kürzeren Flügel unterscheidet. Anders als bei der Polarmöwe ist der Schnabel länger als die Flügelprojektion.

Adult

Die Eismöwe unterscheidet sich von der Silbermöwe durch ihre weißen Flügelspitzen, die hellgrauere Oberseite (sogar im Vergleich mit der Unterart *argenteus*) und die ausgedehnteren schmutzigbraunen Abzeichen auf Kopf und Nacken im Winter. Der Schnabel ist im Sommer hellgelb, im Winter matter mit blassrosafarbener Basis und gelber Spitze. Die unbefiederten Körperteile unterscheiden sich von der Silbermöwe darin, dass die Farbe des Schnabels im Winter mehr zu Blassrosa neigt, der Orbitalring eher gelb/orange statt rosa/rot ist. Der Kopf ist im Winter meist kräftig gestrichelt, wobei sich direkt vorne am Auge ein sehr dunkler Bereich befindet und auf Hinterhals und Brust oft ein dunkler «Schal». Einige Vögel zeigen im Winter allerdings nur eine schwache Strichelung auf dem Kopf. Wie bei der Polarmöwe haben die äußeren Handschwingen weiße Spitzen ohne eine Spur von Schwarz. Eine große, kräftige Möwe mit Gestalt und Farbe einer Eismöwe, die auch nur die geringste Schwarzfärbung auf den Handschwingen zeigt, sollte als Hybride entweder mit der (europäischen) Silbermöwe oder der Amerikanischen Silbermöwe betrachtet werden. Vorsicht ist auch bei adulten Skandinavischen Silbermöwen geboten, die sich im Spätsommer/Herbst in aktiver Mauser ihrer äußeren Handschwingen befinden: Die Flügelspitze scheint dann nicht schwarz pigmentiert zu sein, vor allem von oben gesehen. Bei genauerer Untersuchung erkennt man die andersartige Gestalt, die dunkelgrauere Oberseite und mindestens ein kleines dunkles Muster auf den Handschwingen. Siehe auch Hybride Eismöwe × Silbermöwe («Wikingermöwe»).

ÄHNLICHE ARTEN

komplett weiße Flügelspitze
kräftiger Schnabel

vorspringende Brust
weiße Flügelspitze

kräftiger Schnabel
unscharfe graue Flecke
tiefrosafarbene Beine

kräftiger, langer Schnabel
Grau des Mantels sehr hell
Flügel überragen den Schwanz wenig

Kopf und Hals gesprenkelt
kurze Handschwingenprojektion

Erster Zyklus

Das Gefieder der Eismöwe ist im ersten Zyklus variabel. Es kann sehr dunkel mit fein marmoriertem rußig-braunem Körper oder aber weiß sein, besonders bei Vögeln mit abgetragenen und ausgeblichenen Federn. Zwischen diesen beiden Extremen sind alle Schattierungen möglich. Die Farbe der äußeren Handschwingen ist ein Schlüsselmerkmal; diese Federn bilden den hellsten Teil des Flügels, auch dann, wenn sie eine ausgewaschen braune Färbung an den Spitzen oder dunkle subterminale Pfeilspitzen wie die dunkelsten Polarmöwen im ersten Zyklus zeigen. Nimmt die dunkle Färbung in Richtung der äußersten Handschwingen stufenweise zu, sollte ein genetischer Einfluss der Silbermöwe in Betracht gezogen werden (wie gering er auch sein mag). Dunkle Eismöwen können eine breite, gleichmäßig braune Schwanzbinde sowie sehr dunkle Schirmfedern mit komplett brauner Basis, weißen Spitzen und schmalen dunklen Subterminalabzeichen aufweisen. Bei den meisten Vögeln sind die Schwanz- und Schirmfedern auf weißem Grund fein braun gewellt, und auf Schulterfedern und mittleren Armdecken befinden sich braune Pfeilspitzen. Für die Bestimmung zentral in diesem Alter sind die unbefiederten Körperteile, vor allem der hellrosa Schnabel mit scharf abgegrenzter schwarzer Spitze. Die Beine sind rosa ohne dunkle Abzeichen.

Die meisten Polarmöwen haben im ersten Zyklus einen dunklen Schnabel, der in Richtung Basis immer mehr in Rosa übergeht. Fortgeschrittene Vögel mit zweifarbigem Schnabelmuster können von der Eismöwe durch Größen- und Gestaltmerkmale abgegrenzt werden, insbesondere durch die Schnabelform und Flügelprojektion. Darüber hinaus ist das Schnabelmuster nicht so scharf abgegrenzt wie bei der zuletzt genannten Art und die Innenkante der schwarzen Spitze ist oft eher S-förmig als senkrecht und gerade. Ausgeblichene oder leuzistische Silbermöwen haben eine andere Gestalt als die Eismöwe; ihren Schnäbeln fehlt das deutlich abgesetzte zweifarbige Muster und die Beine sind von einem helleren Rosa.

ÄHNLICHE ARTEN

▼ dunkles Individuum
Schnabel deutlich zweifarbig
zweifarbiger Schnabel mit klar abgegrenzter schwarzer Binde
▼ dunkles Individuum
dunkle Pfeilspitze am Ende der Handschwingen
gepunkteter Rumpf wirkt verrußt
leicht verdunkelte Spitzen der äußersten Handschwingen
V-Abzeichen auf den weißen Flügeldecken
gebänderte weiße Schirmfedern
weiße Handschwingen mit dunklem subterminalem V-Abzeichen
Oberschwanzdecken gebändert
► Individuum mit abgetragenem Gefieder (März)
kräftige Brust
weiße Handschwingen
schwarze Schnabelspitze
kleines schwarzes Auge in weißem Gesicht
◄ Individuum mit stark abgetragenem Gefieder (Mai)
▼ helles Individuum
komplett weiße Flügel
weiße große Armdecken

ÄHNLICHE ARTEN

Zweiter Zyklus

Das Gefieder ähnelt stark dem von Vögeln im ersten Zyklus, wobei das gewellte braune Muster meist weniger deutlich, aber dichter ist, besonders auf den Flügeldecken und Schirmfedern. Wie bei der Polarmöwe ist der Schwanz gleichmäßig braun, bei den dunkelsten Individuen können die äußeren Handschwingen einen braunen Farbstich aufweisen. Charakteristisch sind in diesem Alter die unbefiederten Körperteile: die helle Iris, deren

Färbung von dunkelgelb bis strohgelb reicht, ein rosafarbener Schnabel mit kleiner rosaroter Spitze sowie eine schwarze Subterminalbinde, die an ihren Kanten ausgeblichen wirkt. Körper und Flügel bestehen häufig aus einer Mischung weißer und brauner Federn. Polarmöwen dieser Alterskategorie haben eine ähnliche Schnabel- und Irisfärbung, aber eine andere Gestalt (kurzer, zarter Schnabel; kleiner, runder Kopf auf kurzem Hals; lange Flügel). Leuzistische oder ausgeblichene Silbermöwen zeigen weder das gleiche Schnabelmuster noch die gleiche robuste Statur.

Dritter Zyklus

Vom dritten Zyklus an unterscheiden sich Eismöwen von Polarmöwen abgesehen von ihrer Gestalt durch die Farbe ihrer unbefiederten Körperteile, d. h. einen blassrosa-gelben statt grünlich gelben Schnabel und einen gelben statt rosafarbenen Orbitalring. Im Winter ist der Kopf braun gestrichelt mit einem einheitlich dunklen Fleck vor dem Auge, und die Brust ist oft braun gefleckt. Die äußeren Handschwingen zeigen wie bei adulten Vögeln und wie bei der Polarmöwe große weiße Spitzen.

VERBREITUNGSGEBIET

Die Eismöwe brütet entlang der nördlichen Küsten des amerikanischen und eurasischen Kontinents und überwintert an den Küsten NW-Europas, NO-Asiens und Nordamerikas sowie an den Großen Seen. Als Küstenvogel ist sie häufig in großen Fischereihäfen anzutreffen, allerdings nie in großer Zahl, außer z. B. im Winter auf Island. Im Landesinneren kommt sie seltener vor.

Irrgäste werden manchmal in Mittel- und Osteuropa sowie in der Mittelmeerregion gesichtet und wurden auch am Roten, am Schwarzen und am Kaspischen Meer gemeldet.

Polarmöwe
Larus glaucoides glaucoides

GESTALT

Verglichen mit der Silbermöwe ist die Gestalt zierlicher und langgestreckter, mit sehr langen Flügeln, einem kleinen, runden Kopf und einem kürzeren Schnabel, der den Vogel oft taubenhaft aussehen lässt. Die Polarmöwe ist deutlich kleiner als die Eismöwe, mit längerer Handschwingenprojektion, kürzerem Schnabel, schlankerer Gestalt und kleinerem Körper. Anders als bei der Eismöwe ist der Schnabel kürzer als die Flügelprojektion. Der kleine, runde Kopf, der kurze Schnabel und die langen Flügel erlauben sogar aus der Ferne eine Abgrenzung von leuzistischen oder stark ausgeblichenen Individuen anderer Großmöwenarten.

Adult

Adulte Vögel haben eine hellgraue Oberseite, die meist heller als bei der Silbermöwe *argenteus* ist. Die reinweißen Flügelspitzen zeigen keinen Ansatz dunkelgrauer oder schwärzlicher Färbung. Sind dunkelgraue Abzeichen vorhanden, sollte das als Hinweis auf eine (helle) Kumlienmöwe verstanden werden, obwohl beachtet werden muss, dass die Außenfahne von H10 bei adulten Polarmöwen (Nominatform *glaucoides*) etwas dunkelgrauer als der Rest des Flügels sein kann. Im Winter ist der Schnabel manchmal matter gefärbt als bei anderen Großmöwen und kann grünlich oder gräulich gelb sein; der Kopf zeigt eine variable Strichelung, die von unscharfen Flecken auf dem Hinterhals bis zu einer vollständigen Kapuze aus braunen Flecken reichen kann, die sich bis zum Nacken und oberen Brustbereich erstreckt. Die Iris ist weißlich oder hellgelb, eine dunklere Färbung könnte ein Hinweis auf eine Kumlienmöwe sein. Die Beine sind rosa, oft leuchtender gefärbt als bei der Silbermöwe *argenteus*, wie bei der Thayermöwe.

stark gezeichneter Kopf
hellgraue Oberseite
runder Kopf «ohne Hals»
kleiner, kurzer Schnabel
komplett weiße Flügelspitze
Flügel mit weißer Spitze
Iris manchmal rauchfarben
unscharfe Flecke
lange weiße Handschwingen
Schnabel im Winter heller
unscharfe graue Flecke
schmaler Schnabel
weiße Spitze
leuchtend rosafarbene Beine

Erster Zyklus

Das typische Gefieder ist weiß oder weißlich mit feinen hellbraunen Abzeichen und weißen Flügelspitzen. Die unteren Schulterfedern und die Schirmfedern sind nicht gleichmäßig graubraun, wie manchmal bei der Kumlienmöwe, sondern mit schmalen, klar definierten braunen Bändern auf reinweißem Grund versehen. Auch die Schwanzfedern sind weiß mit feiner brauner Bänderung, manchmal mit breiter Subterminalbinde, wenn die Federn einheitlicher gefärbt sind oder ein dichteres gewelltes Muster aufweisen. Die Handschwingen können an den Spitzen eine ausgewaschen braune Tönung zeigen, die in Richtung der äußersten Handschwingen stufenweise heller bis hin zu weiß wird. Bei stark gezeichneten Vögel kann das Muster im ersten Zyklus dichter und dunkler sein und eine rußigere Grundfärbung haben, die Handschwingen werden nach außen hin aber trotzdem weißer. Einige Vögel haben klar definierte dunkle Pfeilspitzen nahe der Spitze ihrer Handschwingen, wie bei einigen hellen Kumlienmöwen. Der dunkle Schnabel zeigt an der Basis eine Rosafärbung, die über das Jahr hinweg so intensiv wird, dass sie bei einigen Vögeln einen deutlichen Kontrast zu der relativ gut abgegrenzten schwarzen Spitze bildet, was zu einer Verwechslungsgefahr mit der Eismöwe im ersten Zyklus führt. Diese hat aber immer einen massigeren Körper und eine kürzere Handschwingenprojektion. Problematisch kann die Abgrenzung von der hellen Kumlienmöwe sein, sodass manche Vögel nicht sicher bestimmt werden können. Im Wintergebiet der Kumlienmöwe kommen einige helle Vögel mit fein gebändertem Gefieder und reinweißen Handschwingen vor. Es ist nicht sicher, welcher Art sie angehören: Es könnte sich um helle Kumlienmöwen handeln, die genau so aussehen wie nominotypische Polarmöwen. Siehe Beschreibung der Kumlienmöwe.

▸ abgetragenes Gefieder

ÄHNLICHE ARTEN

POLARMÖWE

EISMÖWE 1. ZYKLUS

Zweiter Zyklus

Die meisten Vögel dieser Altersklasse haben auf den Schulterfedern braune Pfeilspitzen, die kaum mit den braunen Flügeldecken kontrastieren, sowie ein ausgedehntes verwaschen braunes oder gewelltes Muster auf dem Schwanz. Auf den großen Armdecken zeigen sich eher dichte Wellen als parallele Bänder. Einige Vögel bilden während der pränuptialen Mauser bereits einen einheitlich grauen Mantel aus. Der Schnabel ist matt blassrosa oder gräulich mit mehr oder weniger scharf abgegrenzter schwarzer Spitze, die Irisfärbung reicht von dunkelbraun bis dunkelgelb. Das Schnabelmuster kann an eine jüngere Eismöwe im ersten Zyklus erinnern, die Gestalt und die langen Flügel erlauben aber eine korrekte Bestimmung.

ÄHNLICHE ARTEN

Dritter Zyklus

Das Gefieder ähnelt dem adulter Vögel, die Oberseite zeigt aber oft eine Mischung aus grauen Federn (wie im Alterskleid) und einigen braunen oder fein marmorierten immaturen Federn. Häufig sind die Schwanzfedern verwaschen braun oder haben eine feine braune Bänderung. Die inneren Handschwingen sind gleich gemustert und gefärbt wie bei Altvögeln, die äußeren Handschwingen können aber verwaschen braun aussehen. Im Vergleich zu adulten Vögeln kann die braune Strichelung auf Kopf und Nacken ausgedehnter sein und bis zur Unterseite reichen. Der graue oder grünliche Schnabel wird zum Frühjahr hin grünlich gelb mit unscharfer dunkler Subterminalbinde. Die Iris ist in diesem Alter hellgelb. Die Abgrenzung von der Eismöwe sollte auf Gestaltmerkmalen beruhen (siehe S. 168, «Gestalt»).

◗ VERBREITUNGSGEBIET

Die Polarmöwe brütet entlang der Küsten Grönlands, wo die meisten Vögel auch überwintern, wobei eine variable Zahl auch gen Südosten zieht, um den Winter in Island, auf den Britischen Inseln und vor den Küsten N- und W-Europas zu verbringen. Polarmöwen sind Küstenvögel, die regelmäßig in Fischereihäfen anzutreffen sind. Im Winter kann die Art in Island mit Schwärmen von mehr als 100 Vögeln beobachtet werden. Harte winterliche Bedingungen, insbesondere starke Stürme, können Vögel ins Landesinnere oder südlich ihres üblichen Wintergebietes verdrängen.

Irrgäste werden gelegentlich in Finnland, Mitteleuropa, der Mittelmeerregion und Marokko gesichtet. Auch anerkannte Meldungen von den Azoren, den Kanaren und Madeira.

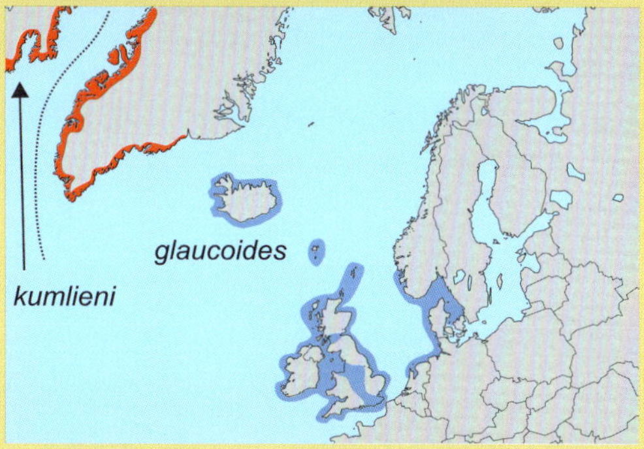

Kumlienmöwe
Larus glaucoides kumlieni

GESTALT

Größe und Form entsprechen der Polarmöwe (siehe dort), wobei junge Vögel manchmal etwas massiger sind und einen etwas kräftigeren Schnabel haben können (diese Merkmale sind aber variabel).

Adult

Das wichtigste Bestimmungsmerkmal der adulten Kumlienmöwe ist das Muster der äußeren Handschwingen. Es kann als Mischform zwischen dem der Polar- und der Thayermöwe beschrieben werden, mit denen die Kumlienmöwe eine Gruppe bildet. Verglichen mit der Thayermöwe deutet selbst die geringfügigste Pigmentierung auf den Handschwingen bereits auf eine Kumlienmöwe hin. Zu beachten ist jedoch, dass adulte Polarmöwen eine sehr dezente dunkelgraue Außenfahne auf H10 zeigen können. Deshalb muss auf dieser Handschwinge ein kontrastreicheres oder ausgedehnteres dunkles Muster (wie eine dunkelgraue Färbung nicht nur auf H10, sondern auch auf H9 mit dunklen Subterminalbinden usw.) zu sehen sein, bevor der Vogel als «echte» *kumlieni* betrachtet werden kann. Die Abzeichen auf den Handschwingen sind in der Regel sehr variabel: Manchmal bedecken sie H6–H10, manchmal weniger Handschwingen. Ein dunkles Abzeichen auf H5 ist selten. Die Farbe des Handschwingenmusters reicht von hellgrau bis schwärzlich grau (in diesem Fall kann die Abgrenzung von der Thayermöwe sehr schwierig sein; siehe dort). Das Muster zeigt sich vor allem auf den Außenfahnen der Federn, häufig sind aber auch Subterminalbinden sichtbar (auf H6–H9). Viele Vögel haben auf H9–H10 weiße Spiegel. Gelegentlich werden aber auch Vögel mit ungezeichneten weißen Flügelspitzen in den Brut- oder Wintergebieten der Kumlienmöwe gesichtet. Es ist unklar, ob es sich bei diesen Vögeln um *glaucoides* außerhalb ihres Verbreitungsgebietes oder um Varianten von *kumlieni* handelt.
Die Oberseite ist hellgrau, ähnlich wie bei der Polarmöwe, aber etwas dunkler (und ein wenig heller als bei der Thayermöwe – der Unterschied ist aber sehr gering und variabel). Die Farbe der Iris reicht von (dunkel)gelb bis bräunlich; bei der Polarmöwe ist sie gelb und bei den meisten Thayermöwen braun. Die Beine sind kräftig rosa. Der Schnabel ist wie bei der Polarmöwe gefärbt.

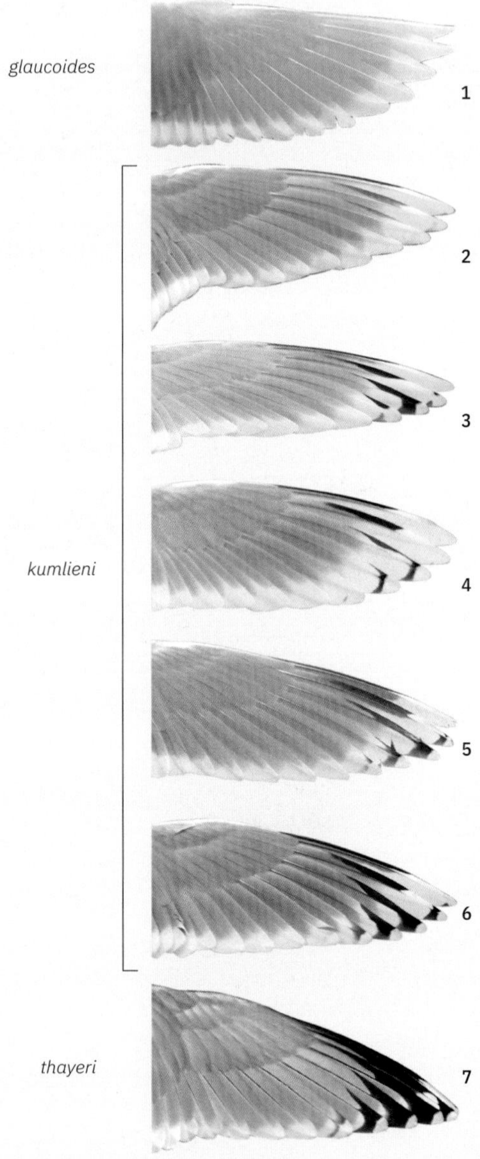

Variation des Handschwingenmusters der adulten Kumlienmöwe (Nr. 2 bis 6)

▲ Altvogel mit schwacher Zeichnung auf äußeren Handschwingen

◂ Vogel mit durchschnittlichem Handschwingenmuster

◂ Vogel mit schwach gezeichneter Flügelspitze

◂ Vogel mit schwärzlicher Flügelspitze

Einige adulte Silbermöwen mit abgetragenem oder leuzistischem Gefieder können der Kumlienmöwe gleichen. Sie sind aber größer (und massiger), der Schnabel ist kräftiger, das Rosa der Beine heller und das Muster ihrer äußeren Handschwingen unterscheidet sich oft (z. B. durch ausgedehnte dunkle Innenfahnen). Diese Merkmale sollten auch bei der Unterscheidung von Hybriden zwischen Eis- und Silbermöwe («Wikingermöwen») helfen, die variable graue Abzeichen auf den äußeren Handschwingen zeigen können. Eine Verwechslung ist mit der Polar- und insbesondere mit der Thayermöwe am wahrscheinlichsten (siehe jeweils dort), sodass einige Vögel nicht mit Gewissheit bestimmt werden können.

ÄHNLICHE ARTEN

◄ eher starke Zeichnung auf äußeren Handschwingen

► Individuum mit eher schwacher Zeichnung auf äußeren Handschwingen

Erster Zyklus

Auch in diesem Alter stellen die Handschwingen das Hauptmerkmal dar. Außerhalb ihres normalen Gebiets können nur diejenigen Kumlienmöwen im ersten Zyklus bestimmt werden, die an den äußeren Handschwingen dunkle Außenfahnen aufweisen (bei der Polarmöwe weißlich oder hellbraun). Im Flug wirken ihre äußeren Handschwingen dunkler als die inneren Handschwingen. Bei der Polarmöwe im ersten Zyklus sind alle Handschwingen gleich gefärbt, obwohl die inneren etwas dunkler als die äußeren sein können.

Die Handschwingen der Kumlienmöwe im ersten Zyklus zeigen bei zusammengelegter Flügelspitze braune Zentren und hellere Spitzen (bei der Polarmöwe sind diese Federn dagegen gleichmäßig hell, manchmal mit braunen Pfeilspitzen nahe der Spitzen, was zur Verwechslung führen kann). Im Überwinterungsgebiet haben einige Kumlienmöwen im ersten Zyklus jedoch komplett helle Flügelspitzen und können von der Polarmöwe nicht unterschieden werden. Zu beachten ist überdies, dass das Gefieder im ersten Zyklus über den Winter hinweg ausbleicht, was sich auch auf die Färbung der äußeren Handschwingen auswirken kann.

Das gesamte Gefieder zeigt eine große Ähnlichkeit zu dem der Polarmöwe. Allerdings kann es etwas dichter gemustert sein und dadurch dunkler braun wirken. Das gilt insbesondere für das Schwanzmuster, manchmal aber auch für Flügeldecken und Schulterfedern. Der Schnabel ist völlig schwarz; die Basis kann im ersten Winter gräulich rosa werden, allerdings weniger stark als bei der Polarmöwe (obwohl dies variabel ist).

Im ersten Zyklus kann die Kumlienmöwe mit einer «Wikinger-» oder einer Silbermöwe mit abgetragenem oder ausgeblichenem Gefieder verwechselt werden (siehe «Adult» oben).

Für Unterschiede zur Thayermöwe und Eismöwe siehe jeweils dort.

▾ helleres Individuum

◂ im Winterquartier der Kumlienmöwe fotografiertes Individuum, das sich nicht von einer gleichaltrigen Polarmöwe unterscheiden lässt

ÄHNLICHE ARTEN

Zweiter Zyklus

Die meisten Vögel dieser Altersklasse unterscheiden sich von der Polarmöwe durch die braunen Außenfahnen der äußeren Handschwingen, die mit den hellen Innenfahnen kontrastieren, sowie durch den häufig auf H10 vorhandenen weißen Spiegel. Der Polarmöwe im zweiten Zyklus fehlt dieses dunkle Muster auf den äußeren Handschwingen, obwohl es einen gewissen Kontrast aufgrund der inneren und mittleren Handschwingen gibt, die dunkler als die äußeren Federn sind. Das Schwanzmuster ist in diesem Alter kein zuverlässiges Merkmal; ein starker Kontrast zwischen der weißen Schwanzbasis und der braunen Schwanzbinde ist aber eher für die Kumlienmöwe typisch. Der Schnabel zeigt ein zweifarbiges Muster mit rosafarbener Basis und schwarzer Spitze, die Irisfärbung reicht von bernsteingelb bis braun. Einige Vögel mit hellem Gefieder und heller Iris können von der Polarmöwe nicht abgegrenzt werden.

Für Unterschiede zur Thayermöwe und Eismöwe siehe jeweils dort.

ÄHNLICHE ART

POLARMÖWE 2. ZYKLUS

Dritter Zyklus

Vögel dieser Altersklasse unterscheiden sich von der Polarmöwe dadurch, dass die Außenfahnen der äußeren Handschwingen dunkler sind als die Handdecken und großen Armdecken. Darüber hinaus weisen sie auf H10 oft einen weißen Spiegel auf.

Einige Vögel mit sehr hellen äußeren Handschwingen können von Polarmöwen (die in diesem Alter manchmal hellbraune äußere Handschwingen haben) nicht abgegrenzt werden. Letztere haben manchmal eine deutliche graue Schwanzbinde, wodurch das Schwanzmuster für die Bestimmung nutzlos wird, obwohl ein komplett dunkelgrauer Schwanz nur bei der Kumlienmöwe vorzukommen scheint. In diesem Alter hat die Polarmöwe eine gelbe Iris, während sie bei einigen Kumlienmöwen dunkel ist.

ÄHNLICHE ART

POLARMÖWE 3. ZYKLUS

◗ VERBREITUNGSGEBIET

Die taxonomische Position der Kumlienmöwe ist unsicher und umstritten. Es könnte sich um eine Hybridform oder eine neu entstehende Art handeln. Hier wird sie aber entsprechend der IOC-Liste (Gill et al. 2020) als Unterart der Polarmöwe *L. g. glaucoides* behandelt.

Das Brutgebiet der Kumlienmöwe liegt im Nordosten der kanadischen Arktis und schließt die südliche Baffininsel, die Southampton-Insel und den nördlichen Teil der Hudsonbai ein. Den Winter verbringt die Unterart vorwiegend in Neufundland und Neuschottland (Kanada), aber auch um die Großen Seen herum und an der atlantischen Küste der Vereinigten Staaten entlang südwärts bis North Carolina (selten südlicher). Eine kleinere Anzahl überwintert vor den Küsten Grönlands (insbesondere vor der südwestlichen Küste).

Regelmäßig ist die Kumlienmöwe im Winter in Island anzutreffen und selten, aber auch regelmäßig im Norden der Britischen Inseln und auf den Färöern. In NW-Europa kommt sie ansonsten kaum vor, wurde aber schon auf der Iberischen Halbinsel gesichtet.

Thayermöwe
Larus thayeri

GESTALT
Eine sehr elegante Art mit rundem Kopf, schmalem und geradem Schnabel, kurzen Beinen und langer Handschwingenprojektion. Kleinere Vögel können in ihrer Gestalt auch an die Ringschnabelmöwe erinnern. Die Thayermöwe besitzt durchschnittlich einen etwas längeren Schnabel und eine längere Handschwingenprojektion als die Kumlienmöwe sowie einen schmaleren Schnabel und runderen Kopf und ist kleiner als die Kanadamöwe.

Die Thayermöwe ist ein umstrittenes Taxon. Fast ein halbes Jahrhundert wurde sie gemeinhin als eigenständige Art betrachtet, vor Kurzem aber von amerikanischen Behörden auf eine Unterart der Polarmöwe herabgestuft. Wir stehen dieser Entscheidung kritisch gegenüber, da es uns schwerfällt zu glauben, dass eine Möwe mit schwarzen Flügelspitzen derselben Art angehören kann wie eine Möwe von einem anderen Kontinent mit weißen Flügelspitzen. Uns liegen keine Belege dafür vor, dass sich Thayer- und Polarmöwe wie Unterarten verhalten, und wir denken, dass es deutliche morphologische und akustische Unterschiede zwischen den beiden gibt (siehe auch «Taxonomie», S. 6). Zur Klärung wäre sicher mehr Forschung nötig – in diesem Buch betrachten wir aber die Thayermöwe weiterhin als eigenständige Art.
Vögel mit intermediärem Gefieder zwischen Thayer- und Kumlienmöwe kommen häufig vor, deshalb verzichtet man vielleicht am besten auf deren Bestimmung. Auch an der pazifischen Küste können einige hybride Möwen stark der Thayermöwe ähneln – diese Vögel liegen aber außerhalb des geografischen Geltungsbereichs dieses Buches.

Adult

Die meisten Thayermöwen haben eine dunkle Iris, tiefrosafarbene Beine und einen rosa- oder violettfarbenen Orbitalring. Im Winter ist der Schnabel oft eher grünlich als gelb und zeigt kein oder nur ein sehr kleines dunkles Muster. Von der Kanadamöwe unterscheiden sich Thayermöwen durch ihre etwas dunkelgrauere Oberseite und das andersartige Flügelmuster. Die äußeren Handschwingen sind eher gräulich schwarz als pechschwarz, deren Außenfahnen schwärzlich. Die Innenseite des Schafts ist gräulicher, wodurch ein zweifarbiges Muster («Jalousie») entsteht. Von unten sieht die Flügelspitze überwiegend hell aus (mit schmalem schwärzlichen Hinterrand). Bei gefalteter Flügelspitze zeigen sich die hellen Innenfahnen meist noch als weißer «Haken», der von einer oder zwei Handschwingenspitzen zurück zu den Schirmfedern verläuft. Eine ausgedehnte weiße Färbung ist auch auf der Unterseite der Flügelspitze erkennbar. Einige Kanadamöwen (besonders in NO-Kanada) sowie einige nördliche Silbermöwen können wie die Thayermöwe ausgedehnte helle Innenfahnen aufweisen, die Außenfahnen sind aber pechschwarz. Silbermöwen zeigen in der Regel große weiße Spiegel, aber ohne schwarzes Muster an der Spitze der äußersten Handschwinge (anders als bei Thayermöwe), eine dunkelgrauere Oberseite als die Thayermöwe, eine helle Iris und eine weniger ausgedehnte schmutzig braune Färbung auf Nacken und Brust im Winter. Sie sind auch größer, haben einen massigeren Kopf, kräftigeren Schnabel und etwas längere Beine. Siehe auch «Wikingermöwe».
Dunkle Kumlienmöwen können ausgedehnte dunkle Flügelspitzen haben, bei genauer Betrachtung erweisen sie sich jedoch meist als dunkelgrau oder dunkelbraun. Abgesehen von ihrem längeren, weniger gedrungenen Schnabel unterscheidet sich die Thayermöwe von diesen Vögeln normalerweise durch ihr Flügelmuster, d. h.:

- einen vollständig dunklen Außenrand auf H9 (da der weiße Spiegel auf dieser Feder entweder fehlt oder auf die Innenfahne begrenzt ist);
- ein schwärzliches Mittelband auf H10 oder H9;
- ein dunkles Muster auf normalerweise sechs Handschwingen (bei der Kumlienmöwe hauptsächlich fünf oder weniger).

Darüber hinaus erstreckt sich das schwärzliche Muster auf H9 in der Regel bis zu den Handdecken.

ÄHNLICHE ARTEN

Erster Zyklus

Die Thayermöwe im ersten Zyklus ist vielleicht der Kanadamöwe am ähnlichsten, hat aber ein hellbrauneres Gefieder und die Unterseite der Flügelspitze ist heller. Während Thayermöwen im ersten Zyklus in Ruhestellung insgesamt eher braun aussehen, erscheinen sie im Flug aufgrund eines silbernen oder raureiffarbenen Schleiers auf der Flügeloberseite heller. Die gefaltete Flügelspitze weist typischerweise klar definierte, schmale weiße Ränder auf. Im Flug zeigen die äußeren Handschwingen ein zweifarbiges Muster aus dunklen Außen- und hellen Innenfahnen. Bei der Kanadamöwe hat die Unterseite der äußersten Handschwingen eher einen braunen als hellsilbernen Farbton, auf den äußeren Handschwingen ist kein zweifarbiges Muster zu erkennen und die hellen Ränder an der gefalteten Flügelspitze fehlen oder sind kaum sichtbar. Im Gegensatz zu den meisten (aber sicherlich nicht allen) Kanadamöwen behalten viele Thayermöwen ihr Jugendkleid bis weit in den Winter hinein. Die juvenilen Schulterfedern zeigen häufig ein typisches Muster aus hellbraunen Zentren, dunkelbraunen Subterminalbinden und weißen Rändern. Anders als bei vielen Kanadamöwen bleibt der Schnabel über den Winter in der Regel dunkel.

Bei einigen Silbermöwen im ersten Zyklus kann das Gefieder hellgraubraun mit weißen Rändern an der gefalteten Flügelspitze sein, wobei die Ränder aber tendenziell breit und nicht

ÄHNLICHE ARTEN

scharf abgegrenzt sind. Zu beachten sind bei europäischen Vögeln auch die eher gepunktete oder gestrichelte Unterseite, die grob gebänderten Flügeldecken, die vermauserten Schulterfedern mit dunklen Ankern oder Bändern, der kräftigere zweifarbige Schnabel und die mattere Beinfärbung. Im Flug zeigen sich weitere Unterschiede zur Thayermöwe: der weißere Bürzel, die helle Schwanzbasis mit groben Abzeichen, die flächig brauner wirkenden äußeren Handschwingen (bei Betrachtung von oben) und das gebänderte Muster auf den Achselfedern. Thayermöwen haben im ersten Zyklus aufgrund ihres kompakt dunklen Schwanzes und den dicht gebänderten Ober- und Unterschwanzdecken ein klassisches «nearktisches Aussehen».

Dunkle Kumlienmöwen können Thayermöwen sehr ähnlich sehen, weisen aber gemeinhin breitere weiße Ränder an der gefalteten Flügelspitze, eher gefleckte oder marmorierte als komplett braune Schirmfedern und einen kürzeren, gedrungeneren Schnabel auf. Die juvenilen Schulterfedern haben meist breitere weiße Ränder und kleinere braune Zentren als die Thayermöwe, aber es gibt einige Überlappungen zwischen diesen beiden Arten. Im Flug wirken die Armschwingen hell – deutlich heller als die äußeren Handschwingen. Den meisten Vögeln fehlt ein dunkler Hinterrand an der Unterseite der äußeren Handschwingen.

Zweiter Zyklus

Das Gefieder ist in etwa eine Mischung zwischen dem der Kanadamöwe und der Polarmöwe. Anders als bei diesen Arten ist die gefaltete Flügelspitze dunkelbraun statt schwärzlich, mit klar definierten, schmalen weißen Rändern. Bei der Kanadamöwe sind alle Ränder schmal und auf die Spitzen der Handschwingen begrenzt. Bei Thayermöwen im zweiten Zyklus können die Flügeldecken hell, eher ausgewaschen und weniger stark gemustert sein als bei der Kanadamöwe. Im Flug sind von unten die helle Hand (mit dunklem Hinterrand) und von oben das zweifarbige Muster der äußersten Handschwingen (dunkle Außenfahnen, hellsilberne Innenfahnen) zu beachten. Einige Silbermöwen dieser Alterskategorie zeigen eher weißliche Flügeldecken und eine braune Flügelspitze mit hellen Rändern, die aber nicht klar definiert sind. Neben der größeren und massigeren Gestalt unterscheiden sie sich von der Thayermöwe durch die stärker gemusterten Flügeldecken und das weniger ausgedehnte, aber gröbere braune Muster auf der Unterseite. Im Flug sind der vorwiegend weiße Bürzelbereich, der grob gezeichnete Schwanz und häufig sowohl von oben als auch von unten komplett braune äußerste Handschwingen zu sehen.

Dunkle Individuen der Kumlienmöwe zeigen tendenziell eine hellere gefaltete Flügelspitze (dunkelgrau bis mittelbraun) mit breiteren weißen Rändern. Im Flug werden die äußeren Handschwingen zu den Spitzen hin dunkler – diesen Farbverlauf gibt es bei der Thayermöwe nicht. Die Schirmfedern weisen eher ein ausgewaschenes geschlängeltes Muster auf und nicht die dunklen Zentren wie bei der Thayermöwe. Schwer identifizierbare Vögel können am besten mithilfe von guten Aufnahmen im Flug bestimmt werden, auf denen helle Armschwingen und ein Handschwingenmuster sichtbar werden, das sich wie folgt von der Thayermöwe unterscheidet:

- breite weißliche Innenfahnen an den äußersten Handschwingen (bei der Thayermöwe schmaler und hellbraun oder silberfarben);
- höchstens vier äußere Handschwingen mit komplett dunkler Außenfahne, die bis auf die Handdecken reicht (bei der Thayermöwe fünf oder mehr, wodurch eine ausgedehntere dunkle Basis an der äußeren Hand entsteht);
- großer weißer Spiegel auf der äußersten Handschwinge (bei Thayermöwe kleiner oder fehlend).

ÄHNLICHE ARTEN

Dritter Zyklus

Die Thayermöwe im dritten Zyklus ähnelt im Sitzen am meisten der Kanadamöwe, zeigt aber auf der Unterseite der gefalteten Flügelspitze eine ausgedehnte weiße Tönung. Zu beachten ist zudem, dass die Flügelspitze eher gräulich schwarz als schwarz ist. Die Oberseite wirkt etwas dunkelgrauer als bei der Kanadamöwe, die Iris dunkler und die Beine sind dunkelviolettrosa gefärbt. Im Flug zeigen die äußersten Handschwingen schwarze Außenfahnen, aber eine hellere schwärzlich graue Färbung auf der Innenseite des Schafts, wodurch ein zweifarbiges Muster entsteht (manchmal nur sichtbar, wenn der Flügel voll ausgestreckt ist). Von unten sehen die Handschwingen hell und transparent aus, mit dunklem Hinterrand.

Die Thayermöwe im dritten Zyklus unterscheidet sich von der Silbermöwe durch den dünneren Schnabel, die etwas kleinere Größe, die längere Handschwingenprojektion, die tiefe Rosafärbung der Beine, die dunklere Iris und die helle durchscheinende Unterseite der äußeren Handschwingen. Außerdem tragen die meisten Silbermöwen im dritten Zyklus eine grobe dunkle Bänderung auf den Schirmfedern oder großen Armdecken.

Bei dunklen Kumlienmöwen sind die Flügelspitzen häufig eher dunkelgrau als schwärzlich und die weißen Handschwingenspitzen sind oft größer als bei gleichaltrigen Thayermöwen. Die Unterseite der gefalteten Flügelspitze ist völlig weiß und auf den Schirmfedern lassen sich keine deutlichen dunklen Zentren erkennen. Im Flug unterscheidet sich das Handschwingenmuster wie folgt:

- Die Kumlienmöwe zeigt üblicherweise auf fünf Handschwingen ein dunkles Muster (bei der Thayermöwe im dritten Zyklus sind es in der Regel sechs).
- Sie hat breitere und hellere Innenfahnen an den äußeren Handschwingen.
- Mit Ausnahme des undeutlichen dunklen Hinterrands weist die Kumlienmöwe eine vollständig helle Unterseite an den äußersten Handschwingen auf (wohingegen die Thayermöwe im dritten Zyklus eine schwärzliche Nuance auf der Innenfahne von H10 zeigt).

VERBREITUNGSGEBIET

Die Thayermöwe brütet im arktischen Kanada. Darüber hinaus wurde im Jahr 2012 ein Paar in SW-Grönland gesichtet, was auf eine (sehr) kleine dort lebende Population verweisen könnte. Die Art überwintert vorwiegend an der pazifischen Küste Nordamerikas, eine kleinere Zahl im Gebiet der Großen Seen und eine sehr kleine Anzahl zieht sogar bis nach Japan. Die Thayermöwe ist Irrgast in Europa, mit bestätigten Meldungen in Irland, Großbritannien, Island, Dänemark, Norwegen, Spanien und den Niederlanden.

ÄHNLICHE ARTEN

Silbermöwe
Larus argentatus argentatus & argenteus

GESTALT
Die Silbermöwe ist eine stämmige und kräftige Großmöwe mit etwas grimmigem Gesichtsausdruck (bei Altvögeln wird dies durch die starrend wirkende gelbe Iris verstärkt) und eckigem Kopf. Sie hat einen gedrungenen Körper mit relativ kurzer Handschwingenprojektion, einen kurzen unbefiederten Teil der Unterschenkel in Ruhestellung und einer deutlichen Stufe zwischen Schirmfedern und Handschwingen. Der gedrungene Schnabel weist ein auffälliges Gonyseck auf, das bei den Männchen am ausgeprägtesten ist.
Die Skandinavische Silbermöwe *argentatus* ist ein kräftiger Vogel mit etwas längeren Flügeln als die Britische Silbermöwe *argenteus* und einer abfallenden Stirn, die an die Form eines Rüssels erinnert. Das eingehende Studium von Gestalt, Verhalten und Gefieder von Silbermöwen ist ein erster Schritt bei der Bestimmung von Möwen, da die Silbermöwe oft als «Referenzart» für den Vergleich dient.

Adult

Die Silbermöwe hat in den meisten Teilen ihres Verbreitungsgebietes rosa- oder «fleischfarbene» stämmige Beine. Bei einigen Individuen können diese allerdings einen hellgelben Stich haben und bei Vögeln der baltischen Population sogar tiefgelb sein, womit sie der Mittelmeermöwe *michahellis* ähneln. Letztere hat aber eine dunklere bläulich graue Oberseite und auf der Flügelspitze mehr Schwarz und weniger Weiß. Viele Vögel können durch einen Blick auf die Unterseite der zusammengelegten Flügelspitze abgegrenzt werden: Bei Mittelmeermöwen ist diese schwarz mit einem kleinen weißen Spiegel, während sie bei Vögeln der baltischen Unterart *argentatus* häufig eine lange helle Zunge und einen langen weißen Spiegel zeigen.
Adulte Silbermöwen haben ein grimmig wirkendes gelbes Auge mit gelborangenem Orbitalring, anders als z. B. die Steppenmöwe. Das Rot auf dem Schnabel ist im Gegensatz zu dem großen roten Gonysfleck bei der Mittelmeermöwe auf den Unterschnabel begrenzt.
Bei *argenteus* ist die Oberseite hellsilbergrau, bei der Nominatform *argentatus* aus Skandinavien einen Ton dunkler. Die Schwarz-Weiß-Verteilung auf der Flügelspitze der Altvögel stellt ein variables, aber wichtiges Merkmal zur Unterscheidung adulter Silbermöwen, Steppenmöwen und Mittelmeermöwen dar. Zum typischen schwarzen Muster bei *argenteus* gehört ein schwarzes Subterminalband auf H10, ein kleiner Spiegel auf H9 und etwas Schwarz auf H5. Durchschnittlich weist *argentatus* weniger Schwarz auf H9 und H10 und gar kein Schwarz auf H5 auf. Das Handschwingenmuster der Mittelmeermöwe ähnelt dem von *argenteus*, wobei das schwarze Band auf H5 häufiger vollständig und breiter ist und die grauen Zungen auf H7–H8 etwas kürzer und dunkler sind.
Im Herbst/Winter zeigen adulte Silbermöwen eine augenfällige Strichelung auf dem Kopf mit fleckigem Muster auf dem Nacken, das sich manchmal bis auf die Seiten der Brust ausdehnt, während der Kopf von Steppen- und Mittelmeermöwe eher weiß bleibt. *Argenteus* kann im späten Dezember einen weißen Kopf bekommen, während der von *argentatus* häufig im März noch Strichel aufweist.

◂ Vergleiche Grauton und Gestalt von *argenteus* (rechts) und *argentatus* (links)

im Januar bereits weiß
BRITISCHE SILBERMÖWE
ARGENTEUS
SKANDINAVISCHE
SILBERMÖWE
ARGENTATUS
im März noch gestrichelt
viel Schwarz,
wenig Weiß
gelboranger Orbitalring
im Herbst gestrichelt
hellsilbergrau
rote Färbung
nur auf Unter-
schnabel
BRITISCHE SILBERMÖWE
ARGENTEUS
fleischfarben
SKANDINAVISCHE
SILBERMÖWE
ARGENTATUS
abfallende Stirn
dunkelgrauer als
bei argenteus
mehr Weiß,
weniger Schwarz
SILBERMÖWE
begrenztes Rot
heller Keil auf H10 manchmal
auf Außenflügel sichtbar
rosa
Silbermöwe mit
gelben Beinen

ÄHNLICHE ARTEN, ADULT

Erster Zyklus

Das Schlüsselmerkmal für die Bestimmung von Silbermöwen im ersten Zyklus findet sich auf den inneren Handschwingen. Im Flug zeigt sich ein großer heller Fleck auf der inneren Hand, ein sogenanntes Fenster. Dieses helle Fenster unterbricht die dunkle Reihe der Armschwingen und äußeren Handschwingen, sowohl die Innen- als auch Außenfahnen der inneren Handschwingen sind hell. Darüber hinaus weisen diese hellen Federn in der Nähe der Spitze typische isolierte dunkle Flecke auf. Ein so ausgeprägtes Fenster kann bei den anderen europäischen Großmöwen nicht beobachtet werden, die vielleicht helle Innenfahnen haben, allerdings in Kombination mit dunklen Außenfahnen, wodurch ein «Jalousie»-Effekt entsteht. Auch die isolierten dunklen Flecke fehlen (außer bei der Mantelmöwe).

Das Jugendkleid der Silbermöwe wirkt insgesamt eher hell oder «ausgeblichen» braun – heller als das Schokoladenbraun der Heringsmöwe *graellsii*, aber auch anders als das rötliche Braun der Mittelmeermöwe. Die äußeren Handschwingen sind oft dunkelbraun mit einem helleren Rand (nicht einheitlich schwärzlich wie bei der Heringsmöwe).

ÄHNLICHE ARTEN

Im Flug wirkt das Gefieder der Silbermöwe im Großen und Ganzen gebändert, einschließlich Schwanz, Bürzel und Flügeldecken, sodass kein starker Kontrast zwischen Schwanzbasis und dunkler Schwanzbinde entsteht. Sowohl die Steppen- als auch die Mittelmeermöwe zeigen ein stärker kontrastierendes Schwanzmuster.

Schwung- und Schirmfedern sowie Flügeldecken bleiben während des ersten Zyklus juvenil. Mittelmeer- und Steppenmöwen durchlaufen eine frühe und fortgeschrittene postjuvenile Mauser im Herbst, die häufig die Schirmfedern und einige Flügeldecken umfasst. Anders als die Silbermöwe ersetzt die Heringsmöwe normalerweise auch Flügeldecken und Schirmfedern - allerdings im Winter. Das heißt, bei einem Vogel im ersten Zyklus mit erneuerten Flügeldecken oder Schirmfedern handelt es sich ziemlich sicher um keine Silbermöwe. Die ersetzten Federn zeigen ein markantes Ankermuster, das sich deutlich von den braunen juvenilen Armdecken unterscheidet.

Bei der Silbermöwe findet sich auf den juvenilen Schirmfedern und Flügeldecken ein gebändertes oder gekerbtes Muster. Die (äußeren) großen Armdecken von Mittelmeermöwe, Steppenmöwe und Heringsmöwe sind dunkel.

Silbermöwen im ersten Zyklus behalten den Winter über die Strichelung auf dem Kopf, während Steppen- und Mittelmeermöwe rasch sehr weißköpfig erscheinen.

Eine Unterscheidung zwischen *argentatus* und *argenteus* im ersten Zyklus ist anhand der Gefiedermerkmale schlichtweg nicht möglich, allenfalls bei Vögeln mit extremen Gestaltmerkmalen oder wenn sie beringt sind.

ÄHNLICHE ARTEN

Zweiter Zyklus

Wie bei Vögeln im ersten Zyklus sind die inneren Handschwingen viel heller als die äußeren. Das ist nicht nur bei der Silbermöwe der Fall, sondern auch bei der Steppen- und Mittelmeermöwe. Dennoch ist das Muster bei der Silbermöwe etwas anders und weniger kontrastreich: Die inneren Handschwingen weisen an den Spitzen einige feine Striche und Pfeilspitzenmuster auf, die sich von den viel reiner gräulich braunen inneren Handschwingen der Steppen- und Mittelmeermöwe unterscheiden.

Armschwingen der 2. Generation haben hellbraune Zentren, die nur geringfügig mit den Flügeldecken kontrastieren. Sowohl die Mittelmeer- als auch die Steppenmöwe haben auf den Armschwingen kontrastreiche schwärzliche Zentren.

Viele Vögel bekommen im Winter auf der Oberseite einige Federn in einem Grauton wie im Alterskleid. Diese Federn sind bei der Silbermöwe *argenteus* hellgrau, bei der Mittelmeermöwe etwas dunkelgrauer. Viele Vögel der skandinavischen Unterart *argentatus* bleiben während des zweiten Zyklus insgesamt braun gebändert oder schmutzig braungrau, während die grauen Schulterfedern bei *argenteus* häufig einen «grauen Sattel» bilden (auch bei Steppenmöwe und Mittelmeermöwe zu beobachten).

Kopf, Brust und Flanken bleiben im Herbst und den Großteil des Winters über braun gestrichelt, mit dunklen Flecken um das Auge herum und einer fleckigen Strichelung auf dem Nacken. Im Frühjahr werden Unterseite und Kopf aber heller. Fleckige Muster auf dem Kopf finden sich bei Mittelmeer- und Steppenmöwen im zweiten Zyklus selten.

Die Iris wird zum Ende des Winters heller, wohingegen die Steppenmöwe dieser Altersklasse ihr dunkles Auge behält.

Die breite dunkle Schwanzbinde löst sich in dünne dunkle Striche Richtung Basis auf, sodass nur noch ein schwacher Kontrast zur Schwanzbasis besteht. Bei der Mittelmeer- und Steppenmöwe kontrastiert die schwärzliche Schwanzbinde stark mit der weißlichen Basis. Die Flügelunterseite bleibt bei der Silbermöwe weitgehend braun, während sie bei der Steppenmöwe in der Regel weißlich ist.

ÄHNLICHE ARTEN

► SKANDINAVISCHE SILBERMÖWE *argentatus* weniger reif als *argenteus* und oft mit dunklem Auge

◄ BRITISCHE SILBERMÖWE *argenteus* im Frühjahr

◄◄ BRITISCHE SILBERMÖWE *argenteus* im Frühjahr

◄ SKANDINAVISCHE SILBERMÖWE *argentatus*

ÄHNLICHE ARTEN, 2. ZYKLUS

VERBREITUNGSGEBIET

In W- und NW-Europa weit verbreitete Art mit dem nominotypischen Taxon *argentatus,* die in Skandinavien, Polen, den baltischen Staaten, Belarus und Russland brütet. Die hellere Unterart *argenteus* nistet in Island, Großbritannien, Belgien und an der kontinentalen Küste von Frankreich. Zwischen den beiden Arten gibt es eine große Intergradationszone, die von den Niederlanden bis Norddeutschland reicht.

Die Art ernährt sich opportunistisch, sucht ihre Nahrung an Stränden und auf offener See, Fischereifahrzeugen folgend, ist aber auch auf Mülldeponien, in Städten, auf Wiesen und Feldern und in Häfen zu finden.

Argenteus ist vorwiegend sesshaft oder ein Kurzstreckenzieher; einige Individuen erreichen die Iberische Halbinsel. Im Winter treffen sich Vögel der nördlichen Unterart *argentatus* mit Vögeln der Unterart *argenteus* in Großbritannien, den Benelux-Ländern und Nordfrankreich.

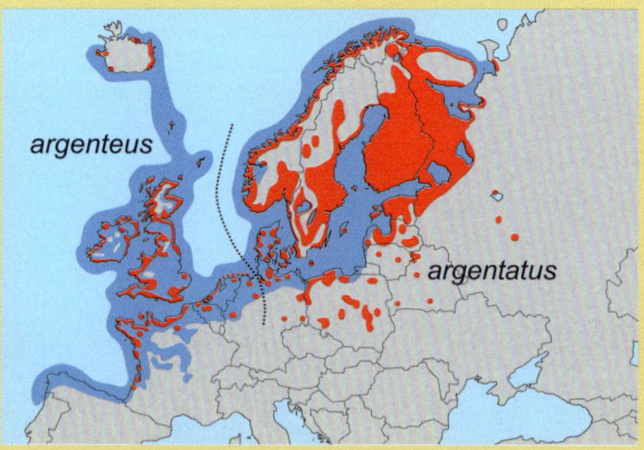

Die Silbermöwe zieht wahrscheinlich turnusmäßig in die Schwarzmeerregion. Irrgäste wurden im Nahen Osten, in der südlichen Mittelmeerregion, in Kasachstan und an der Ostküste von Nordamerika gesichtet.

BRITISCHE SILBERMÖWE
ARGENTEUS

SKANDINAVISCHE SILBERMÖWE
ARGENTATUS

Dritter Zyklus

Die grauen Federn auf dem Rücken zeigen den Grauton der Oberseite des Adultkleides an und können für die Bestimmung verwendet werden (siehe «Adult»). Im dritten Zyklus ähnelt das Gefieder von *argenteus* dem Adultkleid, mit ein paar wenigen Resten des immaturen Kleides (dazu sind z. B. Schwanz und Handdecken auf dunkle Zentren zu überprüfen). Mittelmeer- und Steppenmöwe haben ein ähnliches Gefieder (sehr alterskleidartig), wobei die Mittelmöwe dunkler als *argenteus* ist und gelbe Beine hat, während sich die Steppenmöwe durch eine andere Kopf- und Schnabelform, ein dunkleres Auge, einen reinweißen Kopf im Herbst, die fehlende kräftige Rosafärbung der Beine und ein etwas anderes Handschwingenmuster unterscheidet (siehe diese Art).

Nördliche *argentatus* können immer noch überraschend immatur aussehen, sodass eine Überprüfung des alterskleidartigen Musters auf den inneren Handschwingen notwendig sein kann, um das Alter zu bestätigen. Mit der Einordnung in die richtige Altersklasse können diese Vögel im dritten Zyklus mit rückständigem Gefieder kaum falsch bestimmt werden. Anders als Steppen- und Mittelmeermöwe zeigen *argentatus* in dieser Altersklasse auch eine ausgedehnte braune Fleckung auf Kopf und Nacken (mehr als adulte Vögel).

Kanadamöwe
Larus smithsonianus

GESTALT

Größe und Gestalt der Kanadamöwe ähneln sehr der Skandinavischen Silbermöwe *(Larus argentatus argentatus)*. Sie ist daher auch größer und kräftiger als die durchschnittliche Britische Silbermöwe *argenteus*. Vögel der Art *smithsonianus* haben einen eher massigen Körper, kurze Beine und ein rüsselähnliches Kopfprofil. Auch in anderen Bereichen unterscheiden sie sich etwas (z. B. ist der Schnabel länger, weist eher parallele Kanten und ein weniger deutliches Gonyseck auf als bei der Silbermöwe). Doch aufgrund individueller und geschlechtsbedingter Variationen gibt es viele Überschneidungen. Die Gestalt kann als erster Hinweis oder unterstützendes Merkmal dienen, doch sollte die Bestimmung auf detaillierten Gefiedermerkmalen beruhen.

Adult

Altvögel zeigen eine hellgraue Oberseite (wie *argenteus*, heller als bei *argentatus*) und im Winter eine ausgedehnte Strichelung und Sprenkelung auf Kopf und Nacken. Die Beine sind (in allen Kleidern) rosa, die Augen hellgelb mit gelborangem Orbitalring. Der rote Gonysfleck ist durchschnittlich kleiner als bei der Silbermöwe. Bei adulten Vögeln variiert das Handschwingenmuster, stellt aber bei allen Kandidaten außerhalb des Verbreitungsgebietes ein wesentliches Bestimmungsmerkmal dar und muss im Detail betrachtet werden.

Grundsätzlich zeigt die adulte Kanadamöwe auf den Innenfahnen viel Weiß sowie eine ausgedehnte Schwarzfärbung auf den Außenfahnen der äußeren Handschwingen.
Irrgäste in der Westpaläarktis können anhand der folgenden Kombination von Merkmalen bestimmt werden:

- Auf H10 sollte eine lange helle Zunge mit scharfer Kurve am Ende zu erkennen sein (sie bedeckt mehr als 50 % der Länge der Innenfahne, was am einfachsten auf der Flügelunterseite zu bestimmen ist). Idealerweise ist eine vollständige schwarze Subterminalbinde vorhanden. Ein isolierter grauer Fleck innerhalb der schwarzen Färbung der Unter-

ÄHNLICHE ARTEN

kleiner
Spiegel
auf H9
schwarze «Zacken»
Zunge endet in
steilem Winkel
«Bajonett»-Muster
W-förmiges Band auf H5
lange Zunge
auf H10
«Bajonett»-Muster
klassische
lange
schwarze
«Zacken»
lange Zunge und
Subterminalbinde auf H10
gelborange Iris
silbergrau
im Herbst stark gestrichelt

seite von H10 ist ein unterstützendes Merkmal. Die lange helle Zunge erinnert vielleicht an die Steppenmöwe, bei europäischen Arten taucht diese aber mit wenig oder gar keiner schwarzen subterminalen Färbung auf.
Ebenso ist z. B. bei der Silbermöwen-Unterart *argenteus* eine vollständige Subterminalbinde verbreitet, aber nur eine kurze Zunge auf H10 (die weniger als 50 % der Federlänge bedeckt). Bei den meisten *argenteus* wird die kurze, helle Zunge durch eine zackenförmige oder diagonale Linie von der dunklen Außenfahne abgegrenzt.

- Auf H9 ist die helle Zunge auf der Innenfahne ebenfalls lang (kann das Mittelband kreuzen und in den weißen Spiegel hineinlaufen). Klassische *smithsonianus* zeigen eine Kombination aus dieser langen Zunge und einem kleinen weißen Spiegel, der auf die Innenfahne begrenzt ist. Haben Silbermöwen eine lange Zunge auf H9, tritt diese zusammen mit einem großen Spiegel über beide Fahnen hinweg auf. In ähnlicher Weise zeigen europäische Vögel mit nur kleinem Spiegel auf H9 reichlich Schwarz auf der Innenfahne.
Folglich ist die Form der Pigmentierung auf der Unterseite von H9 und H10 entscheidend: Bei *smithsonianus* gleicht sie einem schwarzen «Hockeyschläger», der nach unten zur Außenfahne reicht und an der Spitze eine Kurve nach innen macht.
- Auf H7 und H8 befinden sich wieder sehr lange Zungen (die mehr als 75 % der Innenfahne bedecken) sowie eine weiße (idealerweise abgerundete) Zungenspitze. Das schwarze Muster auf der Außenfahne bildet einen dünnen, sehr spitzen, fast nadelförmigen schwarzen Keil an der Außenkante aus, der als «Bajonett-Muster» bekannt ist. Das bei europäischen Vögeln verbreitete Muster kommt durch eine stumpfe oder sehr gerade Teilung zwischen Schwarz und Grau auf den Außenfahnen zustande.
- Auf H5 und H6 zeigt *smithsonianus* eine schwarze Binde mit drei spitzen Keilen, die ein symmetrisches «W»-Muster formen. Bei Vögeln, deren Binde auf H5 auf die Außenfahne begrenzt ist, bleiben zwei sehr spitze Keile übrig, die ein gegabeltes oder «U»-förmiges Muster entstehen lassen.
Bei der Silbermöwe sind die Ecken der schwarzen Binde meist abgerundet oder gerade; das gegabelte Muster fehlt. Viele europäische Vögel tragen außerdem auf der Außenfahne ein breites schwarzes Abzeichen und zeigen auf der Innenfahne nur wenig oder gar kein Schwarz.

Jeder Vogel der Gattung *Larus*, bei dem die oben beschriebenen Muster auf H10, H9 und H5 kombiniert vorkommen und der zusätzlich das Bajonett-Muster auf H7 und H8 aufweist, sollte eine Kanadamöwe sein. Es bedarf aber noch weiterer Forschung, um beispielsweise abschätzen zu können, wie viele adulte Kanadamöwen diese Kombination von Merkmalen in vollem Ausmaß zeigen.

Erster Zyklus

Das Gefieder ähnelt dem der Silbermöwe, sodass sich in Schwärmen ungefähr 40 % der Vögel dieser Art aufgrund von Überschneidungen nicht eindeutig abgrenzen lassen. Dennoch unterscheiden sich Kanadamöwen von der Ostküste im ersten Zyklus oft durch ihre insgesamt dunkelbraune, einheitliche Zeichnung der Oberseite und den dunklen Schwanz. Da aber auch Silbermöwen diese Merkmale gelegentlich zeigen, empfiehlt sich für die korrekte Bestimmung der Kanadamöwe eine Kombination aus mehreren Merkmalen:

- Ein vorwiegend dunkler Schwanz ohne Weiß, mit Ausnahme der hellen Schafte. Silbermöwen zeigen normalerweise eine deutliche Schwanzbinde mit ausgedehnter weißer Basis.
- Dichte Bänderung auf Unterschwanzdecken und Steiß. Das dunkle Muster kann großflächig auftreten, in diesem Fall sind die weißen Striche auf paarweise angeordnete Punkte reduziert, und die längsten Unterschwanzdecken können fast vollständig dunkel sein. Bei Silbermöwen sind die dunklen Striche viel dünner als die hellen, wodurch der Steiß insgesamt eher hell wirkt.
- Dichtes Muster aus dunkelbraunen Strichen auf Bürzel und Oberschwanzdecken, das farblich etwa dem Rest der Oberseite entspricht. Bei der Silbermöwe ist der Bürzelbereich viel heller als die Schwanzbinde und mit einem groben Muster aus braunen V-Zeichen versehen.
- Großflächige dunkelbraune «weiche Textur» der Unterseite, wobei die feinen Linien fehlen. Bei der Silbermöwe ist die Unterseite gröber gezeichnet.
- Einheitlich brauner unterer Hinterhals und oberer Mantelbereich, der in die einheitlich braune Unterseite übergeht.

Zentren auf den großen
Armdecken dunkel
wirkt braun
aus der Ferne
dunkel
(nahezu) völlig dunkler
Schwanz
Hals kompakt dunkelbraun
◂ Individuum
ähnelt Silbermöwe

Neben diesen fünf Hauptmerkmalen sind folgende Punkte relevant:

- Die Schirmfedern zeigen weniger tief gekerbte Ränder als bei der Silbermöwe.
- Die dunklen Zentren der großen Armdecken bilden ein dunkles Band.
- Die während der postjuvenilen Mauser ersetzten Schulterfedern weisen häufig dunkle und ungeordnete Muster auf, die sich deutlich von der regelmäßigen, parallelen Bänderung bei der Silbermöwe unterscheiden.
- Das helle Fenster auf den inneren Handschwingen ist blasser als bei der Silbermöwe.

Bei einem Vogel mit all diesen Eigenschaften sollte es sich um eine Kanadamöwe handeln.

Im Spätwinter bekommen viele *smithsonianus* im ersten Zyklus aufgrund der Abnutzung der Federn einen hellen Kopf, der mit dem dunklen Körper kontrastiert. Ein weiteres Merkmal bildet die scharf abgegrenzte helle Schnabelbasis, die an die Eismöwe im ersten Zyklus erinnern kann.

ÄHNLICHE ART

dunkle große Armdecken
weiße Bänder schmaler als schwarze
kompakt dunkler Hals
weiche dunkel-braune Textur
große Armdecken weitgehend dunkel
Nacken und Unterseite sehr dunkel
dunkelbraun
gleichmäßig dunkelbraun
stark gezeichneter Unterbauch

Zweiter Zyklus

Im zweiten Zyklus zeigen *smithsonianus* eine große jahreszeitliche und individuelle Variation, sodass die Bestimmung von Irrgästen auf der strikten Kombination folgender Merkmale beruhen sollte:

- Ein dichter durchgehend brauner «Schal» auf dem unteren Hinterhals, der sich auf dem oberen Mantel und der Unterseite fortsetzt. Die Silbermöwe ist gröber gezeichnet.
- Komplett dunkle Zentren auf den Schirmfedern mit schmalen hellen Spitzen, die an die Heringsmöwe erinnern. Kaum Kerben an den Rändern.
- Unterschwanzdecken und Steiß mit vollkommen dunklen Zentren auf den Federn oder einem Muster aus dichten Bändern; die hellen Bänder können auch auf helle Punkte reduziert sein. Die Unterschwanzdecken von Silbermöwen weisen schmale dunkle Striche auf oder sind spärlich gemustert.
- Dichte Bänderung auf Bürzel und Oberschwanzdecken.
- Ganz schwarzer Schwanz, der idealerweise an den Rändern entlang kein Weiß zeigt.
- Dunklere und einheitlichere große Armdecken als bei der Silbermöwe; eine grobe Bänderung fehlt in der Regel.

Neben diesen Hauptmerkmalen sind auch folgende Merkmale hilfreich:

- ein Schnabel mit ausgedehnter heller Basis, dessen Muster typischerweise an das einer immaturen Eismöwe erinnert;
- durchgehend braune Decken der Flügelunterseite, ohne gebändertes Muster.

ÄHNLICHE ART

SILBERMÖWE

dunkle Bänder breiter
als helle
dunkler Schwanz
dunkle Bänder breiter
als helle
dunkelbraun-
graues Gefieder
dunkler Schwanz
dunkel
gleichmäßig
graubraun
Nacken gleichmäßig braun
insgesamt
«geschecktes» Gefieder
Nacken gleichmäßig braun
gleichmäßig
dunkle Bänder breiter
als helle

Dritter Zyklus

Mit zunehmendem Alter nimmt der Anteil bestimmbarer Vögel stark ab, vor allem weil Silbermöwen im dritten Zyklus einer großen Variation unterliegen. Vögel, die jedoch mehr als eines der folgenden Merkmale aufweisen, verdienen eine nähere Betrachtung:

- deutlich sichtbare, scharf abgesetzte, gänzlich schwarze Abzeichen auf den Zentren einiger Schirmfedern (scharf umrissene Flecke, ohne Wellung);
- große, deutliche, rechteckige schwarze Abzeichen auf den sonst alterskleidartigen Armschwingen; bei einigen Vögeln ist fast jede Feder mit einem solchen schwarzen Zentrum versehen, wodurch der Eindruck einer «Klaviertastatur» entsteht;
- ausgedehntes Schwarz auf dem Schwanz; das schwarze Muster kompakt und kontrastierend, während bei der Silbermöwe unscharf und gewellt;
- lange graue Zungen auf den äußersten Handschwingen (H9 und H10) wie bei adulten Vögeln (siehe dort);
- dünne und spitze schwarze Keile auf der Außenfahne auf H5 und H6, während diese bei der Silbermöwe meist breiter und stumpf oder rechteckig sind.

Silbermöwen zeigen keine kompakt schwarzen, scharf abgegrenzten «Tintenflecke» auf den Armschwingen, diese sind stattdessen oft verwaschen braun und gewellt. Sind die Zentren weitgehend dunkel, haben sie unscharfe Kanten und vermitteln meist nicht den «Klaviertasten»-Eindruck.

ÄHNLICHE ARTEN

VERBREITUNGSGEBIET

Nearktischer Irrgast des Silbermöwen-Komplexes. Eine an den Küsten und Seen Amerikas und Kanadas weit verbreitete Art, die oft in riesigen Schwärmen vorkommt. In der Westpaläarktis stammen die meisten Meldungen von den Azoren, aus Irland, Großbritannien und Island, manche kommen aber auch aus Frankreich, Spanien und Portugal sowie einige wenige aus Polen, Deutschland und Norwegen. Die tatsächliche Anzahl von Meldungen ist wahrscheinlich aufgrund von Bestimmungsproblemen etwas verzerrt, da es eine große Überschneidung mit der Silbermöwe gibt. In diesem Buch konzentrieren wir uns auf die Merkmale der Population an der amerikanischen Ostküste, die sich am ehesten in die Westpaläarktis verirrt und glücklicherweise von europäischen Vögeln einfacher zu unterscheiden ist.

◂ Individuum im 4. Zyklus

Sibirische Silbermöwe
Larus vegae

GESTALT
Ähnelt in Größe und Gestalt der Silbermöwe *Larus argentatus*, hat aber einen eher birnenförmigen Kopf, einen höheren Scheitel und eine vollere Stirn, wodurch oft ein eigentümlicher Gesichtsausdruck entsteht. Die Grundgestalt ist variabel: Manche Vögel haben eine eher kräftige Brust, andere eine langgestrecktere Gestalt. Im Frühwinter sind die äußersten Handschwingen adulter Vögel noch im Wachstum, sodass die Flügelspitzen im Sitzen kurz erscheinen, wodurch die Vögel stämmig wirken.

Adult

Verglichen mit den meisten anderen Silbermöwen-Arten ist die Oberseite der Sibirischen Silbermöwe dunkler, bleigrau mit einem Hauch Blau, ähnlich dunklen Skandinavischen Silbermöwen *(L. a. argentatus)*. Von anderen Großmöwen mit grauer Oberseite unterscheidet sich die Art durch ihr Flügelspitzenmuster, breitere weiße Halbmonde auf den Schirm- und Schulterfedern sowie die Farbe der unbefiederten Körperteile: leuchtend himbeerfarbene Beine, eine dunkle Iris (selten schmutzig gelblich), ein dunkelroter Orbitalring und – im Schlichtkleid – ein matt grünlicher Schnabel mit gelber Spitze ohne schwärzliche Abzeichen und mit nur kleinem rotem Fleck auf dem Gonys wie bei der Kanadamöwe. Schwarze Abzeichen mit einem charakteristischen Muster befinden sich auf 6, manchmal 7 Handschwingen: ziemlich großer weißer Spiegel auf H10 mit dünner, schwarzer Subterminalbinde sowie ein kleiner, runder weißer Spiegel auf H9 (selten fehlend). Viele Sibirische Silbermöwen können durch eine Kombination von Merkmalen bestimmt werden. Diese Merkmale des Handschwingenmusters treten bei anderen Möwen einzeln, aber nicht kombiniert auf:

- weiße Zungenspitzen mindestens auf H5–H7, wie bei der Kamtschatkamöwe *L. schistisagus* (aber auch bei einigen *argentatus*);
- vollständige schwarze Binde auf H5 und manchmal auch ein schwarzes Abzeichen auf H4;
- bei einigen Vögeln ist sowohl eine weiße Zungenspitze auf H8 als auch ein schwarzes Abzeichen auf H4 zu sehen – eine Kombination, die bei *argentatus* nicht vorkommt;
- die schwarzen Binden auf H5–H6 bilden nicht nur an den Rändern der Federn, sondern auch am Schaft schwarze Keile, wodurch ein «W-Muster» entsteht, das an die Kanadamöwe erinnert;
- die äußeren Handschwingen zeigen auf den Außenfahnen mehr Schwarz als auf den Innenfahnen; die verbleibenden grauen Zungen sind aber nicht so lang wie bei der Steppenmöwe *L. cachinnans* oder einer Kanadamöwe mit sehr hellen Flügeln.

Im Schlichtkleid sind Kopf und Brust durch eine dunkle Strichelung gekennzeichnet, die auf dem Hinterhals ausgedehnter, breiter und fleckiger wird. Am Auge findet sich oft ein dunkler Fleck.
Der grünliche Schnabel, die dunkle Iris und die violettrosafarbenen Beine einiger Vögel können an die Thayermöwe erinnern, vor allem, wenn auf den Handschwingen durchschnittlich weniger Schwarz vorkommt. Thayermöwen weisen (von unten gesehen) auf der Innenfahne von H10 aber nur wenig und (von oben gesehen) an der Basis der Innenfahnen von H9–H10 gar kein Schwarz auf.
Einige Vögel mit etwas weißerem Kopf als üblich, einem Halsring aus dichten Stricheln auf dem Hinterhals und dunklen Augen können der Steppenmöwe ähneln, unterscheiden sich von dieser aber durch ihr Flügelmuster, die kräftige Rosafärbung der Beine und die dunklere Oberseite.

ÄHNLICHE ARTEN

ÄHNLICHE ARTEN

breite weiße
Zungenspitzen
2 große
Spiegel
Individuum
mit sehr wenig
Schwarz auf
Innenfahne
von H10
2 weiße
Spiegel
Individuum
mit viel Schwarz
auf Innenfahne
von H10
breiter Hinterrand
schwarze Bänder in W-Form
schmales
schwarzes Sub-
terminalband
auf H10
ausgedehnt schwarze
Unterseite von H10
breite weiße Spitzen
6 Handschwingen mit
schwarzer Zeichnung
Schwarz reicht auf den zwei
äußeren Handschwingen bis zu
den Handdecken.
2 Spiegel
7 Hand-
schwingen
mit schwarzer
Zeichnung
weiße
Zungenspitzen
manchmal nur
ein Spiegel

Erster Zyklus

Die Bestimmung der Sibirischen Silbermöwe im ersten Zyklus als Irrgast ist schwierig, obwohl einige Merkmale in Kombination auf diese Art hinweisen könnten. Sie zeigt große Ähnlichkeit mit der Silbermöwe *L. argentatus*, die dunkle Schwanzbinde ist aber durchschnittlich breiter (wenngleich variabel) und hat an der Basis der Schwanzfedern eine feine dunkle Bänderung, was an die Steppenmöwe erinnert. Von der Mongolenmöwe *L. vegae mongolicus* unterscheidet sich die Art durch ihr Schwanzmuster (bei Ersterer eher dem der Mittelmeermöwe ähnlich) mit einer scharf abgesetzten Subterminalbinde und einigen wenigen feinen Bändern auf der ausgedehnten weißen Schwanzbasis. Das Muster auf den Schirmfedern erinnert mit den weißen Kerben und dem häufig vorkommenden hellen «Daumenabdruck» an den Spitzen an das der Silbermöwe *L. argentatus*. Die großen Armdecken sind sehr weiß mit weit auseinanderliegenden, dünnen braunen Bändern oder Punkten, während die äußersten Armdecken ein einheitlicheres Muster zeigen. Sehr helle Vögel können stark an die Mongolenmöwe *L. vegae mongolicus* erinnern. Im Winter behalten die meisten Vögel im ersten Zyklus die juvenilen hinteren Schulterfedern; frisch vermauserte Schulterfedern haben ein sehr schmales graues Subterminalband wie bei sehr hellen Silbermöwen *(L. argentatus)*. Weitere Unterschiede von Letzterer sind oft der eher birnenförmige Kopf mit der kräftigeren Stirn, ein einheitlicher dunkler Fleck um das Auge herum, die kräftige Rosafärbung der Beine und der stärkere Kontrast zwischen der sehr dunklen Flügelunterseite und der weißlichen Flügeloberseite.

Die Schirmfedern mit ihren hellen subterminalen «Daumenabdrücken» lassen sich oft deutlich von den einfarbigen braunen der Kanadamöwe abgrenzen. Die meisten Sibirischen Silbermöwen haben ein helleres Gefieder als diese Art, mit weniger Abzeichen auf den Unterschwanzdecken und einer matteren Schnabelfärbung. Ihre großen Armdecken sind im Mittel weißer.

Thayermöwen im ersten Zyklus behalten im Winter in der Regel mehr juvenile Schulterfedern (manchmal alle), haben einen größeren braunen Schwanz sowie helle Ränder an der braunen zusammengelegten Flügelspitze. Im Flug erscheint die Flügeloberseite bei der Thayermöwe hellsilber mit auffallend hellen Innenfahnen an den äußeren Handschwingen.

feine schwarz-weiße Bänder
äußere Steuerfedern gebändert
helles silbernes Fenster
juvenile Schulterfedern behalten
große Armdecken gebändert
▸ Individuum mit hellem Schwanz
kontrastierende schwarze Schwanzbinde
große helle Flecke am Ende der Innenfahnen
sehr dunkle und einheitliche Flügelunterseite
vermauserte Schulterfedern mit schmalem braunem Anker
weiße große Armdecken mit schwacher dunkler Bänderung
Schirmfedern innen mit weißen Mustern
Unterschwanzdecken bis zum Bauch gebändert

ÄHNLICHE ARTEN, 1. ZYKLUS

Zweiter Zyklus

Große Ähnlichkeit mit der Silbermöwe, aber die Grundgestalt ist etwas massiger mit kräftiger Brust. Kopf und Brust sind im Winter tendenziell stärker gestrichelt, mit geflecktem Muster auf dem Hinterhals, die großen Armdecken sind sehr hell, fast weiß. Diese Federn kontrastieren mit der grauen Oberseite («Sattel»), meist fehlt ihnen die dunkle Bänderung (anders als bei Silbermöwe) und sie bilden ein helles Flügelfeld, das im Flug durch das helle Fenster auf den inneren Handschwingen noch größer wirkt. Die Schirmfedern zeigen breite weiße Spitzen sowie ein einheitlicheres schwärzliches Zentrum als bei der Silbermöwe. Bei den meisten Vögeln dieser Alterskategorie ist die dunkle Schwanzbinde sehr breit, sie kontrastiert stark mit den weißen Oberschwanzdecken und erinnert eher an die der Kanadamöwe als die der Silbermöwe. Die Schnabelbasis ist rosa oder grünlich.

In diesem Alter können auch Thayermöwen helle große Armdecken (normalerweise braune) und eine bleigraue Oberseite aufweisen. Die Innenfahnen der äußeren Handschwingen sind aber sehr hell, wodurch ein zweifarbiges Muster auf der Flügeloberseite sowie eine komplett helle Unterseite der Hand entsteht. Darüber hinaus ist der Schwanz völlig schwarz und die Gestalt unterscheidet sich (schlanker, langgestreckter, mit schmalerem Schnabel).

ÄHNLICHE ARTEN, 2. ZYKLUS

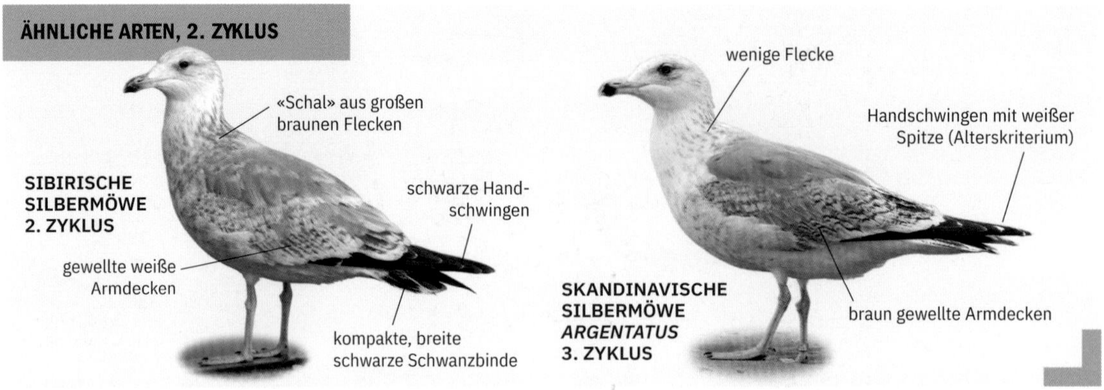

Dritter Zyklus

In diesem Alter ist die Sibirische Silbermöwe schwer von der Skandinavischen Silbermöwe zu unterscheiden, die manchmal auch eine dunkelgraue Oberseite und eine angedeutete weiße «Perlenkette» auf den Handschwingen zeigen kann. Typische Sibirische Silbermöwen im dritten Zyklus haben eine dunkle Iris, der Orbitalring färbt sich bereits rot, der Hinterhals ist im Winter stark durch braune Flecke gekennzeichnet. Außerdem tragen sie ein schwarzes Muster auf sechs oder sieben Handschwingen (bei Skandinavischen Silbermöwen sind es oft nur fünf). Anders als bei der Kanadamöwe befindet sich auf den Schirmfedern kein kompaktes schwarzes Feld, manchmal jedoch ein paar ovale schwarze Flecke. Manche Vögel können auch außerhalb ihres normalen Verbreitungsgebietes bestimmt werden, wenn sie folgende Kombination von Merkmalen aufweisen:

- breiter weißer Hinterrand an den inneren Handschwingen, der nicht schmaler als der an den Armschwingen ist;
- kompakte schwarze Flecke auf den Handdecken;
- nur kleine weiße Spiegel auf H9–H10 (manchmal fehlend);
- manchmal ein schwarzes «W» auf H4;
- Halsring aus braunen Flecken auf dem Hinterhals;
- manchmal kompakte schwarze Flecke auf dem Schwanz;
- tiefrosafarbene Beine;
- dunkle Iris.

Das Handschwingenmuster von Thayermöwen dieser Altersklasse ist eher schwärzlich grau als tiefschwarz. Die Innenfahnen der äußeren Handschwingen sind weitgehend hell und demnach auch die Unterseite der Hand.

VERBREITUNGSGEBIET

Die Sibirische Silbermöwe wird hier als eigenständige Art behandelt, weil sie sich phänotypisch von der ihr genetisch am nächsten stehenden Art, der Kanadamöwe *Larus smithsonianus*, unterscheidet.

Sie ist überall in Asien weit verbreitet, brütet in der Sibirischen Arktis, östlich der Taimyrhalbinsel bis zur Beringstraße, und überwintert entlang der asiatischen Pazifikküste von Kamtschatka bis in den Osten Chinas, einschließlich Japan und der koreanischen Halbinsel. Bei westlichen Brutvögeln reicht die Farbe der Beine von rosa bis gelb. Diese Population wird manchmal als Unterart namens *birulai* betrachtet.

Erst kürzlich wurde die Art der Liste der Vogelarten der Westpaläarktis hinzugefügt. Bisher gab es zwei Meldungen: Im Januar 2016 wurde ein adulter Vogel in Irland gesichtet (von der irischen Seltenheitskommission bestätigt) und im November desselben Jahres ein subadulter Vogel in Frankreich.

ÄHNLICHE ARTEN

▲▼ **KANADAMÖWE**

▲▶ **SILBERMÖWE 3. ZYKLUS**

SIBIRISCHE SILBERMÖWE

Steppenmöwe
Larus cachinnans

GESTALT

Ähnliche Größe wie die Silbermöwe, doch wirkt die Steppenmöwe im Vergleich zu dieser und zur Mittelmeermöwe insgesamt langgestreckter. Ihr Schnabel ist schmaler mit weniger deutlichem Gonyseck, der Kopf birnenförmig mit flacher Stirn, der höchste Punkt des Scheitels liegt oft hinter dem Auge, die Beine sind dünn mit gut sichtbaren Unterschenkeln. Der Schnabel kann unverhältnismäßig lang aussehen. Die Handschwingenprojektion ist länger als bei der Silbermöwe. Manche Vögel wirken sehr langgestreckt, andere hingegen massiger. Im Gegensatz zur Silbermöwe, die ihre Flügel beim Balzruf geschlossen hält, hebt die Steppenmöwe ihre Flügel an («Albatros-Pose»).

Adult

Die Oberseite der Steppenmöwe hat mehr oder weniger den gleichen Grauton wie bei der Silbermöwe *argenteus* oder einen etwas dunkleren, ist also etwas heller als bei der Mittelmeermöwe. Von dieser unterscheidet sie sich durch ihre Gestalt, die gräulichen oder fleischfarbenen Beine im Winter bzw. die hellgelblichen Beine im Sommer, die schwärzliche oder braungelbe Iris (selten heller gelb), den orangefarbenen oder roten Orbitalring (niemals rosa) und ihr Flügelmuster. Im Schlichtkleid formen dichte dunkle Striche auf dem Hinterhals einen charakteristischen «Schal», der mit dem sehr weißen Kopf kontrastiert. Ein Schlüsselmerkmal zur Abgrenzung adulter Vögel von anderen Großmöwen mit grauer Oberseite (Silbermöwe, Mittelmeermöwe und anderen Arten aus den Asiatischen Steppen) ist das Handschwingenmuster: Sechs Handschwingen zeigen ein schwarzes Muster und lange graue Zungen bedecken einen Großteil der Innenfahnen der äußeren Handschwingen, wodurch eine weitgehend graue Unterseite der Hand mit einem schwarzen Halbmond entlang der Spitzen entsteht. An der Spitze von H10 befindet sich ein großer weißer Bereich, manchmal durch eine schmale schwarze Subterminalbinde unterbrochen. H9 weist einen ziemlich großen, runden weißen Spiegel und H5–H7 markante weiße Zungenspitzen auf. Auf der Innenfahne von H10 ist der weiße Bereich an der Spitze oft länger als das schwarze Mittelband und der Rest der Innenfahne ist hellgrau mit wenig oder gar keinem Schwarz (nicht so bei Silbermöwe und Sibirischer Silbermöwe, die häufig mehr Schwarz auf der Innenseite des Schafts haben). Östliche Vögel zeigen manchmal auf allen äußeren Handschwingen, einschließlich H10, weniger Schwarz sowie weiße Zungenspitzen.

◂ Prachtkleid ▸

◂ Schlichtkleid

◂ Schlichtkleid

ÄHNLICHE ARTEN, ADULT

Erster Zyklus

Neben den Unterschieden in der Gestalt zeigt das Gefieder im Durchschnitt mehr Grau und Weiß als das der Mittelmeermöwe, ohne den warmbraunen Farbton dieser Art. Die folgenden fünf typischen Merkmale sind entscheidend, um die Steppenmöwe im ersten Zyklus von der Mittelmeer- und Silbermöwe zu unterscheiden:

- im Herbst/Winter sehr weißer Kopf mit einem «Schal» aus dichten braunen Strichen oder Flecken auf dem Hinterhals;
- einfarbige große Armdecken mit weißen Rändern, ohne grobe Musterung;
- Schirmfedern ohne helle Einkerbungen, nur mit einer sauberen weißen Kante an den Spitzen (die sich im Winter abnutzt);
- weitgehend weiße Decken auf Flügelunterseite und Achselfedern;
- charakteristisches Schwanzmuster mit einer breiten dunklen Schwanzbinde, die nach einer Reihe verschlungener «chinesischer» Zeichen allmählich in die reinweiße Basis übergeht, während die Schwanzbinde bei der Mittelmeermöwe scharf abgesetzt ist und das Schwanzmuster bei der Silbermöwe brauner und insgesamt stärker gebändert aussieht.

▸ Jugendkleid

Die grauen inneren Handschwingen bilden ein helles Fenster, das aufgrund der weitgehend dunklen Außenfahnen weniger deutlich als bei der Silbermöwe hervorsticht. Die postjuvenilen Schulterfedern sind oft einfarbig grau mit schmalem dunklen Schaftstrich, können aber auch ein dunkles Ankermuster aufweisen, besonders bei Vögeln mit stärker gemusterten großen Armdecken.

ÄHNLICHE ARTEN

Zweiter Zyklus

Ähnelt Vögeln im ersten Zyklus, aber die großen Armdecken wirken mit dem feineren gewellten Muster auf den inneren Armdecken noch schlichter. Die Schirmfedern sind schwarz mit breiter weißer Spitze und gewellten Kanten, die Schulterfedern bestehen oft aus einer Mischung aus einfarbigen grauen und helleren Federn mit dunklem Schaftstrich. Die Schwanzbinde ist schwarz mit gewellter Oberkante. Die Flügelunterseite ist weißer als bei der Silber- und Mittelmeermöwe, und die grauen inneren Handschwingen bilden ein deutlicheres helles Fenster als bei Letzterer. Anders als bei der Mittelmeermöwe und der Britischen Silbermöwe *argenteus* (nicht aber bei der Nominatform *argentatus*) befindet sich etwa bei der Hälfte aller Vögel ein kleiner weißer Spiegel auf H10. Die Iris ist typischerweise immer noch dunkel, die Beine sind fleischfarben und ein grauer «Schal» auf dem Hinterhals kontrastiert mit dem sehr weißen Kopf.

ÄHNLICHE ARTEN

Dritter Zyklus

Das Flügelmuster erinnert an das der Altvögel, zeigt aber auf den Innenfahnen der äußeren Handschwingen eine größere schwarze Fläche. Die grauen Zungen auf den Handschwingen sind häufig länger als bei der gleichaltrigen Mittelmeermöwe. An der Spitze von H10 ist bereits ein großer weißer Bereich erkennbar, und H9 zeigt meist einen kleinen, runden weißen Spiegel. Wenn die hellen Zungen auf H9–H10 mehr als die Hälfte der Federlänge bedecken oder markante weiße Zungenspitzen auf H7–H8 (H9) vorhanden sind, handelt es sich eher um eine Steppen- als um eine Mittelmeermöwe. Auf dem Schwanz zeigt sich wenig oder kein Schwarz. Die unbefiederten Körperteile sind unverkennbar: fleischfarbene Beine, eine dunkle Iris und ein matt gefärbter Schnabel. Im Winter ist der Hinterhals mit einem charakteristischen grauen «Schal» bedeckt, der bei der Mittelmeermöwe fehlt.

VERBREITUNGSGEBIET

Die Steppenmöwe brütet in den Steppen West- und Zentralasiens, vom Schwarzen Meer, Kaspischen Meer und dem Aralsee bis zu den großen Seen im östlichen Kasachstan. Kleine Brutpopulationen haben sich in Polen, Deutschland und (kürzlich) in den Niederlanden etabliert. Im Winter verteilt sich die Art an den Küsten West- und Mitteleuropas, im östlichen Teil des Mittelmeers und auf der Arabischen Halbinsel, wo auch die Barabamöwe *L. (fuscus) barabensis* überwintert. Während Steppenmöwen an der atlantischen Küste lange als selten galten, sind sie dort heute regelmäßige Besucher. Die Art ist (sehr) selten in Island, Irland, Luxemburg, Malta, Norwegen, Portugal, Slowenien und Tunesien anzutreffen.

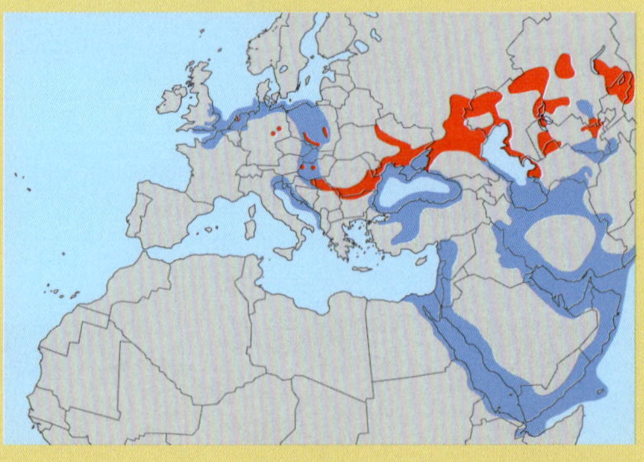

ÄHNLICHE ARTEN

Atlantikmöwe
Larus michahellis atlantis

GESTALT
Merkmale wie Körpergröße und Gestalt helfen vor allem bei der Bestimmung von einzelnen oder verirrten Vögeln nicht weiter, aber makaronesische, marokkanische und iberisch-atlantische Mittelmeermöwen sind durchschnittlich etwas kleiner als die Nominatform und haben etwas kürzere Beine und Flügel.

Adult

Handelt es sich um Irrgäste, kann nur etwa eine von drei adulten Atlantikmöwen sicher bestimmt werden. Voraussetzung für die Unterscheidung von anderen Mittelmeermöwen sind eine charakteristische Kombination von Merkmalen im Handschwingenmuster, die sorgfältige Einschätzung der Färbung der Oberseite und vorzugsweise ein klassisches Kopfmuster. Von allen Mittelmeermöwen haben Atlantikmöwen die dunkelste bläulich graue Oberseite und auf den Handschwingen das ausgedehnteste Schwarz. Beim Vorliegen der folgenden Kombination von vier Merkmalen kann die Bestimmung als eindeutig gelten:

- keine graue Zunge oder nur eine kurze auf H10 (kürzer als ein Drittel der Federlänge);
- kein weißer Spiegel auf H9;
- eine bis zu den Handdecken hinauf völlig schwarze Außenfahne auf H8 (d. h. keine erkennbare graue Färbung an der Basis der Außenfahne) zusätzlich zur komplett schwarzen Basis an den äußersten drei Handschwingen;
- ein schwarzer Fleck oder ein schwarzes Band auf H4.

Einige Vögel tragen auf H3 ein schwarzes Abzeichen, das bei adulten Mittelmeermöwen offenbar einzigartig ist. Im Herbst (August bis Oktober) kann das Kopfmuster durch die starke Strichelung, die eine kurze Kapuze bildet, und den reinweißen Nacken sehr auffällig sein. Auf Zügel und Stirn finden sich oft dunkle Abzeichen und der Wangenbereich ist gestrichelt.
Die Kombination aus den oben aufgeführten vier Merkmalen sowie das Kopfmuster und die genaue Farbbestimmung der Oberseite helfen auch dabei, adulte Atlantikmöwen von Hybriden aus Herings- und Mittelmeermöwe abzugrenzen, die sich in der Regel auch durch die breiteren weißen Halbmonde auf den Schirm- und Schulterfedern unterscheiden.
Die kombinierten Merkmale 2 bis 4 dienen auch der Bestimmung einiger Mittelmeermöwen von den Kanaren, Madeira und aus Portugal *(lusitanius)*. Die meisten adulten Vögel aus anderen als den auf den Azoren lebenden Populationen können als Irrgäste jedoch nicht sicher von der Nominatform *michahellis* abgegrenzt werden.

ÄHNLICHE ART

LUSITANIUS

Einige zeigen eine komplett schwarze Basis an den äußersten drei Handschwingen.
schwarzer Tupfen auf 4. Handschwinge
schwarze Basis
nur ein weißer Spiegel
stark gestrichelte Kapuze, den Zügelbereich einschließend
Einige zeigen noch dunkle «Schienbeine».
im Frühwinter bereits weißköpfig
◂ Nov.–Juli
Oberseite dunkelgrau
▴▾ August–Okt.
leuchtend gelbe Beine
dunkle Kapuze, düsteres Gesicht
ungezeichneter weißer Nacken
Einige zeigen noch dunkle «Schienbeine».

Erster Zyklus

Im ersten Jahr sind Atlantikmöwen durch ihr dunkelbraunes, fast rußiges Gefieder gekennzeichnet. Zu beachten ist, dass auch einige kanarische, madeirische, portugiesische, galizische und wahrscheinlich auch marokkanische Vögel ein sehr dunkelbraunes Gefieder aufweisen können, ebenso einige Heringsmöwen. Deshalb lassen sich nur typische Vögel sicher bestimmen, vor allem nach der postjuvenilen Mauser, wenn zusätzlich das Muster der neuen Schulterfedern herangezogen werden kann. Wir schätzen, dass etwa 50 % aller Atlantikmöwen im ersten Zyklus nach der postjuvenilen Mauser folgende einzigartige Kombination charakteristischer Merkmale zeigen:

- einfarbig braune, «ölig» aussehende Flügeldecken ohne helle Ränder oder gebändertes Muster (außer bei vermauserten Federn);
- dunkles, verrußtes Gesicht;
- gestricheltes Muster auf Kinn und Kehle;
- dunkelbraune Brust (häufig dicht gemustert);
- breite, dichte, senkrechte dunkle Bänder auf den weißen Flanken direkt über den Beinen, die eine Art «Zebramuster» erzeugen;
- dunkles und ungeordnetes Muster auf den erneuerten Schulterfedern;
- sehr dunkle Flügelunterseite;
- einfarbige dunkle innere Handschwingen.

Im Flug zeigt die Atlantikmöwe im ersten Zyklus meist eine breitere schwarze Schwanzbinde als die Nominatform *michahellis*. Einige Vögel haben sogar an der Basis der äußersten Schwanzfeder eine dunkle Bänderung oder Fleckung (nicht so bei *michahellis*, bei der die Basis meist reinweiß ist). Bürzel und Oberschwanzdecken können gebändert aussehen (bei *michahellis* gefleckt).

Von der Kanadamöwe unterscheidet sich die Art durch ihre gröber gezeichnete Unterseite, ein kräftigeres und weiter auseinanderliegendes Muster auf den Unterschwanzdecken, dunkle innere Handschwingen und eine deutlich sichtbare weiße Färbung an der Schwanzbasis. Außerdem ist der Schnabel bei Atlantikmöwen im ersten Zyklus schwärzlich (wie bei anderen Populationen von Mittelmeermöwen) und die Farbe Rosa meist auf die Basis des Unterschnabels begrenzt. Mittelmeermöwen im ersten Zyklus aus anderen Populationen als der azorischen ähneln mehr der Nominatform *michahellis*, deshalb ist ihre Bestimmung vermutlich nicht sicher, auch wenn viele Vögel eine breitere Schwanzbinde, einen dunkleren Kopf und eine dunklere Oberseite als *michahellis* zeigen.

ÄHNLICHE ARTEN, 1. ZYKLUS

Zweiter Zyklus

Atlantikmöwen dieser Altersklasse zeigen ein variables Gefieder. Aber etwa 30 % ist eine spezifische Kombination folgender Merkmale zu eigen:

- kräftige gestrichelte Kapuze über den gesamten Kopf hinweg (einschließlich Stirn, Kinn und Kehle), nicht aber Hals;
- einzelner, ausgefüllter brauner Bauchfleck (erinnert ein wenig an den Bauchfleck des Alpenstrandläufers);
- einheitlich dunkle große Armdecken, die ein durchgehend dunkles Flügelfeld erzeugen.

Einige Mittelmeermöwen im zweiten Zyklus von den Kanaren und Madeira sehen diesen Vögeln sehr ähnlich, ihre großen Armdecken zeigen aber meist ein gröber gebändertes Muster, besonders auf den inneren Federn. Den «klassischen» 30 % der Atlantikmöwen im zweiten Zyklus fehlt dieses Muster. Ihre großen Armdecken sind ganz dunkel und allenfalls hell getüpfelt.

Vögel mit ausgeprägter Kapuze und abgegrenztem «Alpenstrandläufer-Fleck» (Merkmale 1 und 2) können wahrscheinlich alle zur makaronesischen Population gerechnet werden, zur Bestätigung müsste jedoch die Gefiedervariation bei *lusitanius* genauer untersucht werden.

Vögel der Nominatform *michahellis* zeigen im zweiten Zyklus einen weißeren Kopf mit dunkler Strichelung um das Auge herum oder über den gesamten Kopf und Nacken hinweg und haben entweder einen reinweißen Bauch oder eine durchgehend braun gesprenkelte Unterseite. Bei den meisten ziert ein grob gebändertes Muster die großen Armdecken, und vorne an den Beinen fehlen ihnen die dunklen waagrechten Striche, wie sie für die meisten Atlantikmöwen typisch sind (die sogenannten Schienbeinschuppen).

ÄHNLICHE ARTEN

ÄHNLICHE ARTEN, 2. ZYKLUS

Dritter Zyklus

Nach derzeitigem Kenntnisstand können die meisten Atlantikmöwen dieser Altersklasse nicht sicher bestimmt werden. Eine kleine Minderheit (etwa 5–9 %) der Mittelmeermöwen von allen makaronesischen Inseln scheint sich aber ausreichend von den Festlandpopulationen zu unterscheiden, da sie folgende auffällige Kombination von Merkmalen aufweisen:

- dunkle Strichelung auf dem Kopf (einschließlich Stirn, Zügel und Kinn), die sich scharf vom weißen Nacken absetzt;
- dunkelgraue Oberseite (etwas dunkler als bei Nominatform *michahellis*);
- schwärzlicher Schnabel;
- dunkle Schienbeinschuppen.

Diese Kombination von Merkmalen ist für die Azorenregion nicht einmalig, sondern findet sich auf allen makaronesischen Inseln.

Die Nominatform *michahellis* kann im dritten Zyklus einen schwärzlichen Schnabel aufweisen, hat aber einen weißen Kopf, auf dem sich die dunkle Strichelung nur um das Auge konzentriert. Ihr fehlen überdies die dunklen Schienbeinschuppen. Auch das schwarze Muster auf der äußeren Hand ist meist weniger ausgedehnt als bei der gleichaltrigen Atlantikmöwe.

VERBREITUNGSGEBIET

Dieses Taxon behandeln wir als Unterart der Mittelmeermöwe und nicht als eigenständige Art, weil ihr Verbreitungsgebiet unserer Meinung nach auf die Azoren begrenzt ist. Die Atlantikmöwe ist hauptsächlich vor Ort anzutreffen, es wurden aber auch Vögel beobachtet, die Schiffen über 1000 km weit gefolgt sind, sodass es anerkannte Meldungen von Irrgästen in Irland, Großbritannien, Spanien und sogar Island gibt. Meldungen von Mittelmeermöwen in Nordamerika könnten sich auf die azorische Unterart beziehen, hier fehlt aber noch der Nachweis. In Portugal und an der spanischen Atlantikküste lebende Mittelmeermöwen gehören zu einer anderen Unterart, *Larus michahellis lusitanius*, die vor allem durch ihre relativ kleinen Körpermaße und die hohen Balzrufe (ähnlich Silbermöwe) gekennzeichnet ist. Auf den Kanaren, Madeira

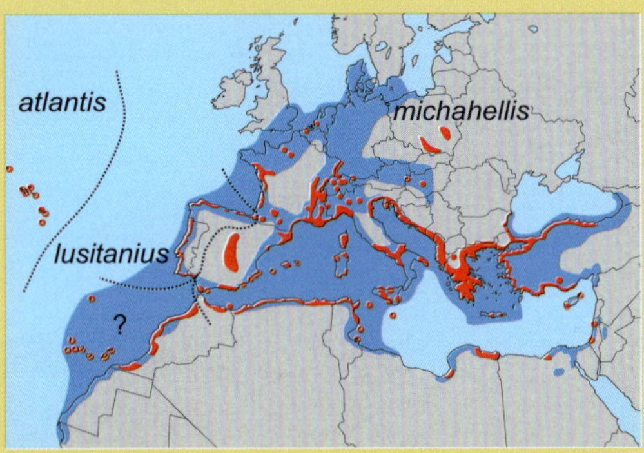

und in Marokko beobachtete Vögel lassen sich nur schwer einer Unterart zuordnen, es könnte sich um Mischformen handeln.

ÄHNLICHE ARTEN

▴▾ *LUSITANIUS*

▴▾ **AZOREN**
(Aug.–Nov.)

Mittelmeermöwe
Larus michahellis

◗ GESTALT

Hinsichtlich Größe und Gestalt ähnelt die Mittelmeermöwe mit dem eckigen Kopf und kräftigen Schnabel stark der Silbermöwe, wirkt aber mit den längeren Flügeln etwas besser proportioniert. Weibchen sehen ein wenig wie Heringsmöwen aus – im direkten Vergleich ist die Mittelmeermöwe jedoch kräftiger und schwerer.

Adult

Die Beine der Mittelmeermöwe sind tiefgelb. Altvögel haben eine mittelgraue Oberseite, die heller als die schiefergraue der Britischen Heringsmöwe und deutlich dunkler als die silbergraue Oberseite der Britischen Silbermöwe ist. Bei Skandinavischen Silbermöwen *(Larus argentatus argentatus)* ist sie ähnlich dunkel, hat aber nicht den bläulichen Farbton wie bei der Mittelmeermöwe.

Einige Silbermöwen, insbesondere aus der baltischen Population, zeigen die gleichen Merkmale wie die Mittelmeermöwe: gelbe Beine, einen roten Orbitalring, das Rot am Gonyseck bis auf den Oberschnabel reichend und auf der Oberseite einen ähnlichen Grauton. Mit diesen Vögeln besteht Verwechslungsgefahr, sodass für die Bestimmung die Einzelheiten des Flügelspitzenmusters herangezogen werden müssen. Die Mittelmeermöwe zeigt auf der Flügelspitze viel Schwarz: Sowohl auf H7 als auch auf H8 finden sich auf den Innenfahnen kürzere graue Zungen und die Außenfahnen sind meist großflächiger schwarz, wodurch auf dem ausgestreckten Außenflügel ein kompaktes dunkles Dreieck entsteht. Darüber hinaus ist der Spiegel auf H10 oft durch ein schwarzes Band von der weißen Spitze getrennt und auf H5 gibt es eine breite schwarze Subterminalbinde. Bei der Silber- und Steppenmöwe reichen die langen grauen Zungen auf H7 und H8 in die äußere Hand hinein, wodurch häufig ein schwarzes «Zackenmuster» entsteht. Bei vielen Skandinavischen Silbermöwen geht der weiße Spiegel auf H10 vollständig in die weiße Handschwingenspitze über und das schwarze Band auf H5 ist meist reduziert oder fehlt. Zu beachten ist, dass Mittelmeermöwen aus östlichen Mittelmeerpopulationen etwas weniger Schwarz in der Flügelspitze zeigen.

Im Winter weist der Kopf von Mittelmeermöwen eine begrenzte feine Strichelung auf, während Silber- und Heringsmöwen geflecktere, unscharfe Abzeichen tragen, die häufig die Brust hinunterlaufen.

breites Band auf H5
viel Schwarz auf Außenflügel
weniger Schwarz auf der Flügelspitze bei östlicher Mittelmeermöwe
kurze graue Zunge auf H8
kein schwarzes «Zackenmuster»
roter Orbitalring
gelb

ÄHNLICHE ARTEN

Erster Zyklus

Erinnert stark an andere Mitglieder der Silbermöwengruppe. Das Gefieder der Mittelmeermöwe ist rötlich braun, das der Silbermöwe eher gräulich braun. Letztere hat außerdem auf den inneren Handschwingen ein deutliches helles Fenster und auf Armdecken und Schirmfedern ein gekerbtes Muster. Die Mittelmeermöwe hingegen zeigt ein schwach ausgeprägtes Handschwingenfenster, hat dunkle Schirmfedern und dunkle äußere große Armdecken, die an die Heringsmöwe erinnern. Die Unterscheidung der Mittelmeer- von der Heringsmöwe kann problematisch sein, aber eine Kombination von Merkmalen sollte bei der eindeutigen Bestimmung helfen. Insgesamt hat die Heringsmöwe ein dunkleres, eher schokoladenbraunes Aussehen. Die Schwanzbasis der Mittelmeermöwe ist leicht gefleckt, sodass eine kontrastreiche, scharf abgesetzte schwarze Binde verbleibt, die zu den äußeren Schwanzfedern hin schmaler wird (d. h., «keilförmig» ist). Ferner bleibt der Kopf der Heringsmöwe den ganzen Winter hindurch sehr gestrichelt, während die Mittelmeermöwe einen weißen Kopf mit ausgeprägter Augenmaske ausbildet. Die Mittelmeermöwe, die stärker und größer als die Heringsmöwe ist, hat auch kräftigere Beine, die meist lachsrosa erscheinen und denen die dunklen Schienbeinschuppen fehlen. Die Grundfärbung neuer postjuveniler Schulterfedern ist meist heller als bei der Heringsmöwe, das Muster kontrastreicher.

Neben den Gestalt- und Gefiedermerkmalen spielt auch der Mauserzeitplan eine wichtige Rolle. Mittelmeermöwen gehören zu den Arten, die früh mausern. Ihre postjuvenile Mauser beginnt im Spätsommer (wenn die Heringsmöwe noch ein frisches Jugendkleid trägt), Flügeldecken und Schirmfedern werden oft im Herbst erneuert. Bei der Heringsmöwe startet die Mauser der Flügeldecken und Schirmfedern in der Regel einige Monate später, in der Wintermitte.

ÄHNLICHE ARTEN

Zweiter Zyklus

Die Mittelmeermöwe entwickelt schnell ein fortgeschritten aussehendes Gefieder, sodass bei den meisten Vögeln im zweiten Zyklus der Schulterbereich bereits im Herbst grau ist (als «grauer Sattel» bezeichnet). In der Regel werden im Herbst auch einige Flügeldecken und Schirmfedern ausgetauscht, die dann wie beim Altvogel aussehen. Von der Wintermitte an wird das reife Erscheinungsbild durch die saubere weiße Unterseite verstärkt. Die Graufärbung auf dem Rücken unterscheidet sich ein wenig von der bei Silber-, Herings- und Steppenmöwe. Silbermöwen mit ähnlichem Grauton gehören der skandinavischen Unterart an, diese Populationen durchlaufen allerdings eine langsame Gefiederreifung. Bei fortgeschrittenen Vögeln handelt es sich wahrscheinlich eher um Britische Silbermöwen (*L. a. argenteus*), die eine hellgrauere Oberseite haben. Ferner ist das Muster auf den großen Armdecken bei der Silbermöwe oft verwaschen braun und gewellt, anders als das kontrastreiche, dunklere und kräftigere Bänder- oder Spatenmuster der Mittelmeermöwe.

ÄHNLICHE ARTEN

frische Federn lassen Grauton der Altvögel erkennen
schwärzliche Zentren
zeichnungslose innere Handschwingen
kontrastierendes Muster auf den Armdecken
Schwarz-Weiß-Kontrast
zarte, feine Strichelung im Herbst
gelbrosa im Herbst
◂ Prachtkleid ab Spätwinter

Dritter Zyklus

Oberseite und Flügeloberseite sind alterskleidartig grau mit blauem Ton, die Beine gelblich (einige Vögel können im Herbst matt rosagelbfarbene Beine haben) und der Schnabel bleibt in der ersten Winterhälfte weitgehend schwarz. Die Bestimmung ist daher häufig unkompliziert: Mittelmeermöwen im dritten Zyklus gleichen Altvögeln, während Skandinavische Silbermöwen mit ähnlich grauer Tönung auf der Oberseite, mit denen die größte Verwechslungsgefahr besteht, in diesem Alter häufig ein rückständiges immatures Gefieder tragen.
Heringsmöwen sind dunkler, auf der Oberseite schiefergrau, haben aber ebenfalls gelbe Beine. Außerdem neigen sie wie die Mittelmeermöwen dazu, auf dem Schnabel viel Schwarz zu zeigen. Im Herbst/Winter weisen Heringsmöwen im dritten Zyklus jedoch meist eine großflächige braune Kopf- und Nackenstrichelung auf.

Ein wichtiges Merkmal stellt in diesem Alter die schwarze Pigmentierung des Flügels dar. Die äußeren Handschwingen von Mittelmeermöwen sind fast komplett dunkel. Bei gleichaltrigen Silber- und Steppenmöwen lassen die langen hellen Innenfahnen auf dem Außenflügel oft ein Zackenmuster entstehen.
Im Winter weisen subadulte Mittelmeermöwen im Vergleich zu Herings- oder Silbermöwen eine begrenzte Kopfstrichelung auf. Dennoch ist sie ausgedehnter als bei adulten Vögeln und viele tragen um das Auge eine dunkle «Maske», die ihnen einen mürrischen Gesichtsausdruck verleiht.

ÄHNLICHE ARTEN

HERINGSMÖWE

STEPPENMÖWE

VERBREITUNGSGEBIET

Die Nominatform *michahellis* brütet im Mittelmeer- und Schwarzmeerraum an Klippen, auf felsigen Inseln und an Salinen. Kleine Brutkolonien finden sich auch an Binnenseen und Flüssen entlang in Europa. In den 1980ern und 1990ern erweiterte die Mittelmeermöwe ihr Verbreitungsgebiet entlang der französischen Atlantikküste und im Landesinneren Europas erheblich. Diese Entwicklung wurde mit dem Jahrtausendwechsel unterbrochen.
Im Spätsommer verteilt sich die Art von der Mittelmeerregion bis nach NW-Europa und zieht dann im Herbst die atlantische Küste entlang gen Süden. Irrgäste wurden in Island, Estland, Lettland, Finnland, Norwegen und Saudi-Arabien gesichtet.

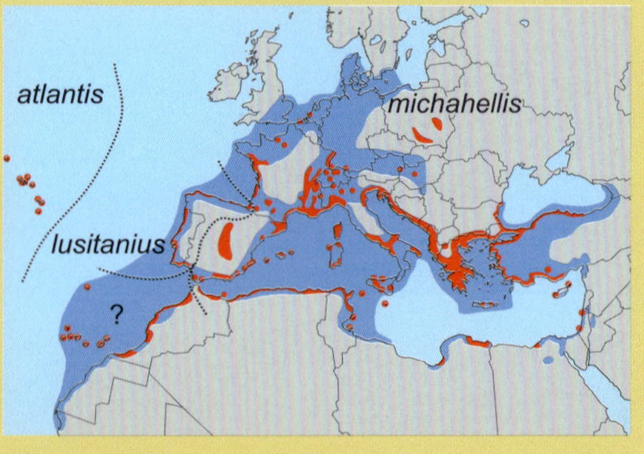

flächig schwarz
kontrastierende schwärzliche immature Abzeichen
graue Oberseite mit bläulicher Nuance
gelbe Beine
im Winter Strichelung um das Auge herum
schwarzer Schnabel
◂ Spätsommer
gelbe Beine

Armenienmöwe
Larus armenicus

◗ GESTALT

Im Durchschnitt etwas kleiner als die Mittelmeer- und die Steppenmöwe, mit kürzerem, hohem, gedrungenem Schnabel und runderem Kopf mit steiler Stirn. Diese Gestaltmerkmale sind wichtig für die Bestimmung, da vor allem im ersten Zyklus das Gefieder sehr variabel ist. Der Abstand zwischen der Schnabelspitze und den Federn an der Basis des Oberschnabels ist oft kürzer als der Abstand zwischen diesen Federn und dem Auge. Zusätzlich fällt der First an der Spitze steil ab, wodurch der Schnabel am Ende stumpf und nicht hakenförmig ist.

Hinweis: Für Unterschiede zur Barabamöwe siehe Kapitel zu dieser Art.

Adult

Im Alterskleid ist die Armenienmöwe der Baraba- (siehe dort) und der Mittelmeermöwe am ähnlichsten. Von Letzterer unterscheidet sie sich durch ihre etwas dunkelgrauere Oberseite, die breitere schwarze Schnabelbinde (zumindest im Winter) und das großflächigere schwarze Muster auf den äußeren Handschwingen. Ein weiterer hilfreicher Unterschied ist die dunkle Iris, obwohl diese bei einigen Brutvögeln auch zitronengelb ist. Während der Brutzeit kann die schwarze Schnabelbinde fehlen, der Schnabel ist dann aber meist stärker orange als bei der Mittelmeermöwe. Das Handschwingenmuster ist bei vielen Vögeln auf den äußersten drei Handschwingen (H8–H10) durch komplett schwarze Außenfahnen bis zu den Handdecken gekennzeichnet, die auf der Oberseite der äußeren Hand ein großes, rechteckiges schwarzes Feld bilden. Bei adulten Mittelmeermöwen (außer bei azorischen Vögeln) sieht man nur selten eine vollständige schwarze Außenfahne auf H8. Bei vielen Armenienmöwen sind beide Fahnen von H4 schwarz, was bei adulten Mittelmeermöwen ebenfalls selten ist. Die Kombination dieser beiden Merkmale (ausgedehntes Schwarz auf H8 und auf H4) kommt bei adulten Mittelmeermöwen nicht vor, mit Ausnahme der auf den Azoren lebenden Möwen (die im Alterskleid eine starr wirkende, helle Iris haben). Bei subadulten Mittelmeermöwen kann das Schwarz auf den Handschwingen und dem Schnabel großflächiger sein als bei adulten Vögeln, was auf eine Armenienmöwe hindeuten könnte, sie zeigen aber meist immature Merkmale wie dunkle Flecke auf der Alula oder große dunkle Flecke auf den Handdecken. Der Schnabel kann matter gefärbt sein als bei der adulten Armenienmöwe. Weitere Unterschiede liegen in der andersartigen Gestalt (siehe oben) und der etwas hellgraueren Oberseite. Die Iris ist in diesem Alter meist hell.

Adulte Armenienmöwen lassen sich durch das kompakte schwarze Feld auf der Flügeloberseite und die viel kürzere Zunge auf der Unterseite von H10 leicht von der Steppenmöwe unterscheiden. Zu beachten sind auch die kräftigere Schnabelfärbung und die dunkelgrauere Oberseite. Zumindest im Winter ist die schwarze Schnabelbinde breiter und kompakter als bei den meisten Steppenmöwen. Auch die Gestalt unterscheidet sich: Steppenmöwen haben durchschnittlich längere Beine, einen längeren Schnabel und eine flachere Stirn.
Bei Vogelbeobachtern aus Westeuropa, die mit der Nominatform der Sturmmöwe sehr vertraut sind, können die Merkmale der russischen Unterart *heinei* für Verwirrung sorgen: etwas größerer Körper, dunkelgrauere Oberseite, weißer Kopf, ausgedehnte schwarze Färbung auf den äußeren Handschwingen. Gelegentlich wurden weiter entfernte Vögel trotz ihres eindeutig dünneren Schnabels und der schmaleren Flügel für Armenienmöwen gehalten. Aus der Nähe betrachtet sollte der rote Gonysfleck der Armenienmöwe eine eindeutige Bestimmung ermöglichen.

ÄHNLICHE ARTEN

Die subadulte Mittelmeermöwe (rechts) kann aufgrund der kräftigen schwarzen Schnabelbinde und der großflächigen schwarzen Färbung auf den äußeren Handschwingen an die Armenienmöwe erinnern. Beachte aber die braunen Tupfen im Bereich des Handgelenks, die matte Schnabelfärbung und die helle Iris.

MITTELMEERMÖWE SUBADULT

▲▼ März–August

▲▼ Sept.–Feb.

ÄHNLICHE ARTEN

Im Nahen Osten wurden aus der Ferne beobachtete Sturmmöwen der Unterart *heinei* manchmal für Armenienmöwen gehalten. Beachte bei Letzterer die breiteren, weniger spitzen Flügel und den kräftigeren Schnabel. Aus der Nähe betrachtet ist der rote Gonysfleck der Armenienmöwe ein eindeutiges Unterscheidungsmerkmal.

ARMENIENMÖWE

SIBIRISCHE STURMMÖWE

Erster Zyklus

Im ersten Zyklus ist das Gefieder variabel: Einige Vögel behalten die meisten juvenilen Federn (außer den oberen Schulterfedern) bis weit in den September hinein, andere haben zu diesem Zeitpunkt schon eine umfangreiche Mauser der Schulterfedern und Flügeldecken durchlaufen. Die Gefiedermerkmale überschneiden sich weitgehend mit denen der Mittelmeermöwe. Meist gibt es jedoch ein paar Unterschiede, die in manchen Fällen hilfreich sein können.

- Manchmal haben die großen Armdecken, einschließlich der äußeren Federn, einen hohen Weißanteil, während sie bei der Mittelmeermöwe größtenteils braun sind, besonders die äußeren Federn.
- Frisch vermauserte postjuvenile Schulterfedern zeigen gelegentlich ein dünneres Ankermuster, als es für die Mittelmeermöwe typisch ist.
- Das Muster auf den Flanken ist zuweilen hinten am stärksten ausgeprägt und kann dort aus breiten, V-förmigen Strichen bestehen. Bei der Mittelmeermöwe wird das hintere Flankenmuster häufiger aus dünnen senkrechten Streifen gebildet, die sich nicht mehr als die anderen Flankenabzeichen abheben. Der Unterschied ist geringfügig, könnte in manchen Fällen aber als unterstützendes Merkmal dienen.
- Die Flügelunterseite ist weitgehend hell, während sie bei der Mittelmeermöwe meistens braun ist, nur die mittleren Armdecken sind hell.
- Die inneren Handschwingen zeigen meist dunkelbraune Außenfahnen und helle silberfarbene Innenfahnen, wodurch ein zweifarbiger Eindruck entsteht, der ausgeprägter als bei der Mittelmeermöwe ist.

Steppenmöwen im ersten Zyklus fehlt die dunkle Maske um das Auge und ihre großen Armdecken sind typischerweise braun mit hellen Spitzen. Das Muster auf den Flanken ist meist schwächer und feiner als bei der Armenienmöwe, und der Schwanz weist eine breitere Schwanzbinde auf, oft mit zusätzlichen dünnen schwarzen Bändern Richtung Basis. Im Verlauf des Herbstes färbt sich der Schnabel meist weitgehend blassrosa, während er bei der Armenienmöwe oft schwärzlich bleibt, manchmal mit heller Basis am Unterschnabel.

zweifarbige innere Handschwingen
Schwanzbinde etwas breiter als bei Mittelmeermöwe
helle Flügelunterseite
kurzer, kräftiger Schnabel mit stumpfer Spitze
schlanke Gestalt
Einige Vögel zeigen ein eigenartiges, blasses Gefieder.
◂ juvenil (Juli–Sept.) ▸
kann klar definierte, runde braune Tupfen auf der Flanke aufweisen
breite helle Ränder an den Flügeldecken
kurzer, gedrungener Schnabel
dünnes, feines Muster
dunkle Maske
◂ 1. Zyklus, Schlichtkleid (August–April) ▸
ausgedehnte helle Bänderung auf den großen Armdecken
gleichmäßiges gebändertes Muster

Zweiter Zyklus

In diesem Alter beginnt sich die graue Oberseite auszubilden. Einige Vögel unterscheiden sich von Mittelmeermöwen durch eine breite, helle sandfarbene oder weiße Färbung auf den meisten Flügeldecken, einschließlich der äußeren großen Armdecken. Dadurch kann der Eindruck von blassen Flügeln entstehen, die mit dem dunkelgrauen «Sattel» kontrastieren. Die Flügelunterseite ist in der Regel hell, einschließlich der Achselfedern, deren Spitzen mit breiten dunklen Flecken bedeckt sein können.
Der Schnabel wirkt oft zweifarbig und kann sich bereits im Winter an der Basis gelblich färben. Im Frühjahr ist er dann meist orange. Mittelmeermöwen im zweiten Zyklus behalten ihren dunklen Schnabel häufiger über den Winter.
Steppenmöwen im zweiten Zyklus haben normalerweise braunere große Armdecken und eine hellgrauere Oberseite als die Armenienmöwe. Der Schnabel ist in der Regel matt gefärbt. Viele Vögel zeigen auf H10 einen (kleinen) weißen Spiegel, der nicht nur im Flug, sondern auch in stehender Position auf der Unterseite des gefalteten Flügels sichtbar sein kann. Im Flug ist außerdem eine kurze, aber deutliche helle Zunge auf der Unterseite von H10 erkennbar, was bei Armenienmöwen in dieser Alterskategorie nicht der Fall ist.

▲ Beginn des 3. Zyklus, Juni

ÄHNLICHE ARTEN

STEPPENMÖWE

MITTELMEERMÖWE

Dritter Zyklus

Die Bestimmungsmerkmale für dieses Alter ähneln denen für adulte Vögel. Unterschiede zur Mittelmeermöwe sind eine dunkle Iris, eine dunkelgrauere Oberseite sowie eine ausgedehntere schwarze Färbung auf den äußeren Handschwingen. Zeigen die Decken der Flügeloberseite noch eine Braunfärbung, ist diese in der Regel heller als bei der Mittelmeermöwe. Oft ist der Schnabel bereits leuchtend gelb oder orange. Im Flug sind auf den äußeren vier Handschwingen (H7–H10) meist schwarze Außenfahnen bis hoch zu den Handdecken erkennbar, die ein rechteckiges, durchgehend schwarzes Feld bilden. Einige Mittelmeermöwen zeigen einen ähnlichen Schwarzanteil, oft sind aber noch kleine graue Keile an der Basis der schwarzen äußeren Handschwingen, z. B. auf H8, sichtbar.

Steppenmöwen im dritten Zyklus haben eine hellgrauere Oberseite, matter gefärbte Schnäbel und Beine sowie ein anderes Handschwingenmuster: Von unten sehen die hellen Zungen auf den äußeren Handschwingen deutlich länger aus als bei der Armenienmöwe, von oben ist an der Basis der äußeren vier bis fünf Handschwingen meist eine graue Färbung zu erkennen. Bei einigen Vögeln sind bereits zwei weiße Spiegel (auf H9–H10) zu sehen, während Armenienmöwen im dritten Zyklus nur einen Spiegel haben.

VERBREITUNGSGEBIET

Brütet an hoch gelegenen Bergseen in Armenien, der östlichen Türkei, in Südgeorgien und NW-Iran. Im Mai 2018 wurde erstmals eine Brutpopulation am Shamkir-Stausee in Aserbaidschan vorgefunden. Die Art überwintert in Israel; eine kleinere Anzahl ist aber auch entlang der südöstlichen Küsten des Schwarzen Meeres sowie in der Türkei und in NO-Ägypten, einschließlich des Roten Meeres (Hurghada-Region), anzutreffen. Seltener Wintergast in Zypern, Bahrain, Irak, Libanon sowie an den West- und Nordostküsten Saudi-Arabiens und Kuwaits. Regelmäßiger Irrgast in Griechenland (außer Zypern). Die einzige offizielle Beobachtung in Westeuropa ist durch eine anerkannte Meldung eines Altvogels in Dänemark vom Mai 2017 belegt.

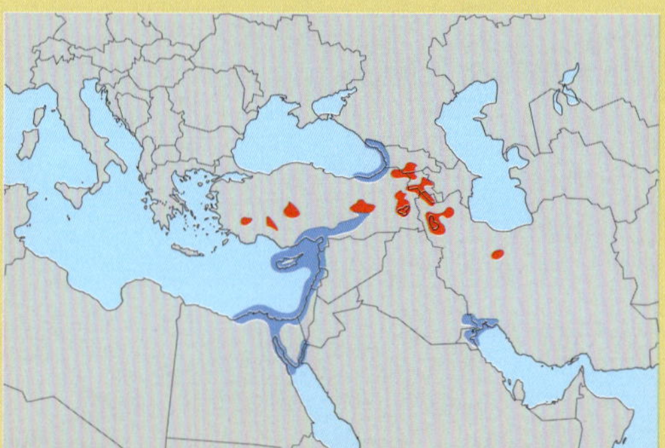

ÄHNLICHE ARTEN

Kamtschatkamöwe
Larus schistisagus

◗ GESTALT

Die Kamtschatkamöwe ist eine große, stämmige Möwe, die größeren Individuen der Silbermöwe ähnelt. Viele Vögel haben aufgrund ihres massigen Körpers mit leicht dickem Bauch, kurzer Handschwingenprojektion und eher langem Hals eine eigenartige Gestalt. Oft überragen die Flügel den Schwanz nur leicht; dies ist jedoch variables Merkmal, das nicht immer eindeutig ist. Der Schnabel weist eine relativ schmale Basis auf und wird im Bereich des Gonys breiter, wodurch er etwas wulstig wirkt. Ein hilfreiches Merkmal, das bei einem Schwarm von europäischen Möwen möglicherweise auffällt, ist ein markantes «Armschwingenband»: Viele Kamtschatkamöwen haben so breite Flügel, dass die Armschwingen im Stand unterhalb der großen Armdecken zum Vorschein kommen. Ein weiterer wichtiger Hinweis zur Bestimmung ist die auffällige Rosafärbung der Beine («wie Himbeeren») in allen Altersklassen.

Adult

Auch wenn adulte Vögel eine oberflächliche Ähnlichkeit mit der Mantel- und Heringsmöwe haben, gibt es doch sehr eindeutige Merkmale. Wichtige Unterschiede zu diesen beiden Arten liegen in den «kaugummirosa» gefärbten Beinen, den breiten weißen Halbmonden auf Schirm- und Schulterfedern sowie einer weißen «Boa» auf dem oberen Mantel. Im Flug erstreckt sich der breite weiße Hinterrand an den Armschwingen bis zu den inneren Handschwingen und kann sogar in spitzen weißen Zacken auf den Federschäften enden. Bei den meisten Vögeln setzt sich der weiße Hinterrand sogar noch weiter fort, und zwar in Form von großen weißen Zungenspitzen auf den äußeren Handschwingen, wodurch dort eine subterminale «Perlenkette» entsteht. Eine solche findet sich weder bei der Mantel- noch bei der Heringsmöwe, deren weiße Spitzen an den inneren Handschwingen immer schmal sind. Die Oberseitenfärbung der adulten Kamtschatkamöwe reicht von dunkelschiefergrau, wie bei der Britischen Heringsmöwe, bis schwärzlich grau, wie bei der Skandinavischen Heringsmöwe. Die Unterseite der Flügelspitze ist weitgehend dunkelgrau, nicht schwarz, und kontrastiert kaum mit den dunkelgrauen Armschwingen. Anders als die meisten Mantelmöwen zeigt die Kamtschatkamöwe im Winter eine ziemlich starke Kopfstrichelung und der Hals ist übersät mit braunen Flecken. Adulte Mantelmöwen haben auf den äußersten Handschwingen meist auch größere weiße Spiegel, oft ohne Subterminalbinde auf H10.
Die adulte Sibirische Silbermöwe hat eine hellere, bläulich graue Oberseite (wie Sturm- oder Dreizehenmöwe), und auf der Flügelunterseite kontrastiert die schwarze H10 mit den helleren, mittelgrauen inneren Hand- und Armschwingen. Ihre Iris ist ebenfalls häufig dunkel, der Schnabel gerader und schlanker und kann im Winter eine grünliche Tönung annehmen.
Verwechselt werden kann die Kamtschatkamöwe nur mit den glücklicherweise selten vorkommenden Hybriden zwischen Mantel- und Kanada- oder Silbermöwe. Diese Hybriden können allerdings immer anhand ihres schmaleren weißen Hinterrands an den Flügeln, besonders an den inneren Handschwingen, abgegrenzt werden.

ÄHNLICHE ARTEN

MANTELMÖWE

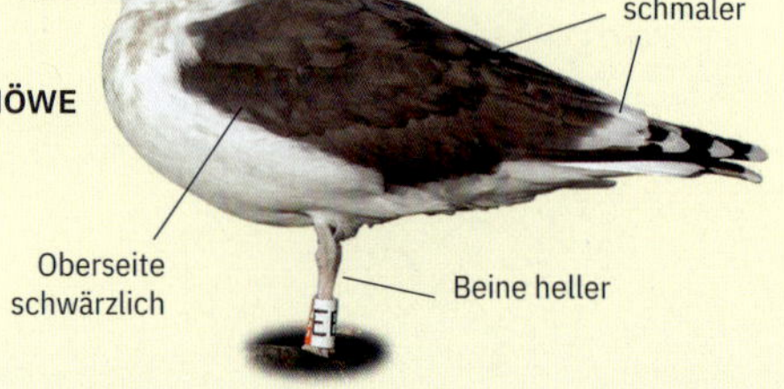

HYBRIDE MANTELMÖWE × KANADAMÖWE

◂ Schlichtkleid ▸
kräftige braune Flecke
breite weiße Handschwingenspitzen
«kaugummirosa»
dunkelgrau, mit schwarz-weißem Hinterrand
oberer Mantelbereich weiß
Oberseite schiefergrau
breite weiße Halbmonde
▸ Prachtkleid
weiße «Perlen»
breite weiße Spitzen, die spitze Keile formen können

Erster Zyklus

Die Bestimmung der Kamtschatkamöwe in diesem Kleid ist herausfordernd, weil das Gefieder sehr variabel sein kann: von fast so hell wie bei der Eismöwe bis hin zu so dunkel wie bei der Heringsmöwe. Typische Vögel unterscheiden sich aber von allen europäischen Möwenarten durch ihr einfarbiges Gefieder, das weniger grob gezeichnet ist und einen ausgewaschenen, schmutzig braunen Eindruck vermittelt. Das sichtbare Armschwingenband und die kräftige Rosafärbung der Beine verleihen den Vögeln auch ein anderes Aussehen.
Bei einem stehenden Vogel sollten folgende Schlüsselmerkmale überprüft werden:

- Den großen Armdecken fehlt ein deutliches Muster, ihre Färbung reicht von eher einheitlich braun bis einfarbig weißlich. Im Allgemeinen sind sie heller und weniger stark gezeichnet als die anderen Flügeldecken.
- Die Handschwingen sind eher braun als schwarz und weisen einen schmalen, aber deutlichen weißlichen Saum um die Spitzen auf.
- Die Schirmfedern haben ein einfaches, einfarbig braunes Zentrum mit klar definiertem weißlichem Rand.
- Vermauserte (postjuvenile) Schulterfedern sind meist eher grau und weisen nur ein einfaches Muster (wie etwa einen dunklen Schaftstrich) auf.
- Die Unterseite wirkt einheitlich braun und zeigt meist keine Strichelung.
- Einige Vögel tragen eine Maske in eher kräftigem Braun um das Auge.

Im Flug bilden die Handschwingen das Hauptmerkmal. Diese Federn sind eher braun als schwärzlich und die äußeren Handschwingen weisen helle Innenfahnen auf, wodurch von unten der Eindruck einer hellen äußeren Hand mit dunklen Spitzen entsteht. Die inneren Handschwingen sind schmutzig braun und kontrastieren anders als bei der Silbermöwe kaum mit den äußeren Handschwingen. Auf diesen befinden sich anders als bei der Heringsmöwe isolierte dunkle subterminale Flecke. Bei vielen Vögeln werden die inneren Handschwingen Richtung Spitze weißlicher, wodurch ein charakteristisches scheckiges Muster entsteht. Weitere wichtige Merkmale sind die einheitlich braunen Decken der Flügelunterseite und Achselfedern, denen jegliche Bänderung fehlt, sowie der weitgehend schwarze Schwanz. Einige Silbermöwen, besonders der Unterart *argentatus*, und einige «Wikingermöwen» (Hybride Eismöwe × Silbermöwe) können zwar hellbraune Flügelspitzen haben, zeigen aber andere als die meisten oben genannten Merkmale sowie eine hellere Schnabelbasis als die meisten Kamtschatkamöwen in diesem Alter.

Gleichaltrige Sibirische Silbermöwen haben schwärzliche Flügelspitzen, gebänderte große Armdecken und einen geraderen Schnabel. Im Flug zeigt sich ein starker Kontrast zwischen den hellen inneren und den schwärzlichen äußeren Handschwingen, während die Schwanzbasis oft eindeutig gebändert ist. Die Achselfedern (und Decken der Flügelunterseite) haben manchmal ebenfalls eine feine Bänderung.
Einige Kanadamöwen im ersten Zyklus können dunkleren Individuen der Kamtschatkamöwe ähneln, ihre großen Armdecken sind aber mindestens so dunkel wie der Rest der Flügeldecken und weisen oft ein gesprenkeltes oder dicht gebändertes Muster auf. Im Flug zeigt sich im Allgemeinen ein stärkerer Kontrast zwischen den hellen inneren und dunklen äußeren Handschwingen, der Bürzelbereich wirkt aufgrund der dichten dunklen Bänder brauner.
Die Beringmöwe im ersten Zyklus hat hellere Flügelspitzen (nicht dunkler als die Schirmfedern), dicht gesprenkelte große Armdecken, die nicht heller als der Rest der Flügeldecken sind, sowie dunklere, bräunlich rosafarbene Beine. Das Gesicht wirkt häufig einheitlich braungrau, ohne eindeutige Strichelung oder dunklen Augenfleck. Aufgrund der dichten Fleckung wirkt der Bürzelbereich vorwiegend braun (bei der Kamtschatkamöwe meist weißlicher) und die Unterseite der äußeren Handschwingen ist sehr hell. Neue Schulterfedern haben eine einfarbige mittelgraue Tönung, während sie bei der Kamtschatkamöwe gemustert oder dunkelschiefergrau sind.

große Armdecken einfarbig und heller als Rest des Innenflügels
dunkel-weißes Muster
weißliches Flügelfeld
transparent wirkende äußere Handschwingen
braune innere Handschwingen mit dunklen und weißen Spitzen
dunkler Schwanz
durchscheinend
weißes Feld
dunkles Gesicht mit weißer «Boa» dahinter
▾ abgetragen
braune innere Handschwingen mit dunklem und weißem Muster an der Spitze
einfarbig braun
große dunkle Zentren auf den Schulterfedern
helles Flügelfeld
braune Flügelspitze
Armschwingen sichtbar
leicht wulstiger Schnabel
zartes Muster
helles Flügelfeld
einfaches Muster
◂ juvenil
helle große Armdecken
Armschwingen sichtbar
«kaugummirosa»
violettrosa

ÄHNLICHE ARTEN, 1. ZYKLUS

Zweiter Zyklus

In diesem Alter erleichtert die sich langsam ausbildende schiefergraue Färbung auf dem Rücken die Bestimmung. Die Iris färbt sich oft hell und kontrastiert dann deutlich mit der braunen Maske um das Auge. Im Spätwinter bleicht das sehr einfache Muster auf den Flügeldecken oft zu einem einheitlichen Weiß aus, sodass ein starker Kontrast zum dunkelgrauen Mantel entsteht.

Im Flug zeigen typische Vögel breite weiße Spitzen an den Armschwingen und ein zweifarbiges Muster auf den äußeren Handschwingen, das durch die hellen Innen- und braunen Außenfahnen entsteht.

Einige nördliche Silbermöwen können eine dunkelgraue Oberseite haben und mit ihren braunen Flügelspitzen und hellrosafarbenen Beinen tatsächlich für Verwechslung sorgen. Um das zu vermeiden, können folgende Details hilfreich sein:

- Diese Vögel zeigen manchmal deutliche dunkle Striche über den Kopf verteilt, während Kamtschatkamöwen im zweiten Zyklus typischerweise braune Flecke aufweisen.
- Sie haben einen schmaleren weißen Hinterrand an den Armschwingen.
- Die Achselfedern kann ein gebändertes Muster zieren.
- Häufig weisen die großen Armdecken ein gepunktetes oder gebändertes Muster auf; sind diese Federn aber einheitlich braun, sehen sie genauso dunkel wie die Schirmfedern aus (bei der Kamtschatkamöwe dagegen heller).
- Auf der Schwanzbasis finden sich oft grobe, dunkle Flecke, während Kamtschatkamöwen im zweiten Zyklus einen weitgehend dunklen Schwanz haben.

Die Sibirische Silbermöwe zeigt im zweiten Zyklus schwärzliche Flügelspitzen, hellere bläulich graue Schulterfedern, einen geraderen Schnabel und auf den Flügeldecken oft ein gewisses Maß an grober Sprenkelung oder wellenförmiger Bänderung.

Die Kanadamöwe unterscheidet sich im zweiten Zyklus von der Kamtschatkamöwe auf ähnliche Weise wie die Sibirische Silbermöwe; alle nachwachsenden alterskleidartigen Schulterfedern sind aber noch heller, eher silbergrau.
Heringsmöwen weisen eine ähnliche Färbung der Oberseite auf, können aber durch die schwarzen Flügelspitzen, die deutlich über den Schwanz hinausreichen, die von mattrosa bis gelblich rosa reichende Farbe der Beine sowie die grob gemusterte weiße Unterseite leicht abgegrenzt werden. Darüber hinaus zeigen einige Flügeldecken ein grob gesprenkeltes oder geflecktes Muster.

Das Gefieder der Beringmöwe im zweiten Zyklus ist sehr einheitlich, mit helleren äußeren Handschwingen und hellgraueren alterskleidartigen Schulterfedern als bei der Kamtschatkamöwe. Die großen Armdecken sind nicht heller als die Schirmfedern. Die Iris ist dunkel. Im Flug wirkt der Bürzelbereich sehr braun und ein weißer Hinterrand an den Armschwingen fehlt.

ÄHNLICHE ARTEN

Dritter Zyklus

Im Allgemeinen ähneln Kamtschatkamöwen dieser Altersklasse Altvögeln und sind oft ebenfalls unverwechselbar. Die «Perlenkette» auf den äußeren Handschwingen mag weniger eindeutig sein, aber alle anderen Merkmale (wie die breiten weißen Spitzen an den Armschwingen und inneren Handschwingen) sind bereits vorhanden. Vögeln mit noch hohem Braunanteil der Flügeldecken fehlt die «Perlenkette» möglicherweise ganz. Sie zeigen aber zusätzliche Merkmale, wie großflächige braune Flecke auf der Unterseite und eine ausgedehnte, durchgehend schwarze Färbung des Schwanzes, durch die sie von europäischen Möwen abgegrenzt werden können. Zu beachten ist auch die Farbe der Beine sowie die weiße «Boa» auf dem oberen Mantel.
Zusätzlich zu den oben genannten Merkmalen unterscheidet sich die Mantelmöwe im dritten Zyklus durch ihre schwärzliche Oberseite, die häufig dunkle Iris und manchmal größere weiße Spiegel auf den äußersten Handschwingen.
Heringsmöwen im dritten Zyklus zeigen durchgehend schwarze Handschwingen, sodass kein Kontrast zwischen den dunklen Außenfahnen und den helleren Innenfahnen wie bei der Kamtschatkamöwe entsteht. Die Unterseite der äußersten Handschwingen ist ebenfalls schwarz, deutlich dunkler als die grauen inneren Hand- und Armschwingen. Strukturell unterscheidet sich die Heringsmöwe stark von der Kamtschatkamöwe, ohne den «aufgeblasen wirkenden» Körper der Letzteren.

VERBREITUNGSGEBIET

Brutvogel im Fernen Osten Russlands, vom Kap Navarin (autonomer Kreis der Tschuktschen) südwärts bis zur nördlichen Spitze von Nordkorea, einschließlich der Kommandeurinseln (Russland) und Hokkaido (Japan). Im Winter erstreckt sich seine Verbreitung südwärts über ganz Korea, umfasst den äußersten Nordosten von China sowie große Teile von Japan und Taiwan.
Seit den 1990ern ist ein beachtlicher Anstieg von Meldungen von Irrgästen in ganz Nordamerika zu verzeichnen. Die erste Meldung in der Westpaläarktis erfolgte in Litauen im Jahr 2008. Seit 2011 gibt es allerdings nahezu jährlich Meldungen von Vögeln in London (Großbritannien), Island, Finnland, Belarus, Irland (2), Polen und Schweden. Bei allen Sichtungen handelte es sich um adulte oder subadulte Vögel, außer bei der Meldung aus Schweden, bei der ein Vogel im ersten Zyklus beobachtet wurde.
Die Bestimmung im pazifischen Gebiet wird durch einen gewissen Grad an Kreuzungen mit der Bering- und der Sibirischen Silbermöwe erschwert. Darüber hinaus können infolge der Hybridisierung zwischen bestimmten Arten der amerikanischen Westküste, z. B. Beringmöwe × Kanadamöwe, Vögel vorkommen, die der Kamtschatkamöwe ähneln, zumindest in den Kleidern des ersten Zyklus. Obwohl bisher in der Westpaläarktis keine dieser Hybriden gemeldet wurden, sollte jede Kamtschatkamöwe mit mehr als einem ungewöhnlichen Merkmal sehr genau unter die Lupe genommen werden.

ÄHNLICHE ARTEN

Heringsmöwe
Larus fuscus graellsii & intermedius

GESTALT

Eine elegante Großmöwe, schlanker als die eng verwandte Mittelmeer- oder Silbermöwe und mit einem längeren Hinterende. In Ruhestellung kann sie überraschend kurzbeinig aussehen, was ihr ein dickbäuchiges Aussehen verleiht, besonders bei der Unterart *intermedius*. Die Mantelmöwe ist wesentlich schwerer und kräftiger und hat eine kürzere Handschwingenprojektion. Der Kopf der Heringsmöwe wirkt eher birnenförmig, während die Kopfform der Mittelmeermöwe (und in geringerem Maße auch die Silbermöwe) eckiger ist. Der Schnabel ist etwas dünner; Silber- und Mittelmeermöwe haben kräftigere, manchmal gedrungene Schnäbel.

Adult

Die Oberseite ist schiefergrau (bei der Unterart *graellsii*) und schwärzlich grau (bei *intermedius*), wobei Letztere farblich mit der Mantelmöwe übereinstimmt. Die Beine sind tiefgelb wie bei der Mittelmeermöwe (deren Oberseite heller bläulich grau ist).
Der Weißanteil auf der Flügelspitze der Heringsmöwe ist begrenzt und deutlich geringer als bei der Mantel- oder Silbermöwe. Der Spiegel auf H9 ist klein oder fehlt. Schwarze Abzeichen auf H4 und sogar H3 sind nicht unüblich. Im Flug zeigt sich auf der Flügelunterseite ein ausgedehnter dunkelgrauer Hinterrand (anders als bei Silbermöwen).

Im Vergleich zur Mittelmeermöwe tragen die Heringsmöwen (besonders *graellsii*) im Winter ausgedehntere Kopf- und Nackenabzeichen.
Eine starke Überschneidung gibt es mit der Baltischen Heringsmöwe *(Larus fuscus fuscus)*. Bei jedem Vogel, der im Winter einen weißen Kopf und eine schwärzliche Oberseite aufweist und eine späte Mauser durchlaufen oder die Mauser stillgelegt hat, handelt es sich wahrscheinlich um *intermedius* oder *fuscus*. Eine genaue Bestimmung der Unterart ist durch die große Variation bei den Mauserzeitpunkten und der Färbung der Oberseite bei *intermedius* fast unmöglich (siehe Baltische Heringsmöwe).

ÄHNLICHE ARTEN

bei *graellsii* schiefergrau
viel Schwarz auf den mittleren Handschwingen
wenig Weiß auf der Flügelspitze
schmale Flügel
bei *intermedius* schwärzlich grau
von unten gesehen dunkel
Kopf häufig «birnenförmig»
roter Orbitalring
bei niederländischen Mischformen dunkelschiefergrau
lange Projektion
gelb
Kopfstrichelung im Frühwinter am stärksten
bei *intermedius* schwärzlich grau
tiefgelbe Beine
Y260
JUKA

Erster Zyklus

Vögel im ersten Zyklus haben ein schokoladenbraunes Aussehen, sind dunkler als die graubraune Erscheinung der Silbermöwe und anders als die Mittelmeermöwe im ersten Zyklus mit ihrem wärmeren rötlichen Braun. Im Flug zeigt sich als markantestes Merkmal der dunkle Flügel mit den dunklen inneren Handschwingen, die auf den Innenfahnen nur etwas mattbrauner sind und kaum mit den dunklen äußeren Handschwingen und dunklen Armschwingen kontrastieren. Silbermöwen derselben Altersklasse zeigen helle innere Handschwingen, die ein sogenanntes Fenster bilden. Mittelmeermöwen weisen auf den inneren Handschwingen ein kontrastreicheres Muster auf.

In Ruhestellung fallen bei der Heringsmöwe die schwärzlichen juvenilen Handschwingen auf, die dunkler als bei Silbermöwen derselben Altersklasse sind (Letztere häufig mit hellem Rand um die Spitzen frischer Federn).

Auf dem juvenilen Schwanz befindet sich eine breite schwärzliche Binde, die mit der weißen Basis kontrastiert. Trotz einiger Überschneidungen weist die Mittelmeermöwe in der Regel eine schmalere Schwanzbinde und eine reinweiße Schwanzbasis auf.

Im Gegensatz zu den tief gekerbten Federn bei der Silber- und der Mantelmöwe sind die Schirmfedern der Heringsmöwe dunkel und haben nur schmale helle Ränder. Dieses Muster wiederholt sich auf den dunkelbraunen Armdecken: breite dunkle Zentren und helle Ränder, besonders auf den äußeren Armdecken.

Im Winter bleiben Unterseite und Kopf der meisten Vögel weitgehend gestrichelt. Anders als die meisten Silbermöwen in dieser Altersklasse zeigen einige Vögel zum Ende des ersten Zyklus hin einen weißlichen, fast ungezeichneten Kopf.

Die Beine sind dünn und kurz, die Unterschenkel weitgehend dunkel, während die Mittelmeermöwe kräftige, rosa-lachsfarbene Beine hat. Im Unterschied zu den anderen Großmöwenarten findet in der Gruppe der Heringsmöwen häufig eine umfangreiche postjuvenile Mauser im späten Winter statt. Insbesondere *intermedius* kann alle Armdecken, die Schwanzfedern (von den juvenilen Federn durch die markanten weißen Spitzen zu unterscheiden) und sogar die Armschwingen (frische Federn haben breite weiße Spitzen) ersetzen. Im Frühjahr erinnern solche Vögel an die Tundramöwe im ersten Zyklus (siehe dort).

ÄHNLICHE ARTEN

◂ «*Intermedius*-Typ» im Frühjahr

◂ fortgeschrittener «*Intermedius*-Typ» im Frühjahr, wobei die meisten Schwungfedern im Winter ersetzt wurden

◂ fortgeschrittener «*Intermedius*-Typ» nach umfangreicher Mauser

ÄHNLICHE ARTEN, 1. ZYKLUS

Zweiter Zyklus

Vögel im zweiten Zyklus sehen unterschiedlich aus. Klassischerweise haben Individuen der Unterart *graellsii* im zweiten Zyklus im Winter mindestens ein paar graue Federn auf der Oberseite, welche die graue Färbung des Alterskleides erkennen lassen, was die Abgrenzung zu Silbermöwen und Mittelmeermöwen vereinfacht.

Die Handschwingen sind dunkel schwärzlich braun mit abgerundeten Spitzen und ohne weißen Spiegel auf H10 (der z. B. bei Mantelmöwen und Steppenmöwen dieser Altersklasse in der Regel vorhanden ist). Die inneren Handschwingen sind dunkelbraun und ohne Pfeilspitzenmuster (wie bei den meisten Silbermöwen). Einige Vögel können hellere braune Innenfahnen aufweisen.

Anders als die Silbermöwe und die Mittelmeermöwe ersetzen viele Vögel im zweiten Zyklus im Winter einige Schwanzfedern und zeigen dann ein «gemischtes Muster» mit abwechselnd schwarzen und weißen Federn. Im Frühjahr kann die Heringsmöwe im zweiten Zyklus anhand der schiefergrauen Oberseite, der gelben Beine und des dreifarbigen Schnabels bestimmt werden.

Auch hier ist eine späte Wintermauser üblich. Die am weitesten fortgeschrittenen Vögel (meist *intermedius*) weisen einen durchgehend weißen Schwanz und eine Mischung aus neuen und alten Schwungfedern auf. Ein solcher Mausermodus ist in der Gruppe der Silbermöwen unwahrscheinlich, bei *fuscus* und *heuglini* aber sehr verbreitet (siehe diese Art für Bestimmungskriterien).

ÄHNLICHE ARTEN

◂ fortgeschrittener Vogel im 2. Zyklus im Frühjahr

◂ klassisches Individuum im Frühjahr

◂ fortgeschrittenes Individuum im Frühjahr, wobei die meisten Handschwingen erneuert und damit altvogelähnlich sind

Dritter Zyklus

Die Bestimmung von Vögeln im dritten Zyklus ist häufig unkompliziert: Bis auf einige immature Spuren ähneln sie adulten Vögeln. Oberseite und Flügeloberseite zeigen eine alterskleidartige Färbung und die Beine sind gelblich (einige Vögel können im Herbst mattrosa-gelbe Beine und in der ersten Hälfte des Winters viel Schwarz auf dem Schnabel zeigen). Die Kopf- und Nackenabzeichen sind im Winter oft großflächiger als bei Mittelmeermöwen und Mantelmöwen dieser Altersklasse.

Immature Spuren können auf dem Schwanz (schwarze Flecke), den Decken der Flügelunterseite (dunkle Abzeichen) und den Handdecken (ausgedehnte dunkle braune Zentren) gefunden werden. Scharf abgegrenzte schwärzliche Zentren auf den Handdecken sind bei dieser Art allerdings auch bei alten adulten Vögeln zu beobachten.

ÄHNLICHE ARTEN

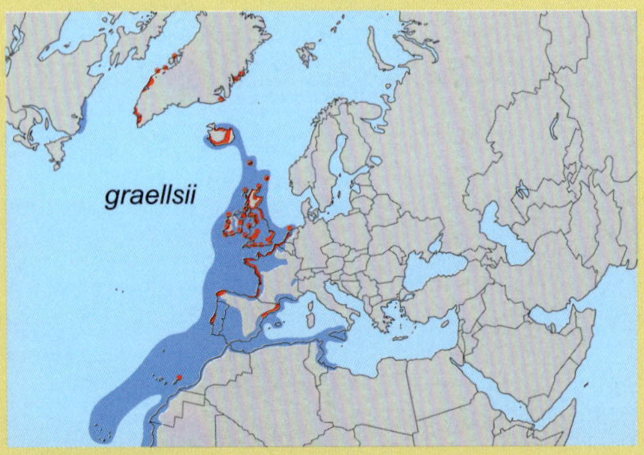

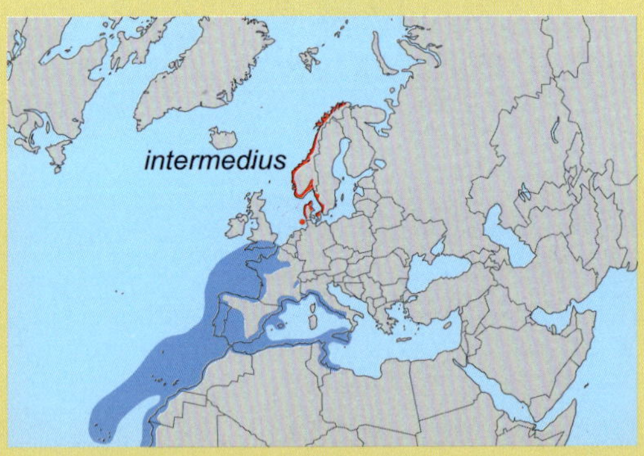

VERBREITUNGSGEBIET

Langstreckenzieher; brütet in Westeuropa (Unterart *graellsii*) und in Nordeuropa (Unterart *intermedius).* In den Benelux-Ländern und in Norddeutschland gibt es eine Intergradationszone zwischen den beiden Unterarten, deren Populationen manchmal als «Niederländische Mischformen» bezeichnet werden. Die Heringsmöwe hat ihr Verbreitungsgebiet entlang der atlantischen Küste gen Süden bis zur Iberischen Halbinsel ausgeweitet. Die Hauptzugroute verläuft die atlantische Küste entlang bis nach Westafrika. Eine beträchtliche Zahl von Vögeln verbringt jedoch milde Winter im Nordwesten Europas, insbesondere im Vereinigten Königreich und in Westfrankreich.

Spuren von Schwarz
dunkle Zentren
weiße Spitzen sehr klein
oder fehlend
roter Orbitalring
schiefergrau
lange Projektion
gelb

Baltische Heringsmöwe
Larus fuscus fuscus

GESTALT

Diese Großmöwe ist eng mit der Tundramöwe und der westlichen Heringsmöwe, insbesondere mit *intermedius*, verwandt. Unter den Großmöwen gehört *fuscus* zu den kleinsten Taxa, mit verhältnismäßig langen Flügeln und schmalem Schnabel. Klassische Baltische Heringsmöwen haben kurze Beine und schmale, lange Flügel, die weit über den Schwanz hinausreichen. Auch ihr Körper ist schlanker, während Skandinavische Heringsmöwen eher dickbäuchig wirken.

Adult

Die schwärzliche Färbung der Oberseite der Baltischen Heringsmöwe stimmt mit der der Handschwingen überein. Dieses Merkmal zeigt auch die Mantelmöwe, die allerdings viel größer, massiger und kräftiger ist und rosafarbene Beine hat. Die Beine der Baltischen Heringsmöwe sind gelb. Eine Minderheit der Skandinavischen Heringsmöwen hat ebenfalls eine schwärzliche Oberseite.
Baltische Heringsmöwen durchlaufen eine späte Mauser, d. h., die Vollmauser wird während des Zuges ausgesetzt und findet im Winterquartier statt. Den Winter über bleibt der Kopf eher weiß. Im Alterskleid zeigt sich auf der Flügelspitze ein ausgedehntes Schwarz. Der Spiegel auf H9 ist sehr klein oder fehlt, der Spiegel auf H10 ist klein und wird von der weißen Spitze durch eine breite schwarze Subterminalbinde abgegrenzt. Ringdaten deuten darauf hin, dass *intermedius* so dunkel wie *fuscus* sein kann und mitunter auch eine späte Mauser durchläuft (die äußeren Handschwingen wachsen noch im Januar nach, wie bei *fuscus*). Demnach ist eine eindeutige Bestimmung von außerhalb ihres Verbreitungsgebietes auftretenden adulten Baltischen Heringsmöwen nur bei beringten Vögeln möglich. Dennoch gehört ein Altvogel mit folgenden Merkmalen wohl eher zu *fuscus*: schwärzliche Oberseite sowie eine begrenzte Handschwingenmauser im September/Oktober (allenfalls H1–H2 sind ersetzt und die Mauser ist aufgrund des Zuges ausgesetzt).

ÄHNLICHE ARTEN

▾ **ADULT *FUSCUS***
im Dezember, äußere Handschwingen noch in der Mauser

▴ **ADULT *FUSCUS***
im Dezember, äußere Handschwingen noch alt

▸ **ADULT *FUSCUS***
Mitte November; H6–H10 noch alt

▸ ***INTERMEDIUS***
Anfang September, aktive Mauser (nicht stillgelegt) schließt *fuscus* aus

▴ ***INTERMEDIUS***
im September, Ring und frühe Mauser schließen *fuscus* aus

▸ ***INTERMEDIUS***
im September, frühe Mauser (mehr als zwei Handschwingen erneuert) schließt *fuscus* aus

▴ ***HEUGLINI***
im Januar, späte Mauser, alte H10 erinnert an *fuscus*

◂ ***HEUGLINI***
im Januar, H10 wie bei *fuscus* noch im Wachstum

Erster Zyklus

Juvenile *fuscus* haben keine eindeutigen Merkmale, die sie von *intermedius* oder *heuglini* unterscheiden. Kleine Weibchen mit kontrastreichem Gefieder können sich allerdings abheben, vor allem, wenn sie folgende Merkmale zeigen:

- kleine und schlanke Gestalt mit langen Flügeln, kurzen Beinen und dünnem Schnabel;
- Kopf und Unterseite sehr hell, fast weißlich, mit scharf abgesetzten, feinen Stricheln;
- frische Oberseite ohne ockerfarbene oder warme Tönung, mit klar definierten weißrandigen Armdecken;
- Bürzel und Oberschwanzdecken offensichtlich hell, weißlich.

Irrgäste bestimmt man am besten im Frühjahr oder Frühsommer, wenn einige charakteristische Vögel im ersten Zyklus aus dem Winterquartier nach Europa zurückkehren. Baltische Heringsmöwen zeigen dann ein frisches Gefieder der 2. Generation, einschließlich der Handschwingen, die im Gegensatz zu den abgetragenen, ausgewaschenen Handschwingen anderer Arten schwärzlich glänzen. Diese Vögel können sogar ohne Ring bestimmt werden, sofern sie folgende Merkmale aufweisen:

- Alle Schwanzfedern, Armschwingen und mindestens acht Handschwingen sind durch Federn der 2. Generation ersetzt; die neuen Schwanzfedern und Armschwingen haben breite weiße Spitzen (die bei juvenilen Federn fehlen, die im Frühjahr abgenutzt sind), die neuen Handschwingen sehen viel dunkler, frischer und glänzender aus.
- Oberseite und Flügel sind sehr dunkel und einheitlich schokoladenbraun (ohne eindeutiges Muster); neu ausgebildete Federn sind komplett schwärzlich.
- Die Flügelunterseite ist hell mit dunkler Strichelung auf weißlichem Grund.

Die einzige andere Art, die ihre Handschwingen häufig im ersten Winter vermausert, ist die Tundramöwe (10–15 % aller Vögel im ersten Zyklus). Im Frühjahr erinnert sie aufgrund des weißen Kopfes und der dichten Strichelung auf dem Hinterhals («Boa») eher an die Steppenmöwe und zeigt auf der Oberseite schiefergraue Federn (bei Baltischer Heringsmöwe schwärzlich).

Fuscus im ersten Zyklus, die alle Schwungfedern erneuert haben, ähneln stark *graellsii/intermedius* im zweiten Zyklus, wobei Letztere mit der Mauser der inneren Handschwingen möglicherweise schon Ende Mai beginnen (wenn *fuscus* keine Mauser durchlaufen) und die äußeren Handschwingen matt schwärzlich und abgenutzt und nicht leuchtend schwarz und frisch sind. Auch die am weitesten fortgeschrittenen *fuscus* im ersten Zyklus weisen noch braune Tupfen auf den Flanken auf, während viele *graellsii/intermedius* im zweiten Zyklus eine reinweiße Unterseite haben.

Gelegentlich tauchen im Frühjahr Vögel außerhalb des Verbreitungsgebietes der Baltischen Heringsmöwe auf, die *fuscus* weitgehend entsprechen, aber nicht alle Kriterien erfüllen. Sie werden als «*fuscoides*» bezeichnet. Einige dieser Vögel stammen wahrscheinlich aus der Überlappungszone zwischen *fuscus* und *intermedius* in Mittelnorwegen. Bei ihnen ist sowohl eine fortgeschrittene Mauser (Merkmal von *fuscus*) als auch ein eher gebändertes Muster oder eine schiefergraue Färbung auf der Oberseite (Merkmal von *intermedius*) zu erkennen.

ÄHNLICHE ARTEN

▲ ***FUSCUS* KLASSISCH**
in Finnland

▲ ***HEUGLINI***
im Frühjahr in Finnland

Mauser im Winter bei den äußeren Handschwingen stillgelegt
◂ Winter
◂ 1. Zyklus im Mai
alle Handschwingen aus 2. Generation
▾ 1. Zyklus im Frühjahr
neu, schwärzlich
alt, braun, ohne gebändertes Muster
alle Handschwingen aus 2. Generation
◂ frisches Jugendkleid
kontrastierendes Gefieder
▸ 1. Zyklus in der Wintermitte
aktive Mauser der Flügeldecken

ÄHNLICHE ARTEN, 1. ZYKLUS

► ***«FUSCOIDES»*** im Frühjahr in W-Europa mit weniger als 8 neuen Handschwingen (ohne Ring wird Bestimmung als verirrter *fuscus* nicht anerkannt)

◄ ***«FUSCOIDES»*** im Mai in W-Europa, mit gebänderten Armdecken

▲ ***HEUGLINI*** im Frühjahr in SW-Finnland (Grauton der neuen Schulterfedern schließt *fuscus* aus)

Zweiter Zyklus

Im Herbst sollte es sich bei jeder Heringsmöwe im zweiten Zyklus, die drei Generationen von Handschwingen sowie frische schwärzliche Flügeldecken oder Schulterfedern aufweist, um eine Baltische Heringsmöwe handeln. Zu anderen Jahreszeiten ist eine Bestimmung aufgrund der zu großen Variation bei *intermedius* nicht möglich, auch wenn klassische *fuscus* im zweiten Zyklus im Frühjahr ein auffälliges Aussehen haben.

Die Vollmauser findet wieder im Winter statt, sodass viele Vögel im Frühjahr mit einem fortgeschrittenen, alterskleidartigen Gefieder nach Europa zurückkehren. Ein Schlüsselmerkmal bei *fuscus* im zweiten Zyklus ist ein im Frühjahr auftretender Mauserkontrast in den äußeren Handschwingen. *Intermedius* im zweiten Zyklus können allerdings sowohl die gleiche Tönung der Oberseite als auch die gleiche Mauserstrategie zeigen, wenn sie ihre Handschwingen in der Wintermitte erneuern. Deshalb kann bei ihnen im Frühjahr oder im Frühsommer in den Handschwingen auch eine Mausergrenze sichtbar sein. Eine korrekte Bestimmung von außerhalb ihres Verbreitungsgebietes auftretenden *fuscus* im zweiten Zyklus ist nur bei Vögeln möglich, die als Küken innerhalb einer Kolonie von Baltischen Heringsmöwen beringt wurden.

▼ 2. Zyklus, Juni

▼ 2. Zyklus, Juli

ÄHNLICHE ARTEN

▸ ***FUSCUS***
im März

▾ ***INTERMEDIUS***
im Januar (dänischer Vogel im Winter in aktiver Mauser)

▴ ***FUSCUS***
im Mai (finnischer Ring entscheidend)

▴ ***FUSCUS***
im Mai (finnischer Ring)

◂ **«TYP *GRAELLSII*»**

Bei einem «Typ *graellsii*» kann im Mai auch eine Mausergrenze zu erkennen sein.

▴ **«TYP *GRAELLSII*»**
im Juni (mit Mausergrenze; Grauton schließt aber *fuscus* aus)

Dritter Zyklus

Im Allgemeinen bildet die Baltische Heringsmöwe das Alterskleid sehr schnell aus, sodass viele Vögel im dritten Zyklus nicht von Altvögeln abzugrenzen sind, sofern nicht Ringdaten vorliegen, die das wahre Alter verraten. Bei Vögeln im dritten Zyklus gelten somit die gleichen Bestimmungskriterien wie für adulte Vögel.

Baltische Heringsmöwen im dritten Zyklus können im Sommer durch ihre Handschwingen aus mehreren Generationen in Kombination mit einer schwärzlichen Oberseite auffallen. Dennoch gibt es bei den dunkelsten Vögeln aus der skandinavischen Population *(intermedius)* Überschneidungen in allen Merkmalen, sodass nur beringte Baltische Heringsmöwen im dritten Zyklus sicher als Irrgäste bestimmt werden können.

(Maßstab für dieses Bild verkleinert)

VERBREITUNGSGEBIET

Die Baltische Heringsmöwe brütet in Finnland, NW-Russland, an der schwedischen Ostküste und auf den Inseln von Nordland, Norwegen. Ihre Population ist gefährdet und sie leidet an einer niedrigen Reproduktionsrate, was vor allem auf Krankheiten und den Raub der Küken durch Silbermöwen zurückzuführen ist. In den 2010er-Jahren ist die Gesamtpopulation rapide auf 15 000 Brutpaare geschrumpft.

Die Art ist ein Langstreckenzieher mit direktem Flug in den Nahen Osten und auf die Arabische Halbinsel. Deshalb hat sie eine Mauserstrategie mit vollständiger Mauser im Winter nach dem Zug entwickelt. Die meisten Vögel überwintern an den großen Seen des Rift Valley in Ostafrika. Die Baltische Heringsmöwe verirrt sich regelmäßig nach Westeuropa, auch wenn die tatsächliche Anzahl von Meldungen aufgrund von Bestimmungsschwierigkeiten unbekannt ist.

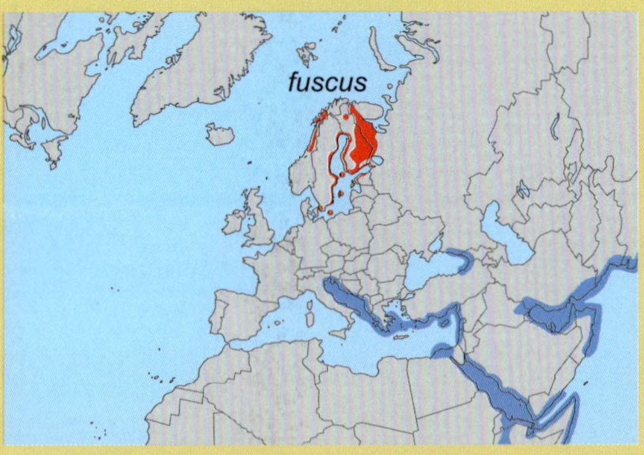

ÄHNLICHE ARTEN

◂ ***GRAELLSII***
aus den Niederlanden

◂ ***GRAELLSII***
aus den Niederlanden

▴ ***INTERMEDIUS***
aus Norwegen

Tundramöwe
Larus (fuscus) heuglini

GESTALT

Die Tundramöwe ähnelt den anderen Mitgliedern des Heringsmöwen-Komplexes, hat aber einen relativ kleinen Kopf, einen herabhängenden, dünneren Schnabel und länger wirkende Beine als die westlichen Arten. Hinsichtlich ihrer Größe bewegt sich *heuglini* zwischen *fuscus* und *Larus argentatus*, aufgrund der langen Flügel ist sie eher mit *fuscus vergleichbar. Graellsii* hat eine gedrungenere Gestalt und durchschnittlich einen dickeren Schnabel. Einige große männliche Tundramöwen erinnern an die Steppenmöwe *Larus cachinnans* und haben insofern eine ganz andere Gestalt als *fuscus*.

Adult

Heller als die Nominatform *fuscus*, mit der sie das Verbreitungsgebiet teilt, sieht aber der Heringsmöwe *graellsii* sehr ähnlich, was den Grauton der Oberseite betrifft, obwohl *heuglini* oft einen Blaustich hat. Das adulte Gefieder ist weitgehend mit dem der westlichen Arten vergleichbar und zeigt nur geringe Unterschiede.

In der Flügelspitze zeigt *heuglini* mehr Schwarz und weniger Weiß als westliche Arten. Zum üblichen Flügelspitzenmuster gehört eine breite schwarze Subterminalbinde auf H10 (d. h., der weiße Spiegel liegt weit entfernt von der Federspitze, anders als bei *graellsii*) und kein Spiegel auf H9. Idealtypisch hat die Basis von H10 eine reinweiße Unterseite und kontrastiert nicht mit den weißen Decken der Flügelunterseite (bei *graellsii* ist die Basis der Unterseite von H10 immer grau).

Adulte Tundramöwen zeigen auf H8 und besonders auf H7 meist reinweiße Zungenspitzen, die sich zwischen der grauen Basis und der schwarzen Subterminalbinde befinden. Damit sind die grauen Zungen eindeutig vom Schwarz auf den Innenfahnen abgegrenzt; bei den meisten *graellsii* fehlen die weißlichen Zungenspitzen oder sind unklar definiert.

Den Winter über bleiben viele Tundramöwen überwiegend weißköpfig mit gröberen dunklen Tupfen auf dem Hinterhals und den Seiten der Brust, wodurch ein Muster entsteht, das an die Steppenmöwe erinnert.

Ein weiteres Merkmal, das *heuglini* von den meisten westlichen Arten unterscheidet, ist der Mauserzeitpunkt. Als Langstreckenzieher gehört *heuglini* zu den spät mausernden Arten, welche die Vollmauser im Winterquartier im späten Januar oder Februar beenden (was bei den westlichen Arten nur im Ausnahmefall zu beobachten ist).

ÄHNLICHE ARTEN

ÄHNLICHE ARTEN

Erster Zyklus

Juvenile Vögel ähneln Baltischen Heringsmöwen im Jugendkleid, deren frisches Gefieder ebenfalls kontrastreich ist, sodass die meisten Vögel nicht auseinandergehalten werden können. Möglicherweise lassen sich nur besonders auffällige Vögel (große Männchen, siehe «Gestalt») bestimmen, aber selbst das ist nicht eindeutig. Wie bei *fuscus* bleibt das gesamte Jugendkleid bis in den Winter hinein erhalten. *Heuglini* zeigt bei den inneren Handschwingen häufiger hellere Innenfahnen, die extremsten Individuen werden als «Silbermöwen-Typen» bezeichnet. Anders als Heringsmöwen zeigen Vögel von diesem Typ auf den großen Armdecken tief gekerbte Muster und helle innere Handschwingen. Im Gegensatz zur Silbermöwe haben sie aber an den inneren Handschwingen eine dunkle Spitze, und auf den Außenfahnen fehlen die deutlichen hellen subterminalen Flecke.
Für die Bestimmung von Vögeln im ersten Zyklus eignet sich am besten das Zeitfenster von Mai bis Juni, wenn sie in Nordeuropa ankommen. Heringsmöwen unterliegen einer starken Variation und werden hier deshalb in drei verschiedene «Typen» eingeteilt.

- Vögel vom Typ A sind in der Mauser rückständig, d. h., der Großteil der Flügeldecken, Schirmfedern und alle Schwungfedern sind im Frühjahr noch juvenil. Die meisten Britischen Heringsmöwen gehören diesem Typ an und auch viele Tundramöwen. Tundramöwen vom Typ A können nicht von westeuropäischen Vögeln abgegrenzt werden, außer vielleicht, wenn die juvenilen Federn im frischen Zustand sind und häufig erstaunlich klare weiße Ränder an den Flügeldecken zeigen.
- Vögel vom Typ B werden basierend auf Ringdaten als «*Intermedius*-Typ» bezeichnet. In der zweiten Winterhälfte durchlaufen sie eine umfassende postjuvenile Mauser der Flügeldecken und haben im Frühsommer auch einen neuen Schwanz und neue Armschwingen. Tundramöwen von diesem Typ sind auf der Unterseite auffallend weiß und haben auf der Oberseite oft bläulich graue Federn. Gegenwärtig gibt es keine verlässlichen Kriterien zur Unterscheidung von Tundramöwen vom Typ B und Skandinavischen Heringsmöwen vom Typ B.
- Vögel vom Typ C folgen der Mauserstrategie von *fuscus*, d. h., sie erneuern ihre Handschwingen im Rahmen der postjuvenilen Mauser während des ersten Winters. Eine Minderheit (5–10 %) der Tundramöwen gehört diesem Typ

◂▴ **TUNDRAMÖWE «SILBERMÖWEN-TYP»**

◂▴ **TUNDRAMÖWE «TYP A»**

◂▾ **TUNDRAMÖWE «TYP B»**

▴▾ **TUNDRAMÖWE «TYP C»**

an. Die Anzahl der ersetzten Handschwingen variiert stark und auch die Reihenfolge ist unterschiedlich. Manchmal mischen sich neue Handschwingen beliebig unter die alten Federn, wobei das Muster in beiden Flügeln mehr oder weniger symmetrisch ist. Individuen dieses Typs tauschen auch Flügeldecken und Schulterfedern aus, wobei der Grauton solcher fortgeschrittener Vögel *fuscus* ausschließt. Außerdem weisen diese bläulich grauen Federn häufig breite weiße Ränder auf, wodurch das Gefieder stärker «bereift» wirkt als bei anderen Heringsmöwen.

Heuglini vom Typ C mit erneuerten Handschwingen sollten im Frühjahr auffallen, nicht zuletzt, weil Kopf und Unterseite weiß erscheinen. Wie die Steppenmöwe zeigen die meisten auf dem Hinterhals eine dichte Fleckung. Die Gestalt kann auch an *cachinnans* erinnern. Zu dieser Art gibt es jedoch folgende Unterschiede: dunklere innere Handschwingen, dunkle Decken auf der Flügelunterseite, eine breitere Schwanzbinde und oft erneuerte Schwanzfedern und Armschwingen (Steppenmöwen ersetzen in der postjuvenilen Mauser keine Schwungfedern).

Die juvenile Steppenmöwe mausert außerdem viel früher als die Tundramöwe. Im Mai/Juni ist das Gefieder der Steppenmöwe abgetragen und ausgeblichen, während das der Tundramöwe eher frisch erscheint.
Heringsmöwen der Unterarten *graellsii* und *intermedius* vermausern ihre Handschwingen im ersten Winter nicht. In Westeuropa sind allerdings auch im Frühjahr einige Vögel mit erneuerten Handschwingen anzutreffen. Sie stammen möglicherweise aus der Überlappungszone von *intermedius* und *fuscus* im Norden von Norwegen.
Für eine Abgrenzung von der Barabamöwe siehe dort.

Zweiter Zyklus

Fuscus und *heuglini* zeigen in ihren immaturen Kleidern einige bedeutende Unterschiede zu den meisten westlichen Herings- und den meisten anderen Großmöwen. Sie bilden ihr Alterskleid schneller aus und ihre Mauserstrategie variiert stark (z. B. «stillgelegte Mauser» oder sogenannte «Staffelmauser»). Die Strategie hängt vom Zug (die Brutgebiete liegen im hohen Norden und die Vögel ziehen auf einer sehr breiten Zugroute über den Kontinent hinweg) und wahrscheinlich auch von den klimatischen Bedingungen im Winterquartier ab. Mit Beginn des Frühjahrs zeigen Tundramöwen im zweiten Zyklus braune Handschwingen der 2. Generation in Kombination mit adult aussehenden grauen Federn auf der Oberseite, wodurch sie von allen anderen Typen in ihrem Verbreitungsgebiet unterschieden werden können, außer von Vögeln vom Typ *«intermedius»*.

Tundramöwen im zweiten Zyklus teilen ihr Winterquartier mit Barabamöwen (die eine hellgrauere Oberseite haben) und Baltischen Heringsmöwen (mit einer fast schwärzlichen Oberseite). Deshalb sollte die Bestimmung bei guten Lichtverhältnissen anhand der Mantelfärbung möglich sein.
Die Abgrenzung von *heuglini* außerhalb ihres Verbreitungsgebietes in einem Schwarm von westlichen Heringsmöwen gestaltet sich genauso schwierig wie die Unterscheidung von Vögeln im Alterskleid. *Heuglini* im zweiten Zyklus haben jedoch oft einen reinweißen Kopf, der sich von der klaren, bleistiftartigen Strichelung auf dem Hinterhals abhebt (wie bei der Steppenmöwe), während der Kopf vieler westlicher Vögel in ihrem zweiten Zyklus stark gestrichelt und gesprenkelt erscheint. Auch ein Spiegel auf H10 ist bei Tundramöwen im zweiten Zyklus nicht unüblich (ein Merkmal, das auch die Baltische Heringsmöwe zeigt und wahrscheinlich mit dem saisonbedingten Zeitpunkt der Mauser zu tun hat). Viele Skandinavische Heringsmöwen haben eine dunkelgraue Oberseite ohne bläuliche Nuance und nur selten einen Spiegel auf H10.

Im Spätwinter findet man einige Vögel mit fortgeschrittener, stillgelegter Mauser (d. h., ihre voll ausgewachsenen Schwungfedern bilden eine Mischung aus alterskleidartigen und braunen Federn), was in Westeuropa sicherlich auffällt. Ringdaten belegen allerdings, dass manche Skandinavische und Britische Heringsmöwen im zweiten Zyklus diese Mauserstrategie ebenfalls verfolgen.

ÄHNLICHE ARTEN

BARABAMÖWE
im November

TUNDRAMÖWE
im Januar

BALTISCHE HERINGSMÖWE
im Frühjahr

Dritter Zyklus

Für die Bestimmung dieser Altersklasse siehe «Adult».

◗ VERBREITUNGSGEBIET

Brütet in der Tundra im nördlichen Russland und ist, wie die Baltische Heringsmöwe, ein Langstreckenzieher in den Nahen Osten und nach Ostafrika – legt also einen Weg von mehr als 6000 km zurück. Im östlichen Teil ihres Brutgebiets sind die Vögel größer und haben eine hellgrauere Oberseite (*taimyrensis*; wird von einigen Autoren als separates Taxon angesehen). Diese Population zieht nach Ostasien (an die Küsten des Gelben und des Japanischen Meeres.
Die Tundramöwe ist als Zugvogel regelmäßig in Finnland und wahrscheinlich auch in O- und SO-Europa anzutreffen. In W-Europa gibt es anerkannte Meldungen aus Österreich (4) und Deutschland (6). *Taimyrensis* wurde in der (weiteren) Westpaläarktis nicht mit Sicherheit nachgewiesen und wird deshalb hier nicht behandelt.

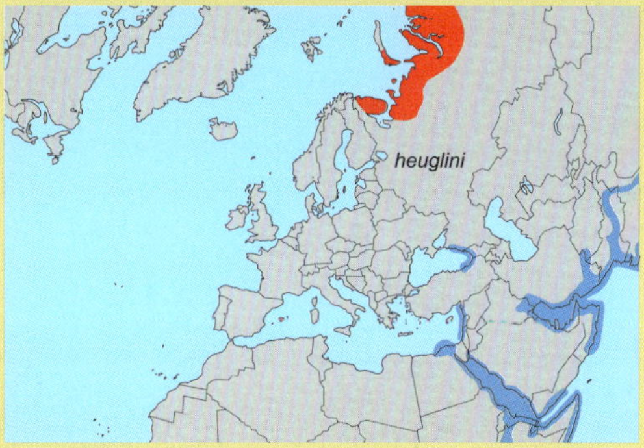

Barabamöwe
Larus (fuscus?) barabensis

GESTALT
Eine elegante Möwe mit schlankem, langgestrecktem Körper, kleinem Kopf und abfallender Stirn sowie relativ schmalem Schnabel. Etwas kleiner als die Steppenmöwe, mit kürzeren Beinen.

Die Bestimmungskriterien und die Gefiedervariation der Barabamöwe sind - besonders bei immaturen Vögeln - immer noch unklar, sodass sich die Bestimmung einzelner Vögel außerhalb ihres üblichen Verbreitungsgebietes als schwierig erweist. Dazu kommt, dass es möglicherweise Kreuzungen mit der Steppenmöwe in Kasachstan und mit der Tundramöwe in Zentralrussland gibt.
Insofern ist die Position der Barabamöwe innerhalb der Taxonomie unsicher. Ihre mitochondriale DNA ähnelt stark der DNA der Tundramöwe, aber ihr Balzruf scheint andersartig zu sein: Er klingt eher wie der einer Steppenmöwe, nur tiefer.
Die Töne sind hastig vorgetragen, haben einen «lachenden» Charakter und erinnern an den Gesang der Armenienmöwe.

Adult

Ähnelt der Steppenmöwe, hat aber eine dunklere graue Oberseite (dieselbe Schattierung wie bei Armenienmöwe) und kräftiger grüne oder leuchtend gelbe Beine. In Ruhestellung ist die Unterseite der Flügelspitze vorwiegend schwarz mit nur einem kleinen weißen Spiegel. Auf der längsten Handschwinge findet sich eine breite, durchgehend schwarze Subterminalbinde (bei der adulten Steppenmöwe ist diese meist dünn, unterbrochen oder fehlt - aber Vorsicht, das schwarze Muster auf H9 kann durchscheinen). Im Flug ist auf dem Außenflügel eine ausgedehntere schwarze Färbung als bei der Steppenmöwe zu erkennen: 7-8 Handschwingen sind schwarz gezeichnet (bei der adulten Steppenmöwe meist nur 6), die Zunge auf der äußersten Handschwinge ist meist kurz und bedeckt weniger als die Hälfte der Federlänge. Darüber hinaus findet die Brutzeit der Barabamöwe später statt, sodass auch die Mauser später durchlaufen wird. Bei Altvögeln ist die äußerste Handschwinge von Dezember bis Anfang Januar noch im Wachstum begriffen, während die Steppenmöwe ihre Mauser bereits im November beendet.

Die Barabamöwe hat einen kleineren Kopf, einen etwas dünneren, geraderen Schnabel als die Tundramöwe und die Oberseite ist etwas heller, mit stärkerem bläulichem Anflug. Die Tundramöwe zeigt im Schlichtkleid einen gestrichelten Kopf und hat häufiger eine helle Iris als die Barabamöwe. Im Flug ist normalerweise nur ein weißer Spiegel auf jedem Flügel zu sehen, während es bei der adulten Barabamöwe häufig zwei sind, die äußersten 3-4 Handschwingen sind komplett schwarz bis hoch zu den Handdecken (die Barabamöwe hat an einigen dieser Federn eine kleine graue Basis). Die Zunge auf der äußersten Handschwinge ist meist sehr kurz und schmal, die Unterseite der Schwungfedern etwas dunkler grau als bei der Barabamöwe. Aber dieser Unterschied ist kaum sichtbar, es braucht gute Lichtverhältnisse, um ihn zu bemerken. Die Brutzeit der Tundramöwe beginnt sehr spät, bei vielen Vögeln ist die äußerste Handschwinge im Februar/März noch im Wachstum.
Die Barabamöwe unterscheidet sich von der Armenienmöwe durch ihren etwas schmaleren, spitzer zulaufenden Schnabel mit dünnerer, weniger ausgefüllter schwarzer Binde. Der Schnabel der adulten Armenienmöwe ist auffällig kräftig gefärbt, manchmal sogar ins Orange gehend, und weist im Winter eine breite schwarze Binde auf. Im Flug ähnelt das Flügelmuster der Armenienmöwe dem der Tundramöwe, d. h., drei bis vier äußere Handschwingen sind durchgehend schwarz und auf der Unterseite der äußersten Handschwinge ist nur eine sehr kurze Zunge vorhanden.

ÄHNLICHE ARTEN

▲▼ **STEPPENMÖWE**

▲▼ **TUNDRAMÖWE**

▲▼ **ARMENIENMÖWE**

Erster Zyklus

Die Barabamöwe im ersten Zyklus erinnert stark an die Steppenmöwe, sodass einzelne Vögel außerhalb ihres üblichen Verbreitungsgebietes kaum mit Sicherheit bestimmt werden können. Die vermauserten (postjuvenilen) Schulterfedern sind häufig etwas dunkelgrauer oder matter als bei der Steppenmöwe und zeigen breitere schwärzliche Tupfen; im Großen und Ganzen sind sie aber ähnlich. Die Flanken können gröber gemustert sein, die großen Armdecken ein eher gebändertes Muster zeigen und die Ränder der dunklen Zentren auf den Schirmfedern zackig aussehen. Einige Vögel haben ein sehr typisches Schnabelmuster: komplett schwärzlich, aber mit einem kleinen Eck von kräftigem Rosa auf der Basis des Unterschnabels. Bei der Steppenmöwe ist die Rosafärbung meist matt und auf Ober- und Unterschnabel vorhanden. Aufgrund des späten Schlupfzeitpunkts und der Zugstrategie tragen Tundramöwen im ersten Zyklus ihr Jugendkleid meist bis in den Winter hinein. Zur Abgrenzung von der Barabamöwe im Winter kann deshalb der Mauserzeitpunkt herangezogen werden. Das Muster der Oberseite wirkt den ganzen Herbst über eher geschuppt als gefleckt oder gebändert wie bei zuletzt genannter Art. Im Allgemeinen bleiben die juvenilen Federn bei der Tundramöwe über den Winter in einem besseren Zustand. In der zweiten Hälfte des Winters befindet sich die Tundramöwe in aktiver Mauser und ihre Federn sehen frisch aus, während sie bei der Barabamöwe abgetragen wirken. Viele Tundramöwen behalten bis Juni ihres zweiten

ÄHNLICHE ARTEN

Kalenderjahres einen vollständigen Satz von zehn bemerkenswert frischen juvenilen Handschwingen, während die Barabamöwe im Mai beginnt, ihre inneren Handschwingen zu ersetzen. Manche fortgeschrittene Tundramöwen erneuern einige Handschwingen während der Mauser in der Wintermitte und setzen dann die Mauser aus, was bei Barabamöwen im ersten Zyklus bisher nicht nachweislich beobachtet wurde. Diese neuen Handschwingen sind leuchtend schwarz und kontrastieren mit den matten, dunkelbraunen juvenilen Handschwingen. Anders als die Barabamöwe kann die Tundramöwe bis April/Juni ihres zweiten Kalenderjahres auch viele juvenile Flügeldecken behalten (die immer noch sehr frisch aussehen). Vermauserte (postjuvenile) Schulterfedern können ein einfacheres Muster als das der Barabamöwe zeigen: einfarbig grau mit nur einem dünnen schwärzlichen Schaftstrich. Das Muster ist aber variabel und überschneidet sich in seinen Merkmalen mit dem der Barabamöwe.

Die Barabamöwe im ersten Zyklus unterscheidet sich von der Armenienmöwe durch ihren etwas schmaleren, spitzer zulaufenden Schnabel. Die meisten Armenienmöwen haben einen charakteristischen kurzen, gedrungenen Schnabel. Ihr Gefieder ist im ersten Zyklus ist sehr variabel, unterscheidet sich aber etwas von dem der Barabamöwe durch die dunklere Maske um das Auge und das regelmäßiger gebänderte Muster auf den juvenilen großen Armdecken. Darüber hinaus tragen einige Armenienmöwen im ersten Zyklus relativ charakteristische pfeilförmige Zeichen auf der hinteren Flanke.

Zweiter Zyklus

In diesem Alter zeigen die meisten Barabamöwen die typisch dunkle, bläulich graue Färbung auf der Oberseite. Einige tragen ein rückständiges Gefieder mit groben dunklen Abzeichen auf den Flanken (nicht so bei Steppenmöwe) und großen dunklen Tupfen oder Strichen auf der Oberseite. Im Flug sind bei rückständigen Vögeln meist dunklere innere Handschwingen als bei der Steppenmöwe sichtbar. Einige fortgeschrittene Vögel können zwei Generationen von Armschwingen aufweisen (eine Mischung aus dunkelbraunen Federn der 2. Generation und weißen oder bläulich grauen Federn der 3. Generation, die alle gleich lang sind). Steppenmöwen zeigen außerhalb der aktiven Mauser selten Armschwingen aus mehreren Generationen.

Die Tundramöwe sieht im zweiten Zyklus ähnlich aus, die Oberseite ist aber etwas dunkler, schiefergrau. Anders als die Barabamöwe tauschen einige Tundramöwen im zweiten Zyklus während der Teilmauser in der Wintermitte einige Handschwingen aus. Mit ihrer markanten weißen Spitze entsprechen die neuen Handschwingen denjenigen im Alterskleid.

Viele Armenienmöwen im zweiten Zyklus zeigen an den Flügeldecken charakteristische weiße Säume, wodurch die Flügeloberseite blass erscheint. Bei einigen Barabamöwen im zweiten Zyklus ist bereits ein (kleiner) weißer Spiegel auf der äußersten Handschwinge zu erkennen, was bei der Armenienmöwe nicht der Fall ist. Ebenfalls zu beachten ist der kurze, gedrungene Schnabel.

ÄHNLICHE ARTEN

Dritter Zyklus

Großmöwen dieser Altersklasse ähneln generell Altvögeln, wobei ihre Handschwingen großflächiger schwarz und die unbefiederten Körperteile matter gefärbt sind. Aus diesem Grund ist die durchgehend schwarze Spitze der äußersten Handschwinge kein sehr hilfreiches Merkmal, da Steppenmöwen im dritten Zyklus ebenfalls eine solche aufweisen. Glücklicherweise befindet sich bei vielen Steppenmöwen im dritten Zyklus bereits eine lange helle Zunge auf dieser Feder. Bei der Barabamöwe ist die Oberseite dunkelgrauer und die Beine sind leuchtender grün oder gelb gefärbt. Die meisten Handschwingen (8–10) tragen schwarze Abzeichen, während diese bei der Steppenmöwe nur auf 6–8 Handschwingen zu finden sind.
Von Tundramöwen und Armenienmöwen im dritten Zyklus unterscheidet sich die Barabamöwe im dritten Zyklus genauso wie die Altvögel untereinander. Darüber hinaus ist die Farbe der Beine oft kräftiger als bei gleichaltrigen Tundramöwen.

◗ VERBREITUNGSGEBIET

Brütet von SW-Sibirien bis zum südostlichen Uralgebirge sowie in Teilen des nördlichen Kasachstans, wobei viele Vögel offensichtlich auch Merkmale der Steppenmöwe zeigen. Eine kleine Anzahl kann (viel) weiter westlich vorkommen, z. B. in der Oblast Pensa, die etwa 500 km südöstlich von Moskau liegt.
Überwintert in Westindien und auf der Arabischen Halbinsel sowie am Roten Meer bis hoch zur Hurghada-Region in Ägypten.

ÄHNLICHE ARTEN

«Wikingermöwe»
Larus argentatus × hyperboreus

GESTALT
Körpergröße und Gestalt wie bei der Silbermöwe, jedoch manchmal mit etwas längerem, geraderem Schnabel, der an die Eismöwe erinnert.

«Wikingermöwe» ist der umgangssprachliche Name für Hybriden zwischen Silber- und Eismöwe. Eismöwen hybridisieren auch mit der Kanadamöwe (diese Hybriden haben den englischen Trivialnamen «Nelson's Gull») und gelegentlich mit der Sibirischen Silbermöwe (z. B. in Alaska). Diese nearktischen und pazifischen Mischlinge wurden in der Westpaläarktis bisher nicht gesichtet und ähneln vermutlich stark der «Wikingermöwe». Sie werden in diesem Buch nicht behandelt.

Adult

Das Gefieder ist variabel, wobei die hellsten Vögel helle Flügelspitzen wie die Eismöwe und die dunkelsten dunkle Flügelspitzen wie die Silbermöwe haben. Es scheint mehr Vögel aus letzterer Kategorie zu geben, obwohl sich das Handschwingenmuster in der Regel unterscheidet. In Island brütende Silbermöwen gehören der Unterart *argenteus* an und zeigen deshalb auf den äußeren Handschwingen relativ viel Schwarz. Bei Hybriden, die das Ergebnis der Kreuzung zwischen einer Art mit schwarzen und einer mit weißen Flügelspitzen sind, ist diese Schwarzfärbung weniger ausgedehnt und kann die Form eines unterbrochenen schwarzen Musters auf H6, einer langen Zunge auf H10 (länger als zwei Drittel der Federlänge) oder nur eines kurzen Keils auf der Außenfahne von H8 (kürzer als die Hälfte der Federlänge) annehmen. Auf H8 findet sich oft eine markante weiße Zungenspitze (oder «Perle») und auf H5 ist meist kein schwarzes Abzeichen vorhanden. Durch die Variation bei *argenteus* ist es schwierig bis unmöglich, diese Mischlinge außerhalb ihres üblichen Verbreitungsgebietes zu identifizieren, wobei ein weißer Spiegel auf H8 (falls vorhanden) ein zuverlässiges Merkmal zu sein scheint. Bei anderen Vögeln ist es eindeutiger: Ihre Flügelspitzen sind tendenziell heller mit nur wenigen schwarzen oder dunkelgrauen Strichen auf den äußersten Handschwingen. Einer kleinen Anzahl adulter Hybriden fehlen die dunklen Abzeichen auf der Flügelspitze ganz, sodass sie stark der Eismöwe ähneln, wobei die äußeren Handschwingen eine ausgedehntere Graufärbung aufweisen, die sich deutlich von den schmalen weißen Handschwingenspitzen abhebt. Die äußersten Handschwingen der adulten Eismöwe haben große weiße Spitzen, die nahezu die Hälfte des Federlänge bedecken und eher gleichmäßig in die graue Basis der Federn übergehen.

ÄHNLICHE ARTEN

Vogel sehr ähnlich *argenteus*, aber mit weißen Spiegeln auf den äußersten 3 Handschwingen (statt 2)
wenig Schwarz auf Flügelunterseite
weiße «Perlen»
große weiße Spiegel
sehr lange, rechteckige Zunge
Schwarz auf distale Hälfte der Handschwingen begrenzt
sehr wenig Schwarz an der Basis der Flügelspitze
ausgedehnte weiße Färbung auf Unterseite der Flügelspitze

Vögel mit einer großflächigen Schwarzfärbung auf den Flügelspitzen, aber mit einer langen hellen Zunge auf der äußersten Handschwinge können an die Kanadamöwe erinnern. Hybriden haben jedoch nie ein durchgehend schwarzes Band auf H5. Überdies fehlen bei dem weißen Spiegel auf H10 sämtliche dunkle subterminale Abzeichen, nicht so bei der adulten Kanadamöwe.

Bei adulten Silbermöwen der Unterart *argentatus* kann auf den Flügelspitzen nur wenig Schwarz erkennbar sein; diese Vögel zeigen auf der Oberseite aber ein dunkleres Grau als die isländischen Hybriden.

Erster Zyklus

Das Gefieder ist wieder sehr variabel. Vögel, die der Eismöwe ähneln, können meist durch ihre eher hellbraunen statt weißlichen Flügelspitzen, die gröber gezeichneten Flügeldecken und Schirmfedern und vom Herbst an durch die deutliche dunkle Bänderung auf den Schulterfedern abgegrenzt werden. Eismöwen im ersten Zyklus tragen ihr Jugendkleid bis in den Winter hinein; jegliches Muster auf den Schulterfedern ist deshalb nicht dunkler als die (juvenilen) Flügeldecken. Von der Kumlienmöwe (die im ersten Winter braune Flügelspitzen und einige vermauserte Schulterfedern aufweisen kann) unterscheiden sich «Wikingermöwen» im ersten Zyklus durch die gröber gezeichneten Flügeldecken und Schirmfedern, die mattere Farbe der Beine sowie durch die Körpergröße und Gestalt, insbesondere den längeren, kräftigeren Schnabel. Da es auch sehr helle Silbermöwen gibt, z. B. unter lokalen Brutvögeln in Dänemark und Südschweden, sind hellbraune Flügelspitzen nicht ausschließlich für Hybriden spezifisch. Diese Vögel haben aber offenbar keinen breiten weißen Augenring. Andere Vögel liegen deutlicher zwischen beiden Elternarten, zeigen z. B. das fein gemusterte, kaffeebraune Gefieder und den langen, weitgehend rosafarbenen Schnabel der Eismöwe, aber die dunkle Flügelspitze der Silbermöwe. Diese Vögel gehören zu den Individuen, die außerhalb ihres normalen Verbreitungsgebietes am leichtesten zu erkennen sind.

Dunklere Vögel können sehr dunkelbraune Flügelspitzen haben und ähneln stark der Silbermöwe. Der Einfluss der Eismöwe kann sich auch in dem eher einheitlichen braunen Kopf mit breitem weißen Augenring sowie in den hellen äußeren Armschwingen (im Flug) zeigen. Viele dunkle Vögel haben einen gleichmäßiger braun gefärbten Körper als *argenteus*, einen dunklen Schwanz und dichter gebänderte Unterschwanzdecken. Darüber hinaus ist das gebänderte Muster nicht nur auf den Unterschwanzdecken zu finden, sondern auch auf dem Steiß. Diese Merkmale erinnern eigentlich eher an die Kanadamöwe, sodass die Bestimmung problematisch sein kann. Bei einigen kleinen Details gibt es aber Unterschiede: Die inneren großen Armdecken dieser dunklen Hybriden sind oft weißer mit regelmäßigerer, paralleler dunkler Bänderung; die Oberschwanzdecken sind gröber gezeichnet und haben oft eher runde dunkle Tupfen als dünne horizontale Bänder; die Unterseite kann gefleckt statt gleichmäßig samtbraun aussehen; der Hinterhals ist möglicherweise gestrichelt und das Gesicht eher dunkel (die Kanadamöwe hat häufig einen einheitlich braunen Nacken und einen eher hellen Kopf); die Unterschwanzdecken können eine eher spärliche Bänderung zeigen. Im Flug können die äußeren Armschwingen und die Unterseite der äußersten Handschwingen hell sein.

ÄHNLICHE ARTEN, 1. ZYKLUS

«WIKINGERMÖWE»

KANADAMÖWE

Zweiter Zyklus

In diesem Alter ist das Gefieder wieder sehr variabel, wobei die Anzahl von dunklen Vögeln auffällig ist.
Eismöwen im zweiten Zyklus können auf der Flügelspitze einen Hauch Braun aufweisen. Die äußeren Handschwingen stellen aber weiterhin den hellsten Teil der Flügeloberseite dar und bleiben ein Schlüsselmerkmal. Die äußeren Handschwingen heller Hybriden sind mattbraun gefärbt und erscheinen nicht heller als der Rest des Flügels. Ebenfalls entscheidend ist die Gestalt: Die Eismöwe hat einen etwas geraderen Schnabel und ihre Flügelspitzen reichen nur leicht über den Schwanz hinaus,

während bei Hybriden die Flügelprojektion eher wie bei der Silbermöwe ist.
Dunkle Hybriden können stark an die Kanadamöwe erinnern, zeigen durchschnittlich aber gröber gebänderte innere große Armdecken, helle äußere Armschwingen sowie eine gröber gefleckte Unterseite. Die Basis der äußeren Schwanzfedern kann (teilweise) weiß sein. Dies ist auch bei einigen Kanadamöwen im zweiten Zyklus möglich; aber solche Vögel dieser Art sind selten, sodass man bei einem Irrgast nicht mit ihnen rechnen würde.

Dritter Zyklus

Das Gefieder ist variabel, aber Vögel mit intermediären Merkmalen scheinen am häufigsten vorzukommen. Ihre Flügelspitzen variieren von Hellbraun bis dunklem Schiefergrau. In Ruhestellung sind oft helle Ränder erkennbar, die diese Vögel von beiden Elternarten unterscheiden. Von der Silbermöwe *argentatus* können sie durch die hellbraunere Oberseite abgegrenzt werden, von der Kumlienmöwe hauptsächlich durch die Körpergröße, die unterschiedliche Schnabel- und Kopfform sowie die helleren rosafarbenen Beine.
Wie schon im zweiten Zyklus können die äußeren Handschwingen der Eismöwe im dritten Zyklus einen hellbraunen Ton aufweisen, der aber zum Rest des Flügels nicht in Kontrast steht und meist heller ist als die Farbe der Handdecken.

VERBREITUNGSGEBIET

Zur Hybridisierung zwischen Eismöwe und Silbermöwe (der Unterart *argenteus*) wurden in Island umfangreiche Studien durchgeführt. Durch DNA-Forschung konnte nachgewiesen werden, dass die Introgression zwischen diesen zwei Arten vornehmlich im Süden des Landes stattfindet und die Gene der Silbermöwe dominieren. Das hat zu Mischlingen und Rückkreuzungen geführt, die der Silbermöwe sehr ähnlich sehen können, aber einige Merkmale der Eismöwe aufweisen. Darüber hinaus führt die Kombination einiger von der Eismöwe vererbter Eigenschaften zu Vögeln, die überraschend stark an die Kanadamöwe erinnern. Immature Hybriden zum Beispiel können einen dunklen Schwanz, einen gleichmäßig braunen Körper, dicht gebänderte Schwanzdecken und einen langen Schnabel mit großflächiger rosafarbener Basis zeigen.

dunkles Muster auf einige äußere Handschwingen begrenzt
braune äußere Handschwingen (dunkler als Handdecken)
große braune «Schmutzflecke»
graubraune Färbung
große weiße Spiegel
braune Flügelspitze mit hellen Rändern (zusätzlich zu weißen Handschwingenspitzen)

Großmöwenhybriden

Einführung

Im Laufe der Zeit vergrößern und verkleinern Möwenarten ihre Brutgebiete. Neue Kontaktzonen entstehen, was die Kreuzung zwischen verschiedenen Arten begünstigt. Das passiert vor allem in den frühen Stadien der Kolonisierung, wenn es zu wenig Partner gibt.
Einige seit Jahrzehnten bestehende und sich überschneidende Brutgebiete haben einen «Hybridenschwarm» hervorgebracht, in dem es sowohl Hybriden der 1. Generation als auch alle Arten von Rückkreuzungen gibt, was das Ganze unüberschaubar macht. Das Gefieder der Hybriden kann Merkmale beider Elternarten zeigen, weicht gelegentlich aber auch davon ab.
Die Kreuzung zwischen Silbermöwe und Eismöwe in Island ist ein Beispiel für einen Hybrid-Pool (siehe Kapitel zu «Wikingermöwe»), in dem manche Vögel einer anderen Art überraschend ähnlich sehen (Kanadamöwe).

Bei ungewöhnlich aussehenden Möwen stellt sich oft die Frage: Handelt es sich hier um ein artreines Individuum oder um einen Hybriden? Die Antwort erfordert ein tiefes Verständnis der individuellen Variation innerhalb einer Art sowie eine grundsätzliche Vorstellung davon, wie Hybriden aussehen (vorzugsweise anhand von farbberingten Vögeln). Vielleicht es ist hilfreich zu wissen, dass Hybriden oft mehr als ein ungewöhnliches Merkmal besitzen und in den meisten Teilen Europas eher selten vorkommen. Es ist auch keine Schande, einen Vogel unbestimmt zu lassen.

Steppenmöwe × Silbermöwe

Die Steppenmöwe hat ihr Verbreitungsgebiet gen Westen nach Mitteleuropa ausgedehnt, wo sie mit der Silbermöwe hybridisiert – heute eine häufige Hybridenkombination in Europa. Fotos von beringten Vögeln aus der Kolonie entlang der polnischen Weichsel sowie Vögel aus ostdeutschen Kolonien zeigen, dass Gefiedermerkmale häufig zwischen beiden Elternarten liegen. Einige Vögel können jedoch an die Mittelmeermöwe im ersten und zweiten Zyklus erinnern.
Vögel im ersten Zyklus erscheinen und klingen oft wie die Steppenmöwe, weisen aber einige ungewöhnliche Merkmale wie tief gekerbte große Armdecken und Schirmfedern oder eine dichte Strichelung auf dem Kopf auf (beides typisch für Silbermöwe). Andere Vögel im ersten Zyklus zeigen das für die Silbermöwe typische hellbraun-graue Gefieder und die markanten Ankermuster auf den neuen Schulterfedern, kombinieren dies aber mit ersetzten Flügeldecken (bei Silbermöwe selten, bei Steppenmöwe üblich) und dem typischen Balzruf der Steppenmöwe.
Hybriden im zweiten und dritten Zyklus können anhand der folgenden Kombination von Merkmalen erkannt werden: kontrastierendes Muster auf den Armschwingen und Schirmfedern wie bei der Steppenmöwe, Wellung auf den inneren Handschwingen, gestrichelter Kopf und helle Iris wie bei der Silbermöwe. Einige Vögel zeigen den klassischen Schnabel, die «Boa» auf dem Hinterhals und die dunkle Iris der Steppenmöwe, aber auch das silbermöwentypische Muster auf den großen Armdecken und können damit an die Mittelmeermöwe erinnern.
Nach mehr als zwei Jahrzehnten der Kreuzung in Mittelpolen und Ostdeutschland machen es die vielen Rückkreuzungen schlichtweg unmöglich, jedes Individuum richtig zuzuordnen, selbst wenn es sich um beringte Vögel handelt (da Beringer nicht immer die Eltern bestimmen können). Ungewöhnlich aussehende Vögel sollte man lieber unbestimmt lassen, da es nicht möglich ist zu entscheiden, ob der ungewöhnliche Vogel wirklich eine Rückkreuzung ist oder nur der individuellen Variation innerhalb einer Art (die oft sehr groß ist) unterliegt.
Gelegentlich hybridisiert die Steppenmöwe auch mit der Mittelmeermöwe und der Heringsmöwe.
Weitere Einzelheiten zur Bestimmung von Hybriden zwischen Steppenmöwe und Silbermöwe sowie eine Tabelle zur Einordnung der verschiedenen Merkmale finden sich in dem Artikel von Gibbins et al. (2011).

◂ intermediärer Vogel [X025], 1. Zyklus, aus Deutschland

▾ intermediärer Vogel [DN21230], 1. Zyklus, aus Mittelpolen, Silbermöwe (Mutter) × Steppenmöwe (Vater)

◂ Steppenmöwen-Typ y[XLLL], 1. Zyklus, aus Deutschland

◂ intermediärer Vogel g[XLFZ], 1. Zyklus, aus Deutschland

◂ Silbermöwen-Typ y[X18A], 1. Zyklus, aus Deutschland

◂ intermediärer Vogel g[XUFH], 2. Zyklus, aus Deutschland

◂ intermediärer Vogel g[XTFX], 2. Zyklus, aus Deutschland

Steppenmöwe × Silbermöwe

▸ Silbermöwen-Typ im 4. Zyklus, Hybride Steppen-/Silbermöwe (Mutter) × unbekannter Vater

▴ Steppenmöwen-Typ im 3. Zyklus, aus gemischter Kolonie in Deutschland

▸ intermediärer Vogel im 3. Zyklus, Steppenmöwe (Mutter) × Silbermöwe (Vater), aus Mittelpolen

◂ intermediärer Vogel im 3. Zyklus

▸ Silbermöwen-Typ im 5. Zyklus, hybride Eltern, aus Mittelpolen

Heringsmöwe × Silbermöwe oder × Mittelmeermöwe

Auch wenn sich die Brutgebiete von Silbermöwe und Heringsmöwe seit mehr als einem Jahrhundert überschneiden, kommt es in lange bestehenden Kolonien immer noch zu Kreuzungen. Es mag erstaunen, dass sie nach wie vor gemischte Paare bilden, obwohl so viele potenzielle «reine» Partner zur Verfügung stehen.

Ab den frühen 1990ern dehnte die Mittelmeermöwe ihr Verbreitungsgebiet rasch nach Norden aus; dann aber kam die Gebietsvergrößerung zum Stillstand und in NW-Europa entstanden keine Kolonien. Am nördlichen Rand des Verbreitungsgebietes hybridisiert die Mittelmeermöwe sowohl mit der Silber- als auch mit der Heringsmöwe.

Juvenile und immature Vögel sind schwer von «reinen» Vögeln zu unterschieden, wie die Bilder hier zeigen. Adulte Hybriden können jedoch an der Farbe des Mantels und der unbefiederten Körperteile, am Handschwingenmuster, an den breiten weißen Rändern an den Schirmfedern und dem breiten weißen Hinterrand am Flügel erkannt werden.

◂ Rückkreuzung Heringsmöwe (Mutter) × Hybride Mittelmeer-/Heringsmöwe (Vater) g[Y.BWP], 2. Zyklus

◂ Mittelmeermöwe × Silbermöwe by[FA], 2. Zyklus, aus den Niederlanden

▾ Mittelmeermöwe × Heringsmöwe g[Y.BAM], adult, aus den Niederlanden

▾ Mittelmeermöwe × Silbermöwe zy[M.T], 7. Zyklus, aus den Niederlanden

◂ Rückkreuzung Heringsmöwe (Mutter) × Hybride Mittelmeer-/Heringsmöwe (Vater) g[Y.BWP], 4. Zyklus

◂ Silbermöwe × Mittelmeermöwe w[9.8], adult, aus den Niederlanden

◂ Silbermöwe × Mittelmeermöwe b[1.E], adult, aus den Niederlanden

DIE HYBRIDZONE IN ZENTRALRUSSLAND

In der Oblast Iwanowo in Zentralrussland befindet sich eine große Zone der Intergradation mehrerer Großmöwenarten (Steppenmöwe, Barabamöwe, Tundramöwe und Hybriden/Mischformen). Bei diesen Vögeln handelt es sich um Zugvögel, beringte Vögel aus diesem Gebiet wurden im Nahen Osten beobachtet. Manche erinnern an die Steppenmöwe, haben aber eine dunklere graue Oberseite und einen gestrichelten Kopf. Sie können wie ungewöhnliche Barabamöwen oder sehr früh mausernde Tundramöwen aussehen, zeigen aber nur eine begrenzte schwarze Färbung auf H8 (die nicht bis auf die Handdecken reicht), einen großen Spiegel auf H10, der in die weiße Spitze übergeht, einen großen Spiegel auf H9 oder eine lange helle Zunge auf der Unterseite von H10 (wobei zur Variabilität des letzten Merkmals bei der reinen Tundramöwe mehr Daten benötigt werden).

Das in diesem Gebiet gestartete Beringungsprogramm wird sicher interessante Informationen zur Variation der Gefiedermerkmale liefern. Bis dahin sollte man die Möglichkeit im Auge behalten, dass ungewöhnlich aussehende Steppenmöwen, Barabamöwen oder Tundramöwen aus der Intergradationszone in Zentralrussland stammen könnten.

Bibliografie

Adriaens, P. & Gibbins, C., 2016. «Identification of the Larus canus complex». *Dutch Birding*, 38: 1–64.

Adriaens, P., Alfrey, P., Gibbins, C. & López Velasco, D., 2020. «Identification of Azores Gull». *Dutch Birding*, 42(5): 303–334.

Adriaens, P. & Mactavish B., 2004. «Identification of adult American Herring Gull». *Dutch Birding*, 26: 151–179.

Altenburg, R. G. M., Meulmeester, L., Muusse, M. J. M., Muusse, T. O. V. & Wolf, P. A., 2011. «Field identification criteria for second calendar-year Baltic Gull». *Dutch Birding*, 33: 304–311.

Dunne, P. & Karlson, K. T., 2019. *Gulls simplified: A Comparative Approach to Identification*. New Jersey, Princeton University Press.

Gibbins, C. & Garner, M., 2013. «The in-between age of the in-between Gull: Identification of second-winter Thayer's Gull». Online verfügbar: http://www.gull-research.org/papers/papers5/cg_mg_identification-of-second-winter-thayers.pdf

Gibbins, C., Neubauer, G. & Small, B. J., 2011. «Identification of Caspian Gull, Part 2: Phenotypic variability and the field characteristics of hybrids». *British Birds*, 104: 702–742.

Gill, F., Donsker, D. & Rasmussen, P. (Eds)., 2021. *IOC World Bird List (v11.1)*. doi: 10.14344/IOC.ML.11.1

Grant, P. J., 1986. *Gulls: a Guide to Identification*. 2nd edition. Calton, Poyser.

Howell, S. N. G., 2010. *Molt in North American Birds*. New York, Houghton Mifflin Harcourt.

Howell, S. N. G., Corben, C., Pyle, P. & Rogers, D. I., 2003. «The first basic problem: a review of molt and plumage homologies». *Condor*, 105: 635–653.

Howell, S. N. G. & Dunn, J. L., 2007. *Gulls of the Americas*. Boston et New York, Houghton Mifflin Harcourt.

Howell, S. N. G. & Elliott, M. T., 2001. «Identification and Variation of Winter Adult Thayer's Gulls with Comments on Taxonomy». *Alula*, 7: 13–144.

Howell, S. N. G. & Mactavish, B., 2003. «Identification and Variation of Winter Adult Kumlien's Gulls». *Alula*, 9:2–15.

Jaramillo, A., 2020. «Photo Salon: First cycle Slaty-backed Gulls in Japan». *North American Birds*, 71(2): 24–37.

Johnsen, A., Rindal, E., Ericson, P. G. P. & al., 2010. «DNA barcoding of Scandinavian birds reveals divergent lineages in trans-Atlantic species». *Journal of Ornithology*, 151: 565–578.

Lonergan, P. & Mullarney, K., 2004. «Identification of American Herring Gull in a western European context». *Dutch Birding*, 26: 1–35.

Muusse, M., Muusse, T., Buijs, R.-J., Altenburg, R., Gibbins, C. & Luijendijk B.-J., 2011. «Phenotypic characteristics and moult commencement in breeding Dutch Herring Gulls Larus argentatus & Lesser Black-Backed Gulls L. fuscus». *SEABIRD*, 24: 42–59.

Olsen, K. M., 2018. *Gulls of the World: a Photographic Guide*. London, Helm.

Olsen, K. M. & Larsson, H., 2004. *Gulls of Europe, Asia and North America*. London, Helm.

Pieplow, N., 2017. *Peterson Field Guide to Bird Sounds of Western North America*. New York, Houghton Mifflin Harcourt.

Rauste, V., 1999. «Kennzeichen und Mauser von "Baltischen Heringsmöwen" Larus [fuscus] fuscus und "Tundramöwen" L. [fuscus] heuglini». *Limicola*, 13: 105–128 und 13: 153–188.

Reyt, S. & Prunier, J. G., 2021. «Ageing and plumage variation in Audouin's Gull». *Dutch Birding*, 43(2): 85–112.

Shirihai, H. & Svensson, L., 2018. *Handbook of Western Palearctic Birds. Passerines*. London, Bloomsbury.

Sonsthagen, S. A., Chesser, T., Bell, D. A. & Dove, C. J., 2012. «Hybridization among Arctic white-headed gulls (Larus spp.) obscures the genetic legacy of the Pleistocene». *Ecology and Evolution*, 2(6): 1278–1295.

Sternkopf, V., 2011. *Molekulargenetische Untersuchung in der Gruppe der Möwen (Laridae) zur Erforschung der Verwandtschaftsbeziehungen und phylogeographischer Differenzierung*. Dissertation. Ernst-Moritz-Arndt-Universität Greifswald.

Stewart, P., 2006. «The primary moult of the Lesser Black-backed Gull L. fuscus». Online verfügbar: http://gull-research.org/papers/LBBGUMoult.pdf

Vigfúsdóttir F., Pálsson S. & Ingólfsson A., 2008. «Hybridization of Glaucous Gull (Larus hyperboreus) and Herring Gull (Larus argentatus) in Iceland: Mitochondrial and Microsatellite Data». *Philosophical Transaction of the Royal Society B*, 363: 2851–2860.

Winters, R., 2006. «Moult and plumage variation in immature Lesser Black-backed Gulls in the Netherlands». *Dutch Birding*, 28: 140–157.

Young Soo Kwon, Ji Hong Kim, Jae Chun Choe & Yung Chul Park, 2012. «Low resolution of mitochondrial COI barcodes for identifying species of the genus Larus (Charadriiformes: Laridae)». *Mitochondrial DNA*, 23(2): 157–166.

Zink, R. M., Rohwer, S., Andreev, A. V. & Dittman, D. L., 1995. «Trans-Beringia comparisons of mitochondrial DNA differentiation in birds». *Condor*, 97: 639–649.

Bildnachweis

o: oben; M: Mitte; u: unten; l: links; r: rechts

Alex Abela: 22l, 99uM, 103ur, 125ol, 125or, 125M, 126or, 126ur, 127o, 127Ml, 127Mr, 127ul, 127ur, 129ol, 129or, 129M, 129ul, 129ur, 132Mr, 211ol, 211or; **Peter Adriaens:** Umschlag vorne oM und or, 8, 9ol, 9or, 9ur, 10o, 10M, 10ul, 10ur , 11Ml, 11Mr, 11u, 15l, 15r, 16l, 16r, 17l, 17r, 22r, 23, 26r, 27or, 27M, 28ol, 28or, 28ul, 29ol, 29or, 36l, 39ul, 41ol, 50ol, 52ul, 52ur, 55ol, 55Mu, 55uM, 56oM, 56uM, 56ur, 68ol, 69or, 69M, 69u, 70ol, 71ol, 71or, 71ur, 78or, 78ul, 78ur, 79ol, 79M, 79ul, 79ur, 80ol, 80M, 80or, 80ul, 80ur, 81o, 81M, 81ur, 82ol, 82or, 82u, 83ol, 84or, 84ur, 86ul, 86uMo, 88, 89o, 89M, 89u, 90ol, 91ol, 91or, 92ol, 92or, 93ol, 93or, 93ul, 93ur, 94ol, 94u, 104, 105ol, 105or, 105Ml, 105Mr, 106ol, 106or, 106Mr, 106ul, 106ur, 107ol, 107or, 108M, 108u, 109ol, 109or, 109Ml, 109Mr, 109ur, 111o, 111Mol, 111Mor, 111uMr, 111ur, 112, 113ol, 113or, 113Ml, 113u, 114ol, 114or, 114Ml, 114Mr, 114ul, 114ur, 115ol, 115or, 115M, 115ul, 115ur, 117ol, 117or, 117Ml, 117Mr, 117uMl, 117ul, 117ur, 119ol, 119ul, 119ur, 120or, 120ul, 120ur, 121ol, 121Ml, 121Mr, 121ul, 121ur, 123ol, 123or, 123Ml, 123ul, 128r, 132ur, 138M, 138u, 154or, 158or, 160ol, 160or, 160ul, 160ur, 161ol, 161or, 161ul, 161ur, 162ol, 162or, 162M, 162ul, 162ur, 163ol, 163or, 163Ml, 163Mr, 163ul, 163ur, 164, 165ol, 165Ml, 165M, 165Mr, 165ur, 167oM, 167ol, 167or, 167Ml, 167Mr, 167ul, 167ur, 170or, 170ur, 172o, 172Ml, 172Mr, 172ur, 177ur, 180 (alle außer 180o), 181ol, 181or, 181oM, 181Ml, 181u, 182or, 182M, 182ur, 183l, 183r, 184o, 184M, 184u, 185or, 185Ml, 186ol, 186M, 187ol, 187or, 189ol, 189or, 189oM, 189Ml, 189M, 189Mr, 189ul, 189ur, 190ol, 190or, 191ol, 191Ml, 191Mr, 192ol, 192or, 192u, 193ol, 193or, 193Mor, 193Mur, 193ur, 194, 195ol, 195or, 195Mor, 195Mul, 195Mur, 195ul, 195ur, 207or, 207Mr, 215ul, 217Mur, 218ul, 218ur, 219or, 221ol, 221M, 222Mol, 222Mor, 222Mul, 223o, 223Ml, 223Mr, 223u, 225or, 225ur, 226l, 227ul, 228Mor, 231Mur, 233Mu, 233u, 234r, 235Mr, 236l, 236r, 237ol, 237ul, 238Ml, 238Mr, 238ul, 238ur, 239ol, 239or, 239ur, 240ol, 240Mor, 240Mur, 240ul, 241ol, 241or, 241Mr, 241ul, 241ur, 242ol, 242or, 242ul, 242ur, 243ol, 243ou, 243ul, 243ur, 244l, 245Mr, 245ur, 246, 248Mur, 248ul, 248ur, 249o, 249u, 250o, 250M, 250u, 251ol, 251or, 251Mol, 251Mor, 251Mul, 251Mur, 253o, 255ol, 256, 257ol, 257or, 257ul, 257ur, 258ol, 258or, 258ur, 259ur, 260ol, 260Ml, 260Mr, 260ul, 260ur, 261ol, 261or, 261Mr, 261ul, 261ur, 262r, 263or, 263oM, 263Mr, 263ul, 263ur, 265ol, 265or, 265M, 265u, 267ol, 267or, 267Ml, 267Mr, 267ul, 267ur, 268ol, 268or, 268Mol, 268Mor, 268Mul, 268Mur, 268ul, 268ur, 269l, 269r, 270o, 270u, 271ol, 271or, 271Mol, 271Mor, 271M, 271ul, 271ur, 272, 273o, 273Mol, 273Mor, 273Mul, 273Mur, 273ul, 273ur, 299Mul, 299Mur, 299ul, 299uM, 299ur, 301ol, 301Ml, 301ul, 301ur, 303or, 303Mor, 303Mur, 305or, 305ur, 306l, 306r, 307ol, 307or, 307M, 307ul, 307ur, 308ol, 308or, 308ul, 309ol, 309or, 309ur, 310ol, 310or, 310ul, 310ur, 311ol, 311or, 311ul, 311ur, 313ol, 313ul, 313ur; **Ross Ahmed:** 141u, 299ol; **Asier Aldalur:** 237ur, 245ol, 245or, 245Ml, 245ul; **Rob Alff:** 169u; **Tormod Amundsen:** 169or; **Steve Arena:** 43Mr, 45u, 46ol, 55Mr, 62, 69ol, 70ul, 73ur, 74or, 186or, 240ur, 264r; **Akimichi Ariga:** 125uMr; **Aurelien Audevard:** 38or, 38ur, 39ol, 39or, 39M, 39ur, 40o, 40Ml, 40Mr, 40ul, 40ur, 41M, 41u, 68ul, 169Mr, 172M, 173ul, 173ur; **Amar Ayyash:** 42ul, 43u, 45ol, 45or, 45Ml, 70or, 70ur, 72ul, 73Mr, 74ol, 75o, 76o, 77u, 207ol, 209ol, 209ul, 211Ml, 213ol, 213or, 213Mol, 214M, 215or, 215Ml, 218Ml, 218Mr, 222ul, 225Ml, 225ul; **Renato Bagarrao:** 135ul; **Carl Baggott:** 54, 187ul, 247ol, 275ur; **Amir Ben Dov:** 120oM, 135ol, 135or, 136o, 137M, 139ol, 139u, 140l, 140r, 158ul, 257Mr, 258ul, 259ol, 259or, 259Ml, 259Mr, 259ul, 262l, 263ol, 263Ml, 278or, 282r, 283ol, 283or, 283Mol, 283Mor, 285or, 285u, 288r, 291o, 291uM, 292or, 305Mur; **Tom Benson**: 3or, 73ul; **Richard Bonser:** 58ul, 176ul, 237or, 239ul, 240Mol, 295or; **Jan-Kees Bossenbroek:** 31M; **Phil Boswell:** 91ul; **Bernard Bougeard:** 32, 72or, 72ur, 181Mr; **Andreas Buchheim:** 31or, 159or; **Pierre Cabard:** 36M; **Andrew Cannizzaro:** 207ur; **Ekaterina Chernetsova:** 59M; **Pierre Crouzier:** 63o; **Alan Curry:** 170ul, 186ul; **Diederik D'Hert:** 30o, 169Ml; **Edouard Dansette:** 27ol, 27ur, 28Ml, 36r, 37ul, 44ur, 58l, 59ol, 63M, 137ur; **Douwe De Boer:** 57ul; **Armin Deutsch:** 315or, 315Mor, 315Mu, 316ol, 316oM, 316Mr; **Alix d'Entremont:** 209or, 209ur, 213Mor; **Ken Drozd:** 64o, 64u, 66ol; **Daan Drukker:** 238oM, 239or; **Philippe J. Dubois:** Umschlag vorne ol, 4o, 34Ml, 34u, 35ul, 37Mr, 50M, 51or, 51M, 52oM, 53ol, 65ur, 74ur, 138or, 185ul, 185ur; **Paul Dufour:** 133ur, 168ul; **Marcin Faber:** 303ul; **Guy Flohart:** 185Mr; **Claude Gaillemin:** 135ul; **Salvador García:** 134; **Chris Gibbins:** Umschlag hinten, 46or, 47ol, 47or, 47Ml, 47Mr, 48ol, 48or, 48uM, 49ol, 49or, 49M, 49ul, 49ur, 55or, 56or, 84ol, 84ul, 85ol, 85or, 85ul, 85ur, 86ol, 86or, 87l, 87M, 87r, 90or, 92ul, 95ol, 95ur, 97o, 97u, 106Ml, 110, 111Mul, 131l, 131r, 132ol, 132ul, 133or, 133M, 133ul, 139Ml, 139Mr, 150l, 150r, 151o, 151Ml, 151Mr, 151u, 152ol, 152oM, 152or, 153o, 153M, 153u, 154ol, 154Ml, 154ul, 155ol, 155or, 155oM, 155Ml, 155Mr, 155u, 156l, 156r, 157ol, 157or, 157Ml, 157Mr, 157u, 158ol, 158M, 159ol, 159u, 171ol, 171or, 171Ml, 171ul, 175Mr, 176o, 178o, 178ur, 180o, 182ol, 182ul, 187ur, 198ul, 216, 217or, 217Mo, 217u, 219ol, 219M, 219ul, 219ur, 220o, 220u, 221or, 221ul, 221ur, 222ol, 223ul, 223ur, 224ol, 225ol, 227ur, 228oM, 228ur, 231Mor, 232o, 248Mul, 274o, 283ul, 283ur, 290r, 291Ml, 291Mr, 291ur, 292ol, 292ur, 293ol, 293or, 293Mol, 293Mor, 296or, 296uM, 299o, 299oM, 299or, 300or, 302l, 302r, 303Mol; **Thijs Glastra:** 172ul, 173o; **Julien Gonin:** 26l; **Karl-Johan Granholm:** 66oM; **Lee Gregory:** 55ul, 57ol; **Mohamed Habib:** 92ul, 96; **Pieter Hilgeman:** 58l; **Alain Hofmans:** 37Ml, 37ur; **Franck Hollander:** 77o, 77M; **Frits Hoogenveen:** 37or; **Petteri Hytönen:** 95or, 95ul, 97M, 296ol, 304or, 304u, 305Mul, 305ul; **Fabrice Jallu:** 42ur, 51ol, 59ur, 60M, 60u, 61ol, 61or, 61ul, 61uM, 61ur, 66or, 66M, 66uM; **Wietze Janse:** 55Ml; **Frédéric Jiguet:** 38M, 130, 313or; **Dave Johnson:** 73Ml; **James Kennerley:** 305Mol; **Juho Könönen:** 52Mo, 152Mr; **Keisuke Kirihara:** 86uMu; **Marcel Klootwijk:** 178Mr; **Yann Kolbeinsson:** 27ul, 168or, 174l, 174r, 175ol, 175Ml, 178Mo, 179M; **Hannu Koskinen:** 282l, 284l, 284r, 285ol, 285Ml, 285Mr, 286or, 286ul, 286ur, 287Mo, 287Mu, 288l, 289ol, 289or, 293Mul, 293Mur, 293ul, 293ur, 294ol, 294ul, 295u, 295ol, 295u, 296ur, 297M, 297u **Hans Larsson:** 121or, 132Ml, 133ol, 300ol, 300ul, 300ur, 303ol, 304ol; **Greg Lavaty:** 20u, 71ul, 72M, 74ul, 76u; **Vincent Legrand:** 90ul; **James Lidster:** 28Mr; **Wich Yanan Limparungpatthanakij:** 46ul; **Merijn Loeve:** 240Mul, 241Ml, 243Mol, 243Mor, 244M, 244r, 296ul; **Daniel López Velasco:** 35o, 35Ml, 35Mr, 35ur, 37ol, 43or, 72ol, 138ol; **Bruce Mactavish:** 30u, 31ol; **Frank Mantlik:** 213ur; **Mason Maron:** 75u; **Jose Marques:** 255Ml, 255Mr, 255ur, 275ul, 289ur; **Gabriel Martin:** 105u, 113Mr; **Jonathan Mays:** 215ur; **Ed McVicker:** 43ol, 44ol, 73ol; **Stefan Monecke:** 261Ml; **David Montreuil:** 55oM, 56ol, 56ul, 57oM, 57or, 57ur; **Keith Mueller:** 213ul; **Mars Muusse:** 8u, 11o, 19ol, 19or, 19Ml, 19Mr, 19ul, 19ur, 20ol, 20oM, 20or, 21ol, 21or, 21ul, 21ur, 24ol, 24oM, 24or, 24Ml, 24Mr, 24ul, 24ur, 25ol, 25or, 25Ml, 25Mr, 25ul, 25ur, 28ur, 29u, 34Mr, 38ol, 38ul, 41ol, 44oM, 44or, 44ul, 45Mr, 46ur, 47ul, 47uM, 47ur, 48ul, 48ur, 50or, 50ul, 50ur, 51u, 52ol, 52or, 53or, 53ul, 53ur, 59or, 78ol, 79or, 81ul, 98l, 98M, 98r, 99ol, 99oM, 99or, 99Ml, 99ul, 99ur, 100ol, 100oM, 100or, 100ul, 100ur, 101ol, 101or, 101Ml, 101Mr, 101ul, 101ur, 102l, 102r, 103ol, 103oM, 103or, 103M, 103ul, 103uM, 117uMr, 124l, 124r, 125uMl, 125ur, 126ol, 126ul, 128l, 128M, 132or, 142o, 142u, 143ol, 143or, 143M, 143ul, 143ur, 144ol, 144or, 144u, 145ol, 145or, 145M, 145ul, 145ur, 146ol, 146or, 146ul, 146ur, 147ol, 147or, 147M, 147ur, 148l,

148r, 149ol, 149or, 149ul, 149ur, 152Mu, 152ul, 152ur, 154Mr, 154ur, 165ul, 168ol, 168ur, 171Mr, 171ur, 176ul, 177ol, 177M, 177ul, 185Mu, 196, 197ol, 197or, 197Ml, 197Mr, 197u, 198ol, 198or, 198oM, 198Ml, 198Mr, 198ur, 199ol, 199or, 199ul, 199uM, 199ur, 200o, 200u, 201ol, 201or, 201Mol, 201Mor, 201Mul, 201Mur, 201ul, 201ur, 202l, 202r, 203ol, 203or, 203M, 203ul, 203ur, 204ol, 204or, 204ul, 204ur, 205ol, 205or, 205ul, 206o, 206M, 206u, 210ol, 210oM, 210or, 210ul, 210ur, 212o, 212ul, 212ur, 214l, 214r, 217ol, 217Mul, 218ol, 218or, 222or, 222Mul, 222ul, 224or, 225M, 225Mr, 226r, 227ol, 227or, 227M, 228ol, 228or, 228Mol, 228Mul, 228Mur, 228ul, 229ol, 229or, 229u, 230o, 230Ml, 230Mr, 230u, 231ol, 231or, 231Mol, 231Mul, 231ul, 231ur, 232Ml, 232Mr, 232ul, 232ur, 233ol, 233or, 233Mol, 233Mor, 234l, 235ol, 235or, 235Ml, 235ul, 235M, 235ur, 243Mu, 247or, 247M, 247u, 248ol, 248or, 248oM, 248Mol, 248Mor, 251ul, 252ol, 252or, 252Ml, 252Mr, 252ul, 252ur, 253Ml, 253Mr, 253u, 254l, 254r, 255or, 255ul, 260or, 262M, 274Ml, 274Mr, 274u, 275o, 275ol, 275or, 275Ml, 25Mr, 276ol, 276or, 276ul, 276ur, 277ol, 277or, 277Ml, 277Mr, 277ul, 277ur, 278ol, 278oM, 278or, 278ul, 278M, 278ur, 279o, 279Ml, 279Mr, 279ul, 279ur, 280l, 280r, 281o, 281M, 281u, 283Mor, 283Mul, 283Mur, 286oM, 286ol, 287ul, 287ur, 289M, 289ul, 290l, 291ul, 292ul, 294oM, 294ol, 294ur, 296Mr, 305Mor, 315ol, 315Mol, 315ul, 315ur, 316or, 316Ml, 316Mu, 316u, 317ol, 317or, 317ul, 317ur; **Yann Muzika:** 65ul; **Samaritakis Nikos:** 296M; **Silaf Olofson:** 86oM, 86ur; **Jamie Partridge:** 107u, 108o, 109ul, 177or, 296Ml, 303ur, 309ul; **Tommy Pedersen:** 75M; **Trevor Persons:** 215Mr; **Julien Piette:** 179ul; **Dan Prima:** 207ul, 213M; **Thierry Quelennec:** 45M; **Sébastien Reeber:** 63u; **Élise Rousseau:** 31u, 33M, 137o; **Omar Runolfsson:** 33ol, 33or, 33u, 67, 308ur; **Jean-Michel Sauvage:** 99Mr, 147ul, 149M, 205ur; **Paul Schrijvershof:** 141M; **Dubi Shapiro:** Umschlag vorne unten; **Liam Singh:** 43Ml, 119or, 123Mr, 125ur, 165or, 175or, 190u, 191or, 191ul, 191ur, 193Mul, 193ul, 195Mol, 211ul; **Brian Sullivan:** 65ol; **Suzanne Sullivan:** 211Mr; **Jean-Michel Thibault:** 44Mu, 66ur, 136u, 141o; **Jeffrey Thomas:** 211ur; **Bart Van Beijeren:** 257Ml; **Jos Van den Berg:** 175u, 178Ml, 178ul, 179o, 179ur, 186ur, 301Mr; **Maarten Van Kleinwee:** 170ol, 185ol, 207Ml, 215ol, 287ol, 317M; **Johan Vant Bosch:** 90ur, 94or; **Matthieu Vaslin:** 59ul, 65or, 137ul, 139or; **Michel Veldt:** 66ul; **Ward Vercruysse:** 297o, 299Mu, 301or, 303Mul, 305ol; **Ingo Weiss:** 169ol; **Edwin Winkel:** 55ul, 91ur; **Pim Wolf:** 264l; **Piotr Zielinski:** 83oM, 83or, 83ul, 83ur, 111ul; **Pierre Zimberlin:** 60o.

Alle Karten in diesem Buch wurden erstellt von Gérard Bodineau.

2. Auflage: 2024
1. Auflage: 2021

ISBN 978-3-258-08353-7

Aus dem Englischen übersetzt von Anne-Sophie Rust, D-Rangsdorf
Redaktion der deutschsprachigen Ausgabe: Sigrid Weber, D-Freiburg
Fachlektorat der 2. Auflage: Lou Bertalan, D-Stuttgart
Satz der deutschsprachigen Ausgabe: Die Werkstatt Medien-Produktion GmbH, D-Göttingen
Gestaltung/Layout: Fabienne Gabaude
Lithografie: IGS-CP, Frankreich

Die französischsprachige Originalausgabe erschien 2021 bei Delachaux & Niestlé, F-Paris,
unter dem Titel *Les Laridés du Paléarctique occidental. Guide d'identification des mouettes et des goélands*

 Gedruckt in Spanien

MIXTE
Papier issu de sources responsables
FSC® C007507

Wir verwenden FSC®-zertifiziertes Papier. FSC® sichert die Nutzung der Wälder gemäß sozialen, ökonomischen und ökologischen Kriterien.

Diese Publikation ist in der Deutschen Nationalbibliografie verzeichnet.
Mehr Informationen dazu finden Sie unter http://dnb.dnb.de.

Der Haupt Verlag wird vom Bundesamt für Kultur für die Jahre 2021–2024 unterstützt.